计算机应用与职业技术实训系列

U1006056

中文 Flash CS3 动画制作实训教程

周为民　张军安　编

西北工業大學出版社

【内容提要】本书是计算机应用与职业技术实训系列教材。主要内容包括 Flash CS3 快速入门，工具的使用，文本的使用，图像的导入与编辑，库、元件和实例，制作动画，交互式动画基础，组件，声音与视频，屏幕与模板，动画的测试与发布，最后结合实例介绍了 Flash CS3 的强大功能。

本书通俗易懂，操作步骤叙述详细，既可作为 Flash 培训教材，也可供广大动画设计爱好者和专业动画设计人员参考。

图书在版编目（CIP）数据

中文 Flash CS3 动画制作实训教程/周为民，张军安编．—西安：西北工业大学出版社，2008.7
（计算机应用与职业技术实训系列）
ISBN 978-7-5612-2379-6

Ⅰ．中…　Ⅱ．①周…②张…　Ⅲ．动画—设计—图形软件，Flash CS3—技术培训—教材
Ⅳ．TP391.41

中国版本图书馆 CIP 数据核字（2008）第 089747 号

出版发行：西北工业大学出版社
通信地址：西安市友谊西路 127 号　**邮编：**710072
电　　话：（029）88493844　88491757
网　　址：www.nwpup.com
电子邮箱：computer@nwpup.com
印 刷 者：陕西向阳印务有限公司
印　　张：13
字　　数：344 千字
开　　本：787 mm×1 092 mm　1/16
版　　次：2008 年 7 月第 1 版　　2008 年 7 月第 1 次印刷
定　　价：22.00 元

前言

计算机的日益普及，极大地改变了人们的工作和生活方式，越来越多的人在积极学习计算机知识，掌握相关软件的使用方法，努力与现代社会同步。其中更多的人学习计算机知识是为了进一步提高自身的职业能力和职业素质，以适应激烈的市场竞争和就业竞争。为了满足读者的实际需求，我们精心编写了这套“**计算机应用与职业技术实训系列**”教材。

本系列教材真正从便于广大读者学习计算机知识的目的出发，根据国家教育部最新颁布的计算机教学大纲及人事部、信息产业部、劳动和社会保障部对计算机职业技能培训的要求，结合作者多年的教学实践经验，在听取了广大计算机初学者的意见和建议的基础上编写而成。全套书**突出为职业教育量身定制的特色，满足就业技能的培训要求，以工作任务为导向，以培养职业能力为核心，以工作实践为目的**。在理论与实践紧密结合的基础上进一步把内容做“**精**”，把形式做“**活**”，既利于教师上课教学，又便于读者理解掌握，使读者用最少的时间和金钱去获得最多的知识，并能真正地应用于实际工作中。

本书内容

Flash CS3 是 Adobe 公司推出的一款使用广泛、功能强大的动画制作软件。它的成功之处在于其操作界面的简单灵活和功能的不断完善，它的每一个新版本与前一版本相比，都有非常大的改进，但自始至终都朝着操作简单和功能完善的方向发展。并且，在界面基本保持不变的情况下，对许多菜单命令、工具按钮和面板组件等进行整合，使界面更加简洁和一致，因而被广泛应用在动画制作、动态文字制作、广告设计、网站制作、交互式动画设计、企业网站设计等领域。

本书共分 12 章。第 1 章主要是对 Flash CS3 的入门知识，即软件的介绍，包括 Flash CS3 的新增功能、工作界面和文件操作；第 2 章介绍了工具的使用，即工具箱各个工具的具体操作等；第 3 章介绍了文本的使用，即创建文本和设置文本属性等；第 4 章介绍了图像的基本操作，即静态图像基础、导入图像和编辑图像等；第 5 章介绍了库、元件和实例；第 6 章介绍了动画的制作，即帧、层、逐帧动画、补间动画、引导层动画、遮罩层动画和时间轴动画等；第 7 章介绍了 ActionScript 基础，即 ActionScript 语法规则、变量、表达式、函数和常用命令；第 8 章介绍了组件，即组件概览、添加组件、常用组件等；第 9 章介绍了声音与视频，即为动画添加声音、为按钮添加声音和添加视频等；第 10 章介绍了屏幕与模板；第 11 章介绍了动画的测试与发布，即优化动画、模拟网络条件测试动画、设置动画发布选项等；第 12 章是行业应用实例。

特色展示

☑ **完整的教学体系和规范的课程安排，切合职业培训需要**

本书是一本体系完整的计算机职业培训教材，选材全面，编排讲究，适合作为计算机职业应用教学用书，也可作为各大中专院校计算机相关专业教材，还可作为计算机爱好者的自学用书。

☑ **实例驱动的教学模式，紧扣教学需求**

本书将实用易学的实例贯穿于各个章节，不但可以调动读者的兴趣，而且能够最大限度地锻炼读者的实际动手能力。

☑ **图像解说的写作手法，便于学习掌握**

本书以活泼直观的图解方式来代替呆板的文字说明，使读者真正实现直观地学习，使学习的过程更加轻松有效。

☑ **结构设置合理，利于读者实践**

本书从最基础的理论知识讲起，在各章都附有重点提示，让读者有针对性地学习本章内容。同时在重点知识的讲解过程中配以“注意”“提示”“技巧”等精彩点拨，帮助读者更加准确地完成操作。

☑ **免费提供电子课件，活跃教学氛围**

为了方便教师开展教学活动，提高教学效果，我们将为教师免费提供与教材配套的电子课件及相关素材。

读者定位

☑ **需要接受计算机职业技能培训的读者**

☑ **全国各大中专院校相关专业的师生**

☑ **计算机初、中级用户**

由于编者水平有限，疏漏之处在所难免，敬请读者朋友批评指正。

编　者

目 录

第 1 章　Flash CS3 快速入门

Adobe Flash CS3 是 Adobe 公司收购 Macromedia 公司后将享誉盛名 Macromedia Flash 更名为 Adobe Flash 后的一款动画软件。Flash 软件可以实现多种动画特效。

动画都是由一帧帧的静态图片在短时间内连续播放而造成的视觉效果，是表现动态过程、阐明抽象原理的一种重要媒体。尤其在医学 CAI 课件中，使用设计合理的动画，不仅有助于学科知识的表达和传播，使学习者加深对所学知识的理解，提高学习兴趣和教学效率，同时也能为课件增加生动的艺术效果，特别对于以抽象教学内容为主的课程更具有特殊的应用意义。

本章重点

（1）Flash CS3 的新增功能。

（2）Flash CS3 的工作界面。

（3）Flash CS3 的文件操作。

1.1　Flash CS3 的新增功能

在 Adobe Flash CS3 中，工具栏变成 CS3 通用的单双列，面板可以缩放成图标，也可以是半透明的图层，沿用 Adobe 的风格。改进了钢笔工具，会比以前的钢笔更加好用。Flash CS3 在编程方面有很强的改进，代码执行速度更加快捷。圆角矩形可以单独对四个边角进行调整。可以导入分层的 PSD 文件，并且可以决定哪些层需被导入。还可以保留图层上的组、样式、蒙板和智能滤镜、路径的可编辑性。导入选项包括是否保留原图层内容的位置和尺寸，可以把图层里的内容直接转化成影片剪辑，对单独的 JPG 文件进行优化导入 AI 文件的支持等。

1.1.1　新增功能

新增功能有 Adobe 界面、功能、Photoshop 和 Illustrator 导入、将动画转化为 ActionScript、ActionScript 3.0 的开发、用户界面组件、高级 QuickTime 导出、复杂视频工具和省时代码工具等。下面将分别介绍。

1. Adobe 界面

享受新的简化界面，该界面强调与其他 Adobe Creative Suite 3 应用程序的一致性，并可以进行自定义以改进工作流和最大化工作区空间。

2. 丰富的绘图功能

使用智能形状绘制工具以可视方式调整工作区上的形状属性，使用 Adobe Illustrator 所倡导的新的钢笔工具创建精确的矢量插图，从 Illustrator CS3 将插图粘贴到 Flash CS3 中等。

3. Photoshop 和 Illustrator 导入

Adobe Photoshop 和 Illustrator 导入在保留图层和结构的同时，导入 Photoshop（PSD）和 Illustrator（AI0）文件，然后在 Flash CS3 中编辑它们。使用高级选项在导入过程中优化和自定义文件。

4. 将动画转换为 ActionScript

即时将时间线动画转换为可由开发人员轻松编辑、再次使用和利用的 ActionScript 3.0 代码。将动画从一个对象复制到另一个对象。

5. 其他方面

（1）ActionScript 3.0 开发。使用新的 ActionScript 3.0 语言节省时间，该语言具有改进的性能、增强的灵活性及更加直观和结构化的开发。

（2）用户界面组件。使用新的、轻量的、可轻松设置外观的界面组件为 ActionScript 3.0 创建交互式内容。使用绘图工具以可视方式修改组件的外观，而不需要进行编码。

（3）高级 QuickTime 导出。使用高级 QuickTime 导出器，将在 SWF 文件中发布的内容渲染为 QuickTime 视频。导出包含嵌套的 MovieClip 的内容、ActionScript 生成的内容和运行时效果（如投影和模糊）。

（4）复杂的视频工具。使用全面的视频支持，创建、编辑和部署流和渐进式下载的 Flash Video。使用独立的视频编码器、Alpha 通道支持、高质量视频编解码器、嵌入的提示点、视频导入支持、QuickTime 导入和字幕显示等等，确保获得最佳的视频体验。

（5）省时编码工具。使用新的代码编辑器增强功能节省编码时间。使用代码折叠和注释专注于相关代码，及使用错误导航功能跳到代码错误。

1.1.2 Flash CS3 适用范围

基于 Flash 学习比较简单、用户操作界面人性化、动画所占存储空间小、通过脚本使动画具有交互性等特点，所以 Flash 被广泛应用于动画制作、网页设计、网页广告、网络动画、多媒体教学、游戏设计、企业介绍、产品展示、电子相册等领域，如图 1.1.1～图 1.1.4 所示。

图 1.1.1　普通动画

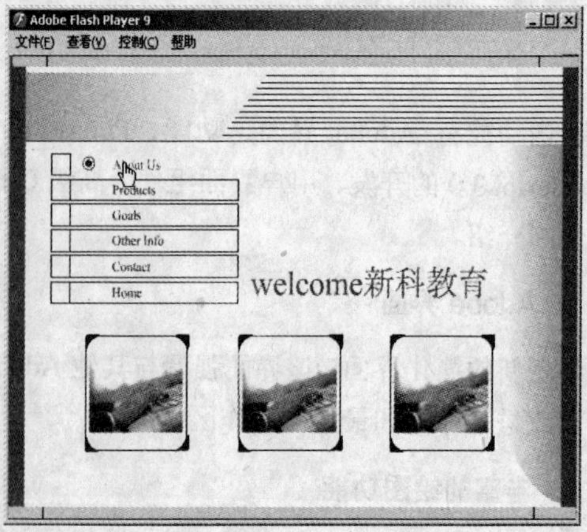

图 1.1.2　交互式动画

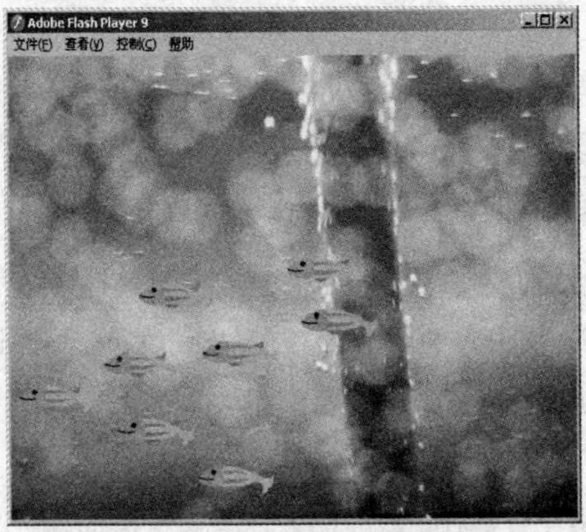

图 1.1.3 使用 Flash 绘制的图形

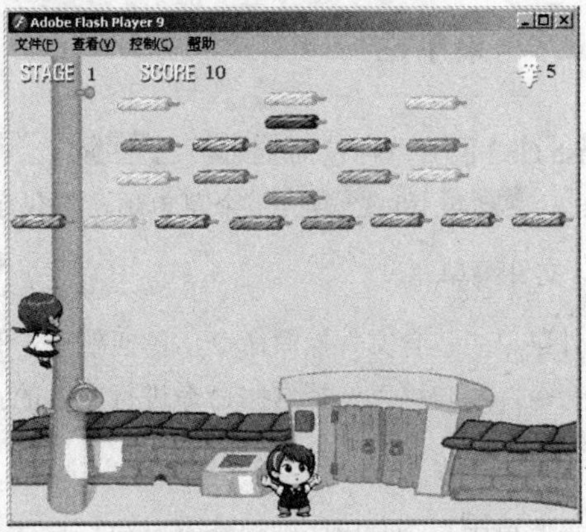

图 1.1.4 Flash 游戏

1.2 Flash CS3 的工作界面

Flash CS3 的工作界面分为标题栏、菜单栏、时间轴、工具箱、舞台、工作区、活动面板、属性面板等，下面将分别介绍各个界面的作用。

启动 Adobe Flash CS3 Professional 应用程序，工作界面如图 1.2.1 所示。

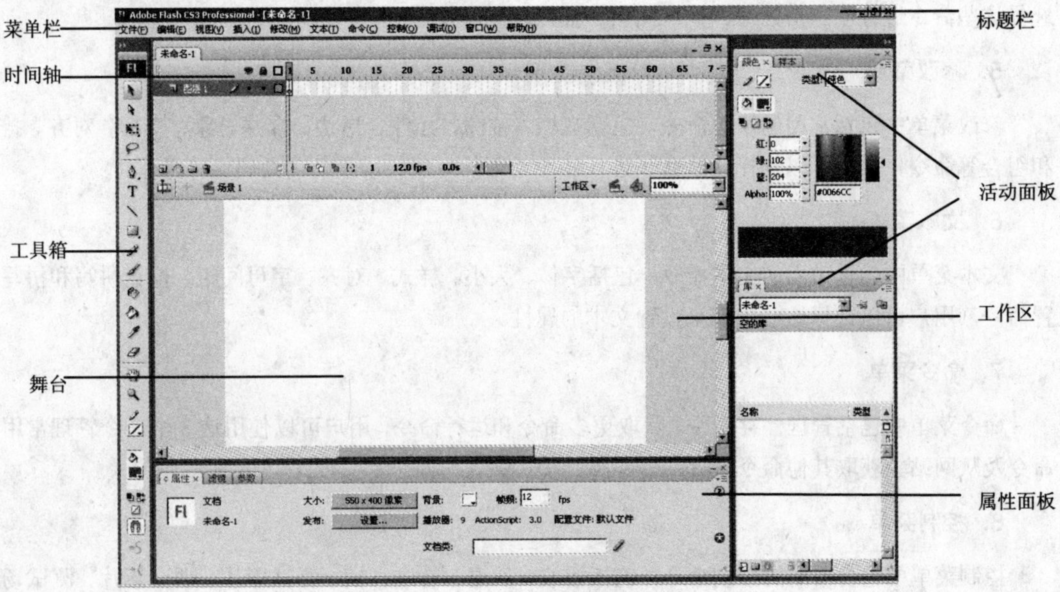

图 1.2.1 Flash CS3 的工作界面

1.2.1 标题栏

在标题栏中包括软件的名称、用户目前正在编辑文档的名称和控制面板工作窗口的按钮。最小化按钮，单击该按钮可最小化 Flash 窗口。还原按钮，单击该按钮可将 Flash 窗口还原。最大化按钮，单击该按钮可最大化 Flash 窗口。关闭按钮，单击该按钮可以将 Flash 窗口还原。

1.2.2 菜单栏

Flash CS3 的菜单栏包括文件(F)、编辑(E)、视图(V)、插入(I)、修改(M)、文本(T)、命令(C)、控制(O)、调试(D)、窗口(W)和帮助(H)11 个菜单项，提供了该软件的所有常规操作，下面将分别进行介绍。

1. 文件菜单

文件菜单中包含文件操做命令，包括新建、保存、打开、关闭、导入、导出、发布、页面设置和打印等命令，用户可以选择这些命令进行文件的打开、关闭等操作。

2. 编辑菜单

编辑菜单中包含常用的编辑命令，包括撤销、重复、复制、粘贴、查找/替换、时间轴、编辑元件、快捷键和首选参数等命令，用户可以选择这些命令对图形进行编辑及自定义快捷键和设置系统的首选参数等操作。

3. 视图菜单

视图菜单中包含常用的控制屏幕显示的命令，包括缩小、转到、缩放比率、预览模式、工作区。

4. 插入菜单

插入菜单中包含常用的插入命令，包括新建元件、时间轴、时间轴特效和场景等命令，用户可以选择这些命令进行创建新元件、插入图层、插入场景等操作。

5. 修改菜单

修改菜单中包括常用的修改命令，包括文档、位图、元件、形状、合并对象、变形、对齐、排列和组合等命令，用户可以选择这些命令进行修改动画的对象、场景及动画属性等操作。

6. 文本菜单

文本菜单中包含常用的文本命令，包括字体、大小、样式、对齐、字母间距、检查拼写和拼写设置命令，用户可以选择这些命令来设置文本的属性。

7. 命令菜单

命令菜单中包括管理保存命令、获取更多命令和运行命令，用户可以使用这 3 个命令管理常用的命令及从网站上获取其他命令。

8. 控制菜单

控制菜单中包含常用的控制命令，包括播放、后退、前进一帧、测试影片、调试影片、测试场景等命令，用户可以选择这些命令控制影片的播放。

9. 调试菜单

调试菜单包括常用的调试脚本命令，包括调试影片，继续影片、结束调试对话框、跳入、跳过、跳出、删除所有断点、开始远程调试会话等命令，用户可以选择这些命令来控制影片的脚本命令。

10. 窗口菜单

窗口菜单中包含常用的控制窗口命令，包括直接复制窗口、工具栏、时间轴、库、动作、对齐、混色器和组件等命令，用户可以选择这些命令控制 Flash CS3 中的窗口布局、打开或关闭工具栏及打开和关闭各种面板等。

11．帮助菜单

帮助菜单中包含常用的帮助命令，包括 Flash 帮助、Flash CS3 的新增功能、Flash 技术支持中心、Adobe 在线论坛等命令，用户通过选择这些命令能更加深入了解和使用 Flash CS3。

1.2.3 工具箱

在 Flash CS3 中，所有的绘图工具都集成在工具箱中，用户可以使用它们对图像或选区进行操作，工具箱包括选择工具、部分选取工具、任意变形工具、线条工具、套索工具、文本工具、矩形工具、铅笔工具、刷子工具、墨水瓶工具、颜料桶工具、滴管工具、橡皮擦工具、手形工具、缩放工具、笔触颜色和填充颜色等。若工作界面中无工具箱，可以选择 窗口(W) → ✓ 工具(L) Ctrl+F2 命令将其打开（见图 1.2.2）。工具箱可以分以下几个部分：

（1）工具：该区域提供了多种工具，用户可以单击鼠标将它们激活，然后绘制各种图形和对象。其中包括：选择工具、部分选取工具、任意变形工具、线条工具、套索工具、文本工具、矩形工具、铅笔工具、刷子工具、墨水瓶工具、颜料桶工具、滴管工具和橡皮擦工具。

（2）查看：该区域中的手形工具用于调整编辑画面的观察位置，缩放工具用于改变舞台及舞台中对象的显示比例。其中包括手性工具、缩放工具。

（3）颜色：该区域用于设置笔触颜色和填充颜色。其中包括笔触颜色和填充颜色。

（4）选项：该区域用于设置当前工具的附加选项。其中包括各个工具的属性及选项。

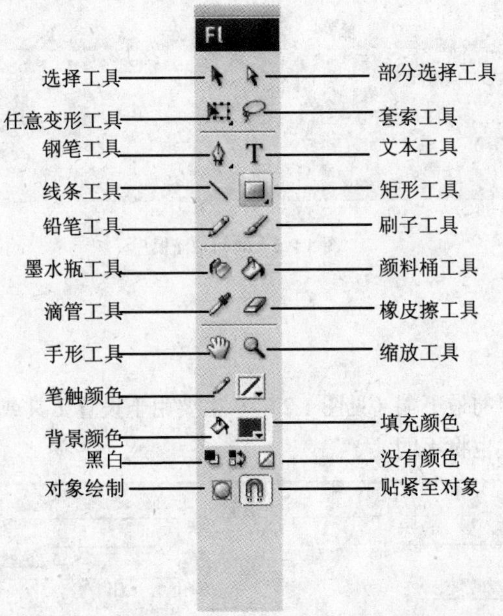

图 1.2.2 工具箱

1.2.4 工作区

工作区是绘制和编辑图形的矩形区域，也是创建动画的区域，用户可以更改其缩放比率以方便操作（见图 1.2.3 和图 1.2.4）。工作区的最小缩小比率为 8%，最大放大比率为 2 000%。

图 1.2.3 放大工作区

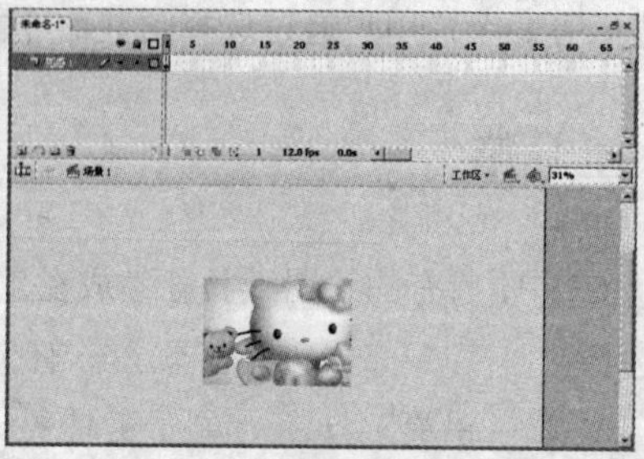

图 1.2.4 缩小工作区

技巧 当放大了工作区之后，用户可能无法看到工作区的某个部分，可以使用工具箱中的手形工具来移动整个舞台。

1.2.5 时间轴面板

时间轴面板的默认位置是工作区的上面，菜单栏的下面，它可以用来控制元件出现的时间或移动的速度，如图 1.2.5 所示。

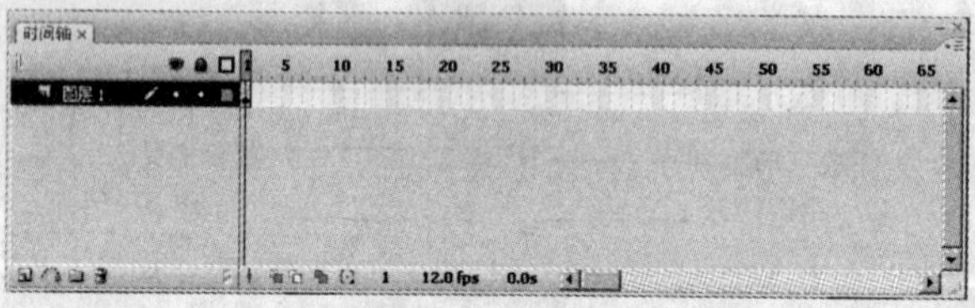

图 1.2.5 时间轴面板

1.2.6 属性面板

属性面板位于程序窗口的最下端（见图 1.2.6），主要用于设置工具或动画元素的参数，选取的对象不同，属性面板中的参数也将不同。

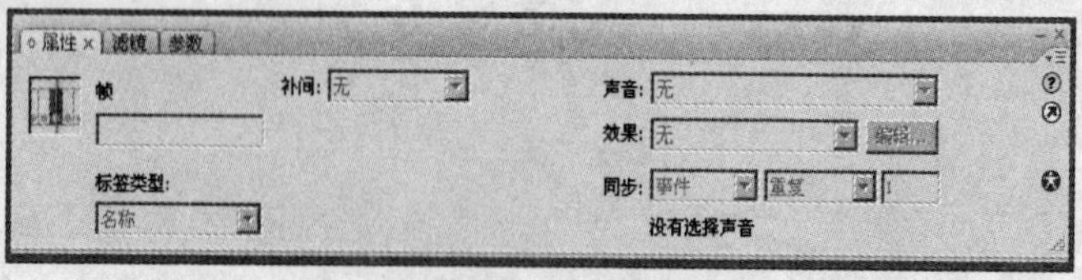

图 1.2.6 属性面板

Flash CS3 还提供了其他一些面板，如组件面板、库面板和行为面板等，用户可以根据需要对面板布局进行重新组合，以适应不同工作的需要。

1.2.7　标尺、网格和辅助线

为了准确定位对象，可以在工作区的上面和左面加入标尺或者在工作区内显示网格和辅助线，如图 1.2.7 所示。

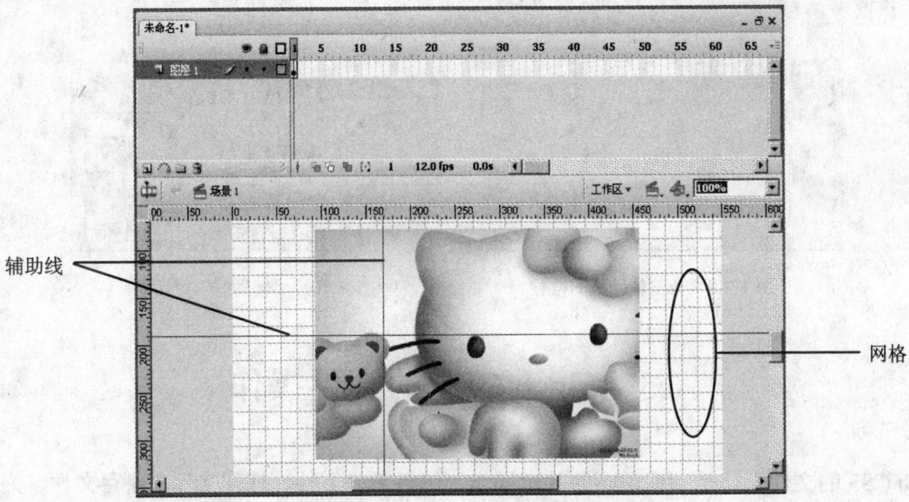

图 1.2.7　显示标尺、网格和辅助线

1. 显示和隐藏标尺

选择 视图(V) → ✔ 标尺(R)　Ctrl+Alt+Shift+R 命令，可以在工作区中显示标尺，再次选择可将其隐藏。

2. 显示和隐藏网格

选择 视图(V) → 网格(D) → ✔ 显示网格(D)　Ctrl+' 命令，可以在工作区中显示网格，再次选择可将其隐藏。

选择 视图(V) → 网格(D) → 编辑网格(E)...　Ctrl+Alt+G 命令，弹出“网格”对话框（见图 1.2.8），可以设置网格的颜色、间距、精确度等。

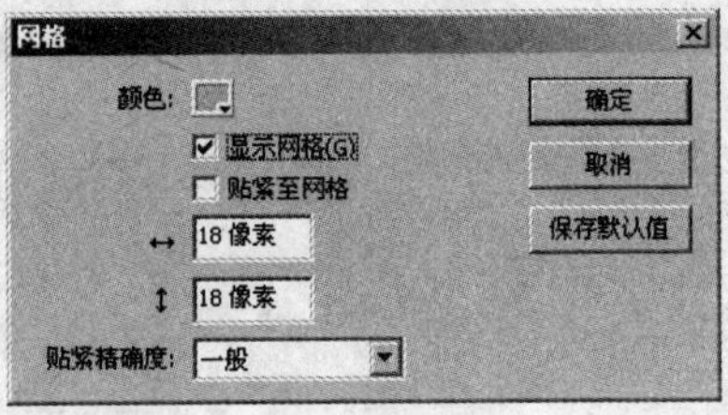

图 1.2.8　“网格”对话框

3. 显示和隐藏辅助线

选择 视图(V) → 辅助线(E) → 显示辅助线(U)　Ctrl+; 命令，然后将鼠标从标尺栏向工作区拖动，即可产生辅助线，再次选择可将其隐藏。选择工具箱中的选择工具后，可以用鼠标拖动辅助线以调整其位置，如图 1.2.9 所示。

选择 视图(V) → 辅助线(E) → 锁定辅助线(K) Ctrl+Alt+; 命令，可以将辅助线锁定，此时无法使用鼠标调整其位置。

选择 视图(V) → 辅助线(E) → 编辑辅助线... Ctrl+Alt+Shift+G 命令，弹出“辅助线”对话框（见图 1.2.10），用户可以在其中设置辅助线的颜色和精确度，并可确定是否显示、贴紧或锁定辅助线。

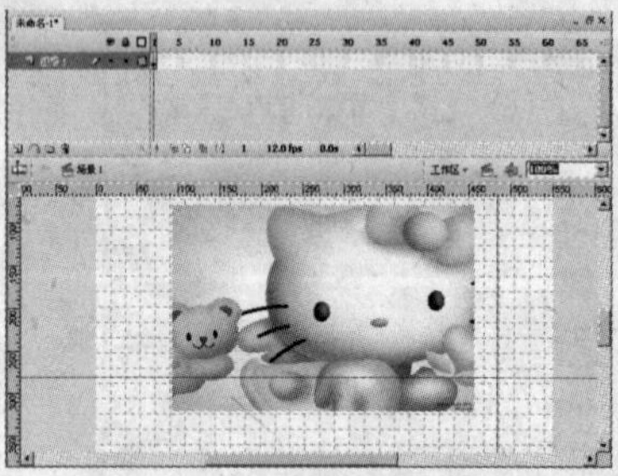

图 1.2.9 调整辅助线的位置

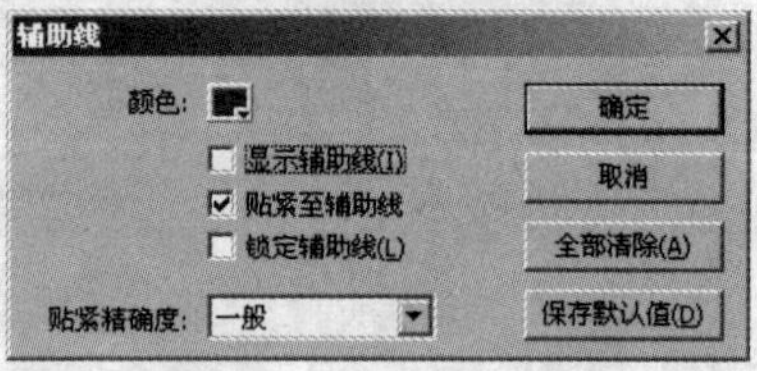

图 1.2.10 “辅助线”对话框

1.3 Flash CS3 的文件操作

Flash CS3 的文件操作是创建动画的基本操作，包括新建文件、打开文件、保存文件、关闭文件、切换文件、播放文件、导出文件与发布文件。

1.3.1 新建文件

在 Flash CS3 中有两种文件：一种是以.swf 为后缀名的动画文件；另一种是以.fla 为后缀名的源文件。所谓新建文件，是创建以.fla 为后缀名的、可直接打开编辑的源文件，一般有两种创建方法。

1. 创建常规文件

启动 Flash CS3 后，系统默认第一个文件（Flash 文件（ActionScript 3.0））是新文件。如果需要重新创建一个文件，可以选择 文件(F) → 新建(N)... Ctrl+N 命令，在弹出的“新建文档”对话框中选择合适的类型（见图 1.3.1），然后单击 确定 按钮。

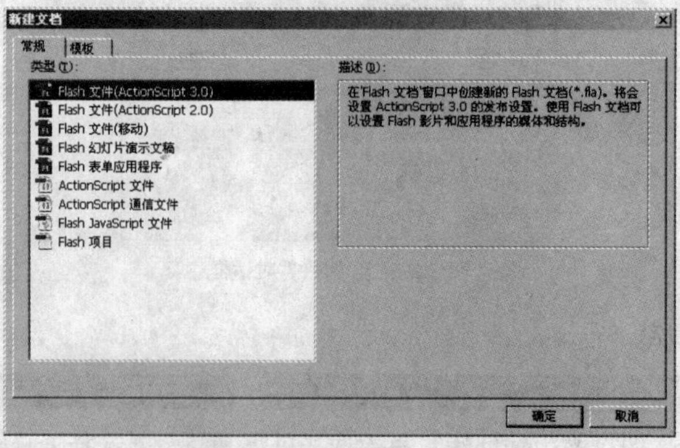

图 1.3.1 “新建文档”对话框

2. 用模板创建文件

单击“新建文档”对话框中的“模板”标签，此时对话框变为“从模板新建”对话框（见图 1.3.2），选择要创建的模板，单击 确定 按钮，即可创建以.fla 为后缀名的模板文件。

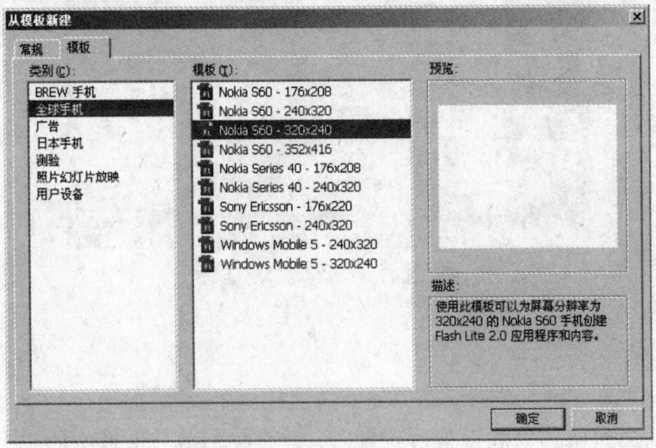

图 1.3.2　“从模板新建”对话框

1.3.2　打开文件

要编辑用 Flash CS3 制作的动画文件，必须先将其打开。这里所说的文件是指 Flash 源文件，是可编辑的*.fla 文件，而不是*.swf 文件。打开文件的操作步骤如下：

（1）选择 文件(F) → 打开(O)... Ctrl+O 命令，弹出“打开”对话框，如图 1.3.3 所示。

（2）选择需要编辑的*.fla 文件，单击 打开(O) 按钮，即可打开该文件。

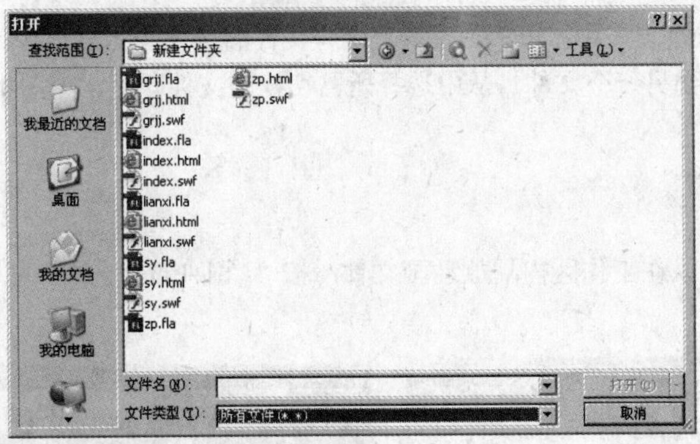

图 1.3.3　“打开”对话框

1.3.3　保存文件

当要保存文件时，先切换到要保存文件所在的窗口，然后选择 文件(F) → 保存(S) Ctrl+S 命令，在弹出的“另存为”对话框中输入用户想要保存的文件名，然后单击 保存(S) 按钮即可。如果用户想要更改保存路径，可以选择 文件(F) → 另存为(A)... Ctrl+Shift+S 命令，在弹出的“另存为”对话框中选择想要保存的路径并输入文件名即可，如图 1.3.4 所示。

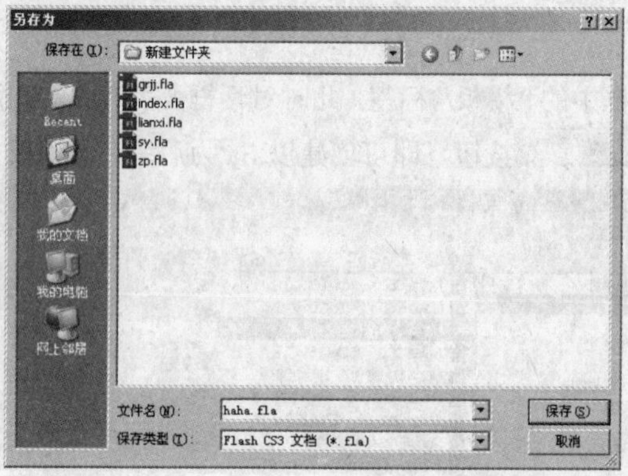

图 1.3.4 “另存为”对话框

1.3.4 关闭文件

在关闭文件之前需要对所编辑的文件进行保存。若要关闭多个文件中的一个，首先要切换为当前文件，然后选择 文件(F) → 关闭(C) Ctrl+W 命令或单击工作区右上角的“关闭”按钮 ×；若要同时关闭多个文件，可以选择 文件(F) → 全部关闭 Ctrl+Alt+W 命令；若要关闭文件并退出 Flash CS3 程序，可以选择 文件(F) → 退出(X) Ctrl+Q 命令。

如果没有保存就进行关闭操作，系统会弹出“Adobe Flash CS3”提示框，询问用户是否对文件的修改进行保存，单击 是(Y) 按钮可以保存对文件的修改；单击 否(N) 按钮将放弃保存对文件的修改；单击 取消 按钮则取消关闭操作。

1.3.5 切换文件

Flash CS3 允许在一个窗口中打开多个文件，这些文件的文件名将显示在 窗口(W) 菜单的底部，如果需要从一个文件切换到另一个文件，从中选择所需切换的文件即可，如图 1.3.5 所示。

1.3.6 播放文件

按“Enter”键，可以在工作区内播放动画文件；按“Ctrl+Enter”键，可以在播放窗口内播放动画文件，如图 1.3.6 所示。

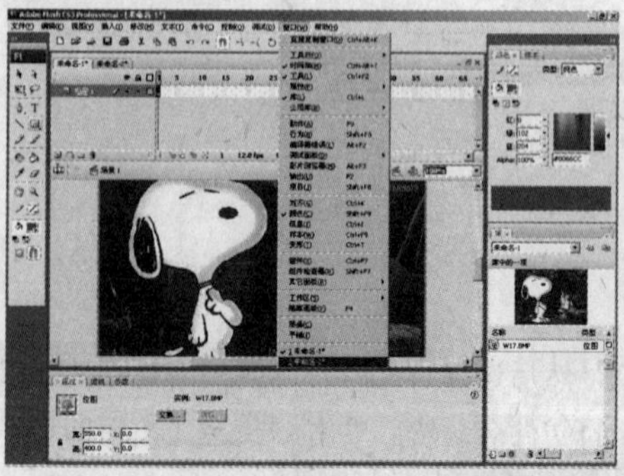

图 1.3.5 切换文件

图 1.3.6 在播放窗口内播放动画文件

1.3.7　导出文件

要将文件导出为 Flash 影片，可以选择 文件(F) → 导出(E) → 导出影片(M)... Ctrl+Alt+Shift+S 命令，在弹出的“导出影片”对话框中设置保存路径及文件名（见图 1.3.7），然后单击 保存(S) 按钮。

图 1.3.7　“导出影片”对话框

要将文件导出为图像，可以选择 文件(F) → 导出(E) → 导出图像(E)... 命令，在弹出的“导出图像”对话框中设置保存路径及文件名（见图 1.3.8），然后单击 保存(S) 按钮。

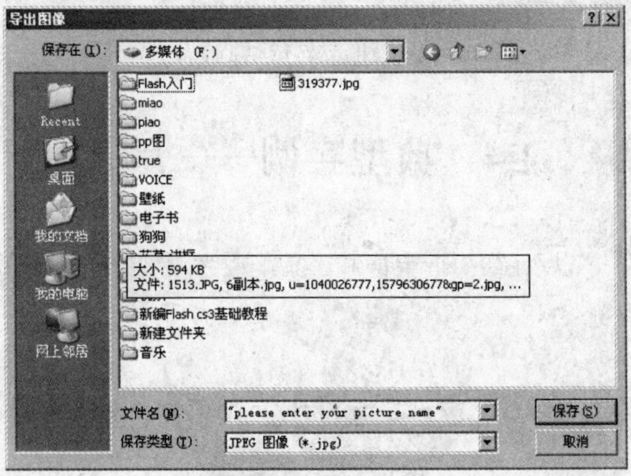

图 1.3.8　“导出图像”对话框

1.3.8　发布文件

使用 Flash 中的“发布”命令，可以向 Internet 上发布动画，也可以向没有安装 Flash 插件的浏览器上发布各种格式的图形文件和视频文件，还可以创建能独立运行的小程序，如.exe 格式的可执行程序，以制作屏幕保护。发布动画文件的操作步骤如下：

（1）选择 文件(F) → 发布设置(G)... Ctrl+Shift+F12 命令，弹出“发布设置”对话框，如图 1.3.9 所示。

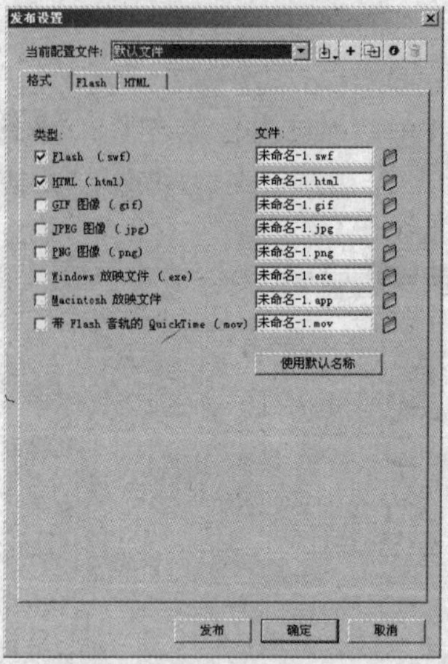

图 1.3.9 “发布设置”对话框

（2）在“类型”选项组中选择文件格式，然后在相应的选项卡中为选定的文件的格式设置各项属性。

（3）在“文件”文本框中输入各种格式文件的名称。若单击 使用默认名称 按钮，则对所有格式的文件使用默认的文件名。

（4）完成各项设置后，单击 发布 按钮，发布动画。

1.4 典型实例——月亮船

下面将制作“月亮船”，以了解 Flash 界面和工具，最终效果如图 1.4.1 所示。

图 1.4.1 效果图

（1）选择 文件(F) → 新建(N)... Ctrl+N 命令，弹出“新建文档”对话框，选择“常规”选项卡中的 Flash 文件(ActionScript 3.0) 选项，单击 确定 按钮，新建一个文档。

（2）选择 修改(M) → 文档(D)... Ctrl+J 命令，弹出“文档属性”对话框，如图 1.4.2 所示，设置“尺寸”为“500 px×400 px”，“背景颜色”为“#FFCC00”，单击 确定 按钮。

（3）选择工具箱中的椭圆工具，在属性面板中设置笔触颜色为“黑色”，笔触大小为“1”，填充颜色为“无”。

（4）按住“Shift”键，拖动鼠标绘制一个无填充的圆形，如图 1.4.3 所示。

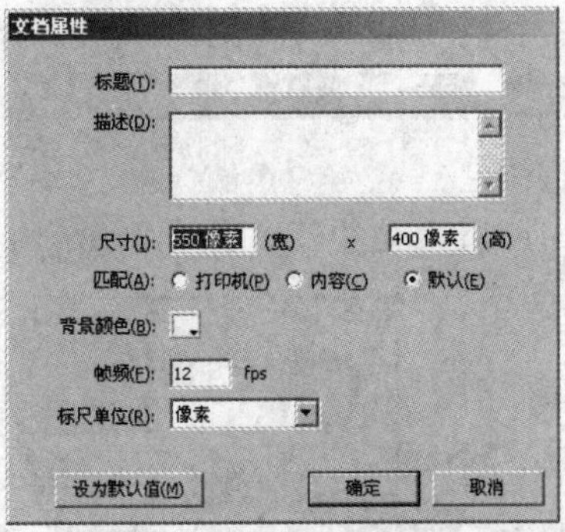

图 1.4.2　“文档属性”对话框

图 1.4.3　绘制圆形

（5）选择 窗口(W) → 变形(T) Ctrl+T 命令，打开变形面板，如图 1.4.4 所示。

（6）选中圆形，在变形面板的文本框中输入数值“40%”，单击“复制并应用变形”按钮，复制一个竖直方向缩小为原图的 40%的椭圆，如图 1.4.5 所示。

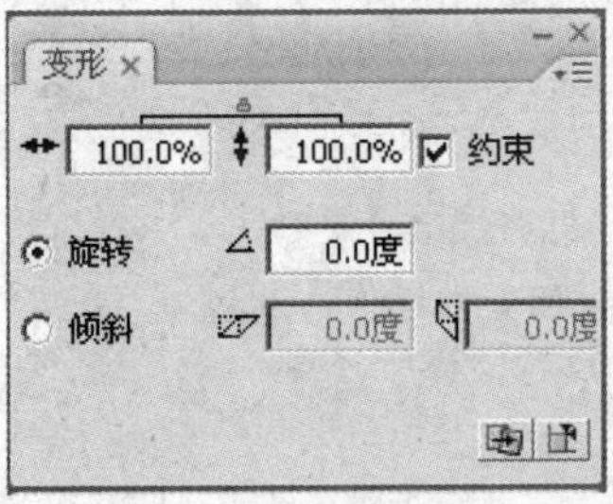

图 1.4.4　变形面板

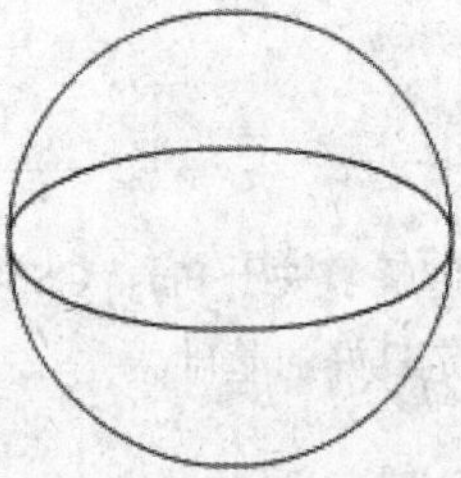

图 1.4.5　复制竖直方向缩小为原图的 40%的椭圆

（7）选中圆形，在变形面板的文本框中输入数值“60%”，单击“复制并应用变形”按钮，复制一个竖直方向缩小为原图的 60%的椭圆，如图 1.4.6 所示。

（8）选中圆形，在变形面板的文本框中输入数值“80%”，单击“复制并应用变形”按钮，复制一个竖直方向缩小为原图的 80%的椭圆，如图 1.4.7 所示。

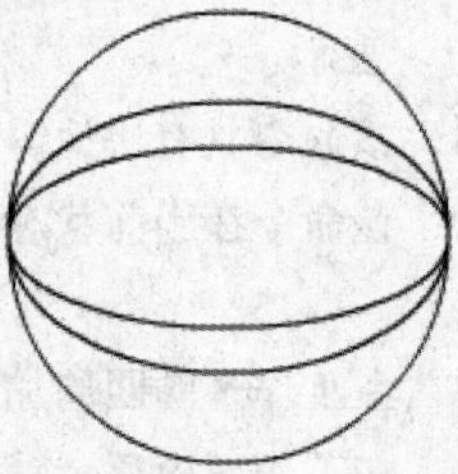

图 1.4.6　复制竖直方向缩小为原图的 60%的椭圆

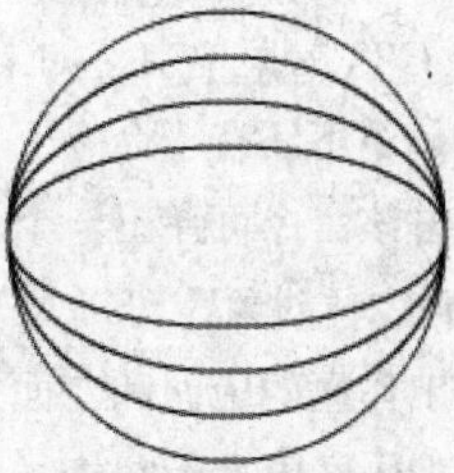

图 1.4.7　复制竖直方向缩小为原图的 80%的椭圆

（9）使用工具箱中的选择工具选图形的上半部分，然后按“Delete”键删除，如图 1.4.8 所示。

（10）使用工具箱中的颜料桶工具，从上至下依次用黄、紫、红色填充，如图 1.4.9 所示。

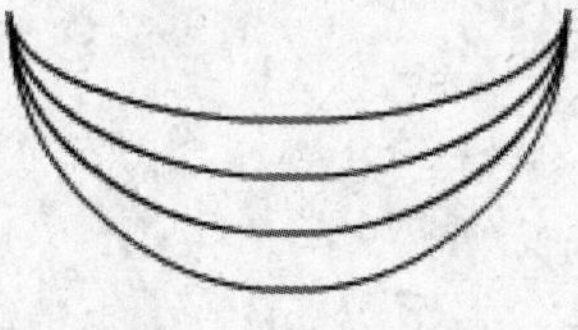

图 1.4.8　删除上半部分

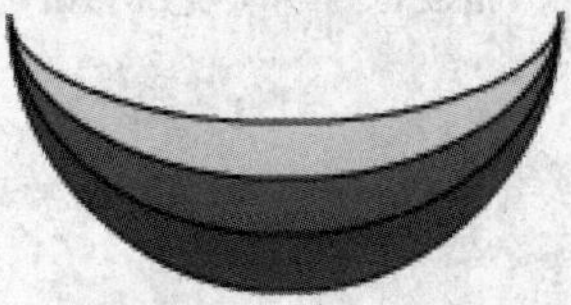

图 1.4.9　填充图形

（11）单击时间轴面板中的“插入图层”按钮，插入“图层 2”。

（12）选择 文件(F) → 导入(I) → 导入到舞台(I)... Ctrl+R 命令，弹出“导入”对话框，导入一幅图片，如图 1.4.10 所示。

（13）使用工具箱中的任意变形工具调整图片的大小和位置，如图 1.4.11 所示。

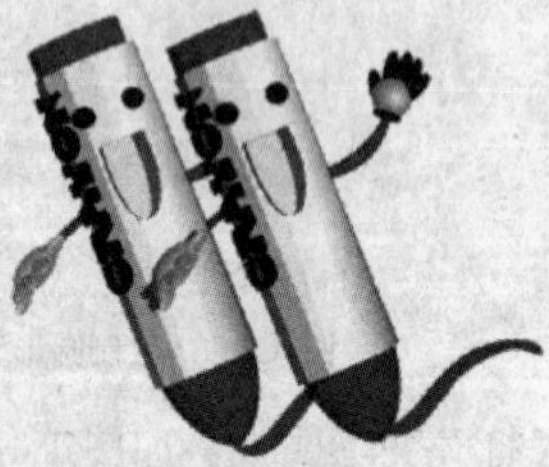

图 1.4.10　导入图片

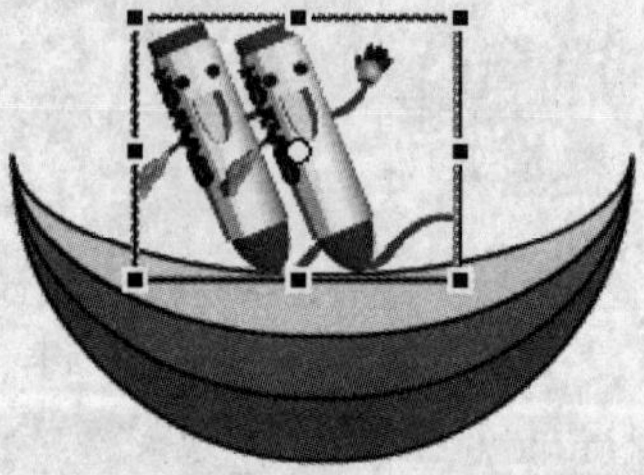

图 1.4.11　调整图片的大小和位置

（14）按“Ctrl+S”键保存文件，最终效果如图 1.4.1 所示。

小　结

本章主要讲解了关于 Flash CS3 的新增功能、工作界面和文件操作，通过本章的学习，可以为以后制作动画奠定良好的基础。

过关练习一

一、基础题

1．工作区的最小缩小比率为__________%，最大放大比率为 2 000%。

2．Flash 中的文件是指 Flash 源文件，是可编辑的__________文件，而不是*.swf 文件。

3．在 Flash CS3 的菜单中，如果菜单命令后带有一个▶标记，表示（　）。

A．该命令下还有子命令　　B．该命令具有快捷键

C．单击该命令可弹出一个对话框　　D．该命令在当前状态下不可用

4．为了准确定位对象，可以（　）。

A．在工作区的上面和左面加入标尺　　B．在工作区的四周加入标尺

C．在工作区内显示网格　　D．在工作区内显示辅助线

5．简述 Flash CS3 中的两种文件。

二、上机操作题

尝试安装 Flash CS3 并熟悉 Flash CS3 的程序界面，并进行简单的操作。

第 2 章　工具的使用

Flash CS3 具有强大的绘图和图形编辑功能，使用工具箱中的工具可以绘制并编辑 Flash 作品中的插图，从而使动画更加丰富多彩。本章将介绍 Flash CS3 中绘图工具、形状修改工具以及颜色修改工具的使用。

本章重点

（1）基本绘图工具。

（2）形状修改工具。

（3）颜色修改工具。

2.1　绘图工具

在 Flash CS3 中，绘图工具包括铅笔工具、线条工具、椭圆工具、矩形工具、钢笔工具、刷子工具和橡皮擦工具，下面进行逐一介绍。

2.1.1　铅笔工具

使用铅笔工具可以绘制各种直线和曲线，如图 2.1.1 所示。

图 2.1.1　使用铅笔工具绘制图形

使用铅笔工具可以绘制任意形状的图形对象，操作步骤如下：

（1）选择工具箱中的铅笔工具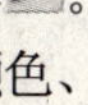。

（2）在属性面板中设置笔触颜色、笔触高度和笔触样式等属性。

（3）单击选项栏中的“铅笔模式”按钮，在弹出的下拉菜单中选择一种绘画模式，如图 2.1.2 所示。

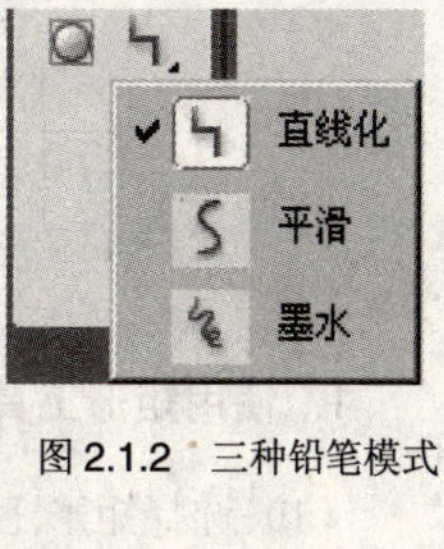

图 2.1.2　三种铅笔模式

3 种铅笔模式的功能如下：

1）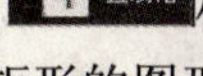

模式：适用于绘制规则线条，并可将近似于椭圆、三角形、正方形和矩形的图形转换为标准的几何图形。

2）

模式：适用于绘制平滑曲线。

3）

模式：适用于绘制接近手工绘制的线条。

（4）在工作区中按住鼠标左键并拖动绘制线条，如图 2.1.3 所示。

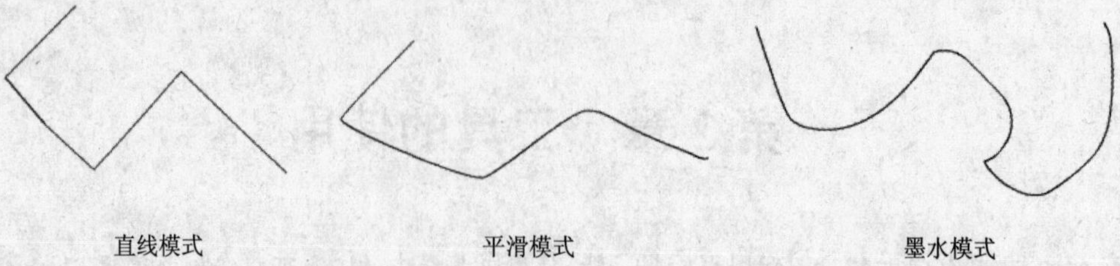

图 2.1.3　用 3 种铅笔模式绘制线条

2.1.2　线条工具

使用线条工具可以绘制各种不同方向的直线，如图 2.1.4 所示。

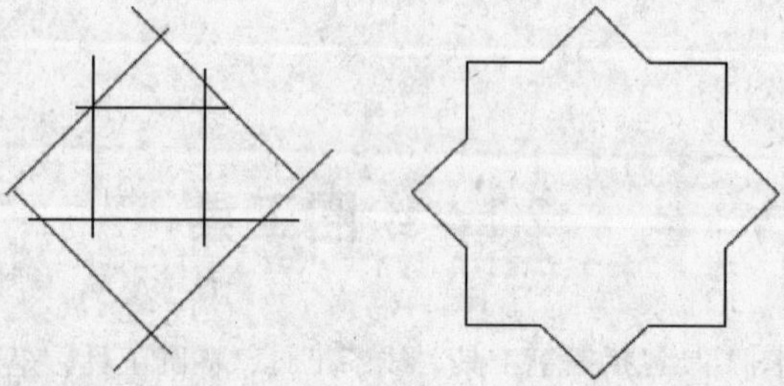

图 2.1.4　使用线条工具绘制直线

使用线条工具可以绘制各种不同方向的矢量直线段，操作步骤如下：

（1）选择工具箱中的线条工具。

（2）在属性面板中设置笔触颜色、笔触高度和笔触样式等属性。

（3）在工作区中按住鼠标左键并拖动即可绘制直线。

（4）若在绘制的同时按住“Shift”键拖动可绘制垂直、水平和倾斜 45°的直线。

2.1.3　几何图形工具

使用几何图形工具可以绘制矩形、椭圆和多边星形等，如图 2.1.5 所示。

图 2.1.5　使用几何图形工具绘制的图形

1．使用矩形工具

（1）选择矩形工具。

（2）在属性面板中设置笔触颜色、笔触高度、笔触样式和填充颜色等属性。

（3）在工作区中按住鼠标左键并拖动即可绘制长方形。

（4）若在绘制的同时按住“Shift”键拖动鼠标可绘制正方形，如图 2.1.6 所示。

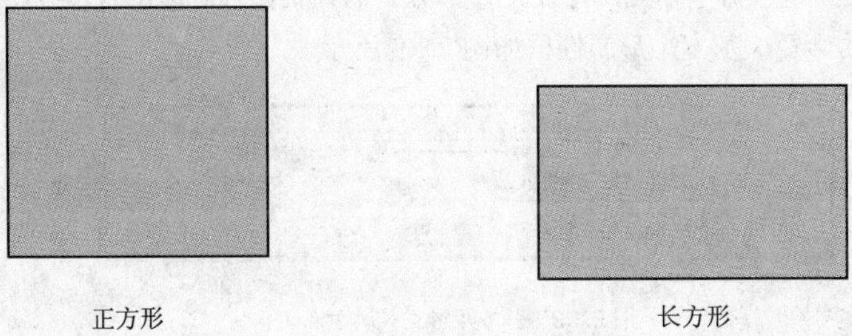

图 2.1.6　使用矩形工具绘制矩形

2. 使用椭圆工具

（1）选择椭圆工具。

（2）在属性面板中设置笔触颜色、笔触高度、笔触样式和填充颜色等属性。

（3）在工作区中按住鼠标左键并拖动即可绘制椭圆。

（4）若在绘制的同时按住“Shift”键拖动鼠标可绘制正圆形。

（5）按“Delete”键删除椭圆的实心部分可得到空心椭圆，如图 2.1.8 所示。

> **技巧**　若要选择椭圆工具，单击矩形工具并按住鼠标左键不放，会出现一个下拉列表，然后选择椭圆工具按钮，选择基本矩形工具和基本椭圆工具也如此，如图 2.1.7 所示。

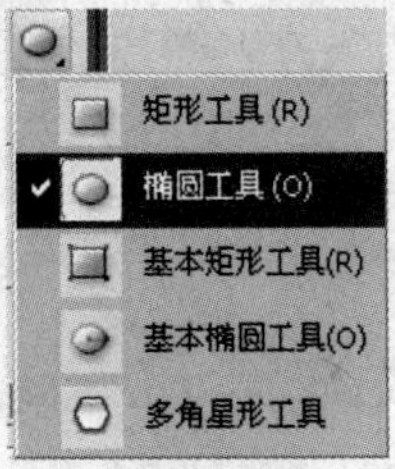

图 2.1.7　选择椭圆工具

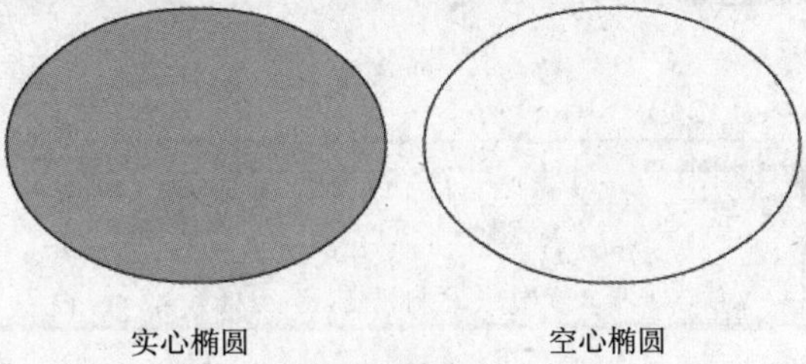

图 2.1.8　使用椭圆工具绘制椭圆

3. 使用基本矩形和基本椭圆工具

（1）选择基本矩形工具，或基本椭圆工具。

（2）在属性面板中设置笔触颜色、笔触高度、笔触样式和填充颜色等属性。

（3）在工作区中按住鼠标左键并拖动即可绘制基本矩形或基本椭圆。

> **技巧**　若要在使用圆角矩形工具拖动时更改角半径，按向上箭头键或向下箭头键。当圆角达到所需角度时，松开键。

（4）基本矩形和基本椭圆的设置。

1）基本矩形：利用基本矩形工具控件，在“设置边角半径”框中输入半径的数值，或单击滑块相应地调整半径的大小，可以设置矩形四角圆的半径。若要对矩形的每个角指定不同的角半径，需要取消选择位于“属性”检查器基本矩形半径控件部分中的锁定图标。锁定时，半径控件受限制，因此每个角将使用相同的半径。基本矩形属性框如图 2.1.9 所示。

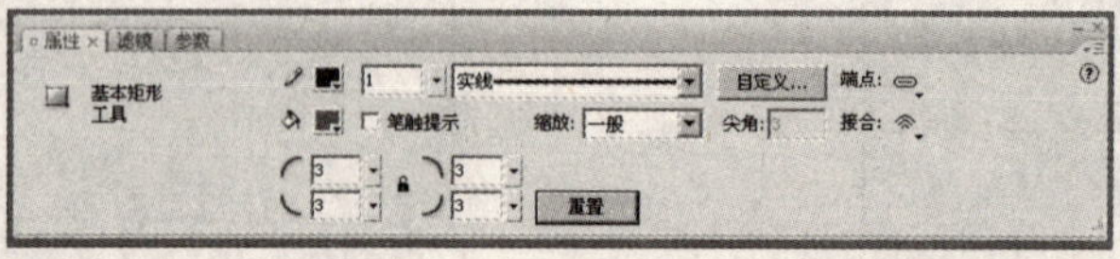

图 2.1.9　基本矩形工具属性框

2）基本椭圆：利用基本椭圆工具控件，在“起始角度”和“结束角度”对应的文本框中输入数值，或单击滑块相应地调整角度的大小，可以设置扇形角度的大小（也就是椭圆的缺口角度），在“内径”文本框中输入内径的数值，或单击滑块相应地调整半径的大小，可以设置椭圆中环圆的大小。通过单选框“闭合路径”可以设置扇形是闭合还是打开，如图 2.1.10 所示。

（5）若要重置角半径，请单击“属性”检查器中的“重置”按钮即可。

4．使用多角星形工具

（1）选择多角星形工具。

（2）在属性面板中设置笔触颜色、笔触高度、笔触样式和填充颜色等属性。

（3）在属性面板中选择“选项”，弹出“工具设置”对话框，如图 2.1.11 所示。在“样式”选项中可以选择“多边形”或“星形”两种样式。在边数选项中输入一个 0～32 的数值可以画出需要的多边形。在“星形顶点大小”输入一个介于 0～1 之间的数字以指定星形顶点的深度。此数字越接近 0，创建的顶点就越深（像针一样）。

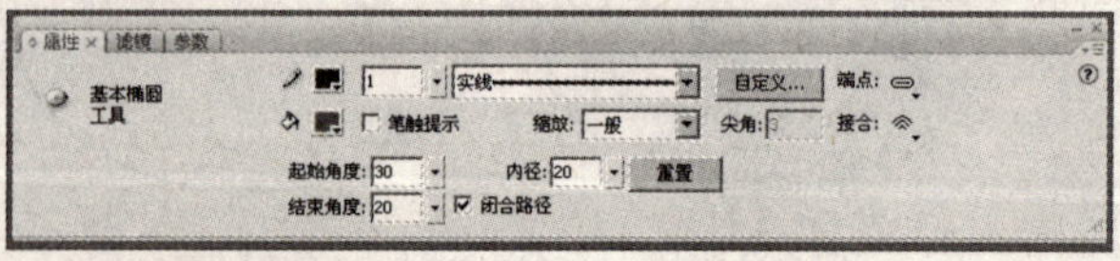

图 2.1.10　基本椭圆工具属性框

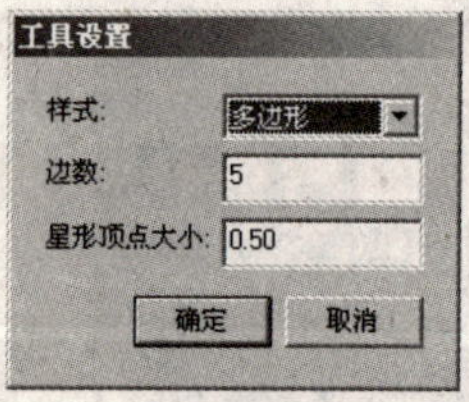

图 2.1.11　“工具设置”对话框

2.1.4　钢笔工具

钢笔工具又叫贝塞尔曲线工具，利用它可以精确地绘制路径，如图 2.1.12 所示。

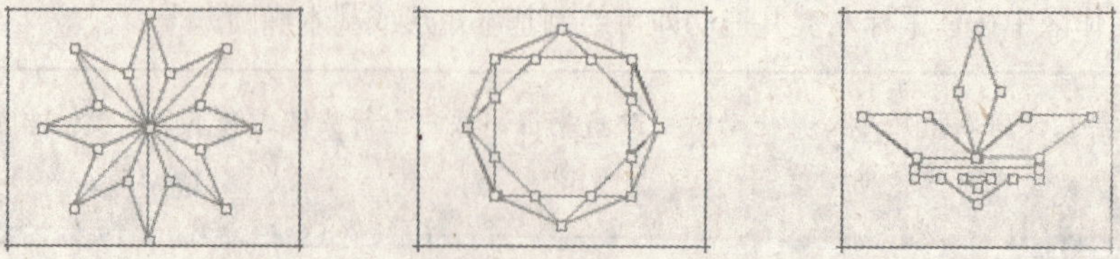

图 2.1.12　使用钢笔工具绘制路径

1．使用钢笔工具

（1）选择钢笔工具。

（2）在属性面板中设置笔触颜色、笔触高度和笔触样式等属性。

（3）在工作区中按下鼠标左键确定起点之后拖动鼠标，此时的鼠标指针呈现形状。

（4）在直线的终点处双击鼠标左键，绘制直线（见图 2.1.13）。若要绘制曲线，只需沿不同的方向拖动鼠标指针并单击即可，如图 2.1.14 所示。

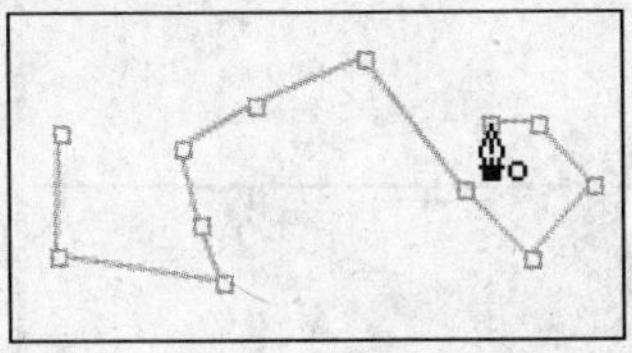

图 2.1.13　绘制直线路径

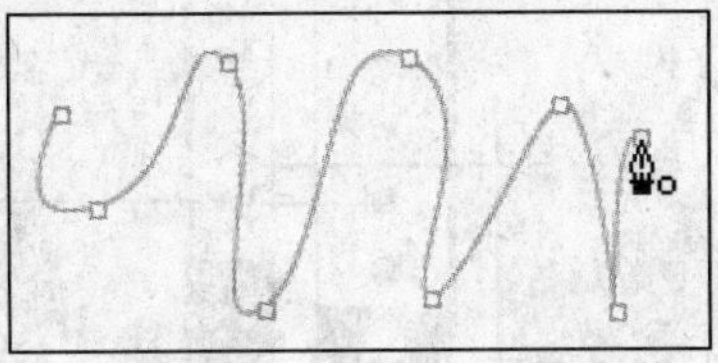

图 2.1.14　绘制曲线路径

2．添加或删除锚点

添加锚点可以更好地控制路径，也可以扩展开放路径。尽量不要添加不必要的点，点越少的路径越容易编辑、显示和打印。若要降低路径的复杂性，必须删除不必要的点。

工具箱包含三个用于添加或删除点的工具："钢笔工具"、"添加锚点"工具和"删除锚点"工具。默认情况下，将钢笔工具定位在选定路径上时，它会变为"添加锚点"工具，或者将钢笔工具定位在锚点上时，它会变为"删除锚点"工具。

3．转换锚点

转换锚点工具是 Flash CS3 新增的工具之一。它可以实现带弧度的锚点与平直锚点间的切换，还可以显示用其他绘图工具绘制图形上的锚点。

（1）选择转换锚点工具，在有弧度的锚点上单击就会将该锚点转换为平直锚点。

（2）选择转换锚点工具，在平直锚点上按住鼠标不放并拖动，可将平直锚点转换为带弧度的锚点。

（3）选择转换锚点工具，在使用其他绘图工具绘制的图形上单击，可以显示出该图形的锚点。

2.1.5　刷子工具

使用刷子工具可以创建任意形状的矢量色块，操作步骤如下：

（1）选择工具箱中的刷子工具。

（2）在属性面板中设置填充颜色和笔触平滑度等属性。

（3）在选项栏中设置刷子模式、刷子大小和刷子形状，如图 2.1.15 所示。

5 种刷子模式的功能如下：

1）标准绘画模式：在原始图形的同一层上绘图，同时覆盖原图的线条和填充色。

2）颜料填充模式：在原始图形及其外部绘图，同时覆盖原图的填充色，但保留线条不变。

3）后面绘画模式：在原始图形的外部绘图，不影响原图的线条和填充色。

4）颜料选择模式：只在选区内绘画。

5）内部绘画模式：在原始图形内部绘图，同时覆盖原图的填充色，但保留线条不变。

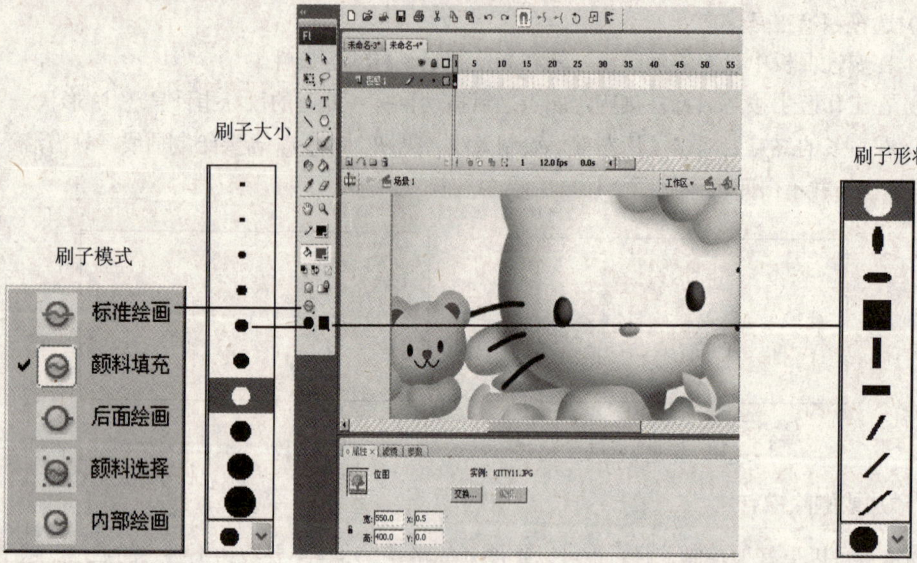

图 2.1.15　设置刷子模式、刷子大小和刷子形状

（4）在工作区中按住鼠标左键并拖动，绘制图形如图 2.1.16 所示。

原图　　标准绘画模式　　颜料填充模式

后面绘画模式　　颜料选择模式　　内部绘画模式

图 2.1.16　用 5 种刷子模式绘制图形

2.1.6　橡皮擦工具

使用橡皮擦工具可以擦除线条或填充色，操作步骤如下：

（1）选择工具箱中的橡皮擦工具。

（2）在选项栏中设置橡皮擦擦除模式、水龙头模式和橡皮擦形状，如图 2.1.17 所示。

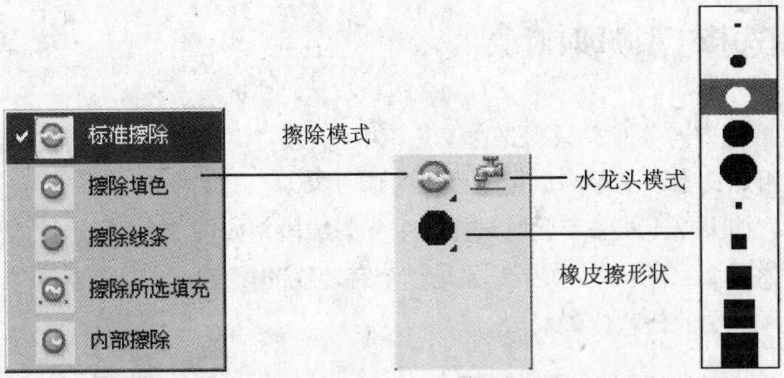

图 2.1.17　设置橡皮擦擦除模式、水龙头模式和橡皮擦形状

5 种橡皮擦擦除模式的功能如下：

1）标准擦除模式：只擦除同一层上的线条和填充色，文字不受影响。

2）擦除填色模式：只擦除填充色，所有的线条和外框都不受影响。

3）擦除线条模式：只擦除线条，填充色不受影响。

4）擦除所选填充模式：只擦除当前所选的填充色，而对于线条无论是否被选中都不受影响。

5）内部擦除模式：只擦除与鼠标起点区域填充色相同的鼠标指针经过区域的填充色，而不会擦除线条，如果从一个空白区域开始拖动鼠标指针，则什么也不会擦除。

（3）在工作区中按住鼠标左键并拖动，绘制图形如图 2.1.18 所示。

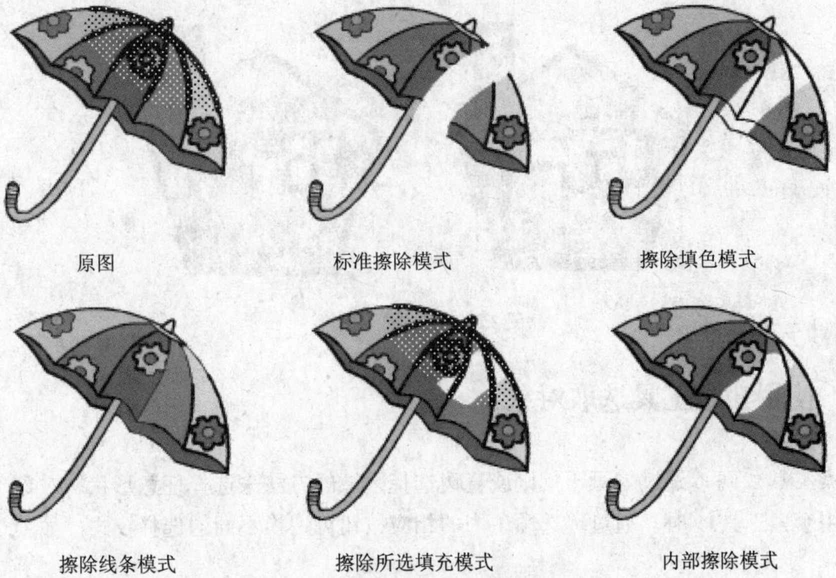

图 2.1.18　用 5 种橡皮擦模式擦除图形

2.2　形状修改工具

在 Flash CS3 中，可以使用选择工具、部分选取工具和任意变形工具修改图形形状，下面分别对其进行介绍。

2.2.1 使用选择工具选取对象

使用选择工具选取对象时，只需先在工具箱中选取选择工具，然后在需要选取的对象（线条、填充区域、群组、文本）上单击鼠标即可选中该对象。

在选取线条时，如果单击线条，此时只能选中一条线段，如图 2.2.1 所示；如果双击该线条，则可选择整个线段，如图 2.2.2 所示。如果对象是一个有边线的填充区域，需要同时选中该填充区域和边线，则应在填充区域中的任意位置双击。

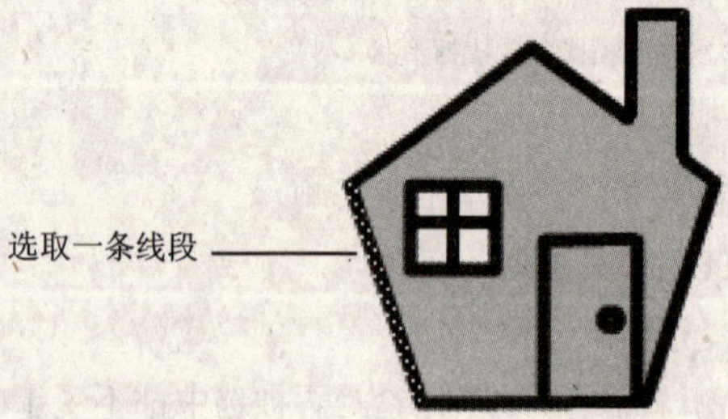

图 2.2.1 选取一条线段

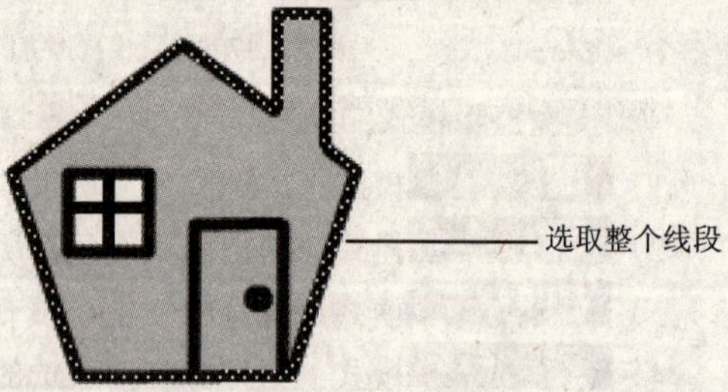

图 2.2.2 选取整个线段

选取对象时，也可以使用选择工具按钮，在需要选择的对象上拖出一个方框，该方框覆盖的所有图形（或某一图形的一部分）都将被选中，如图 2.2.3 所示。

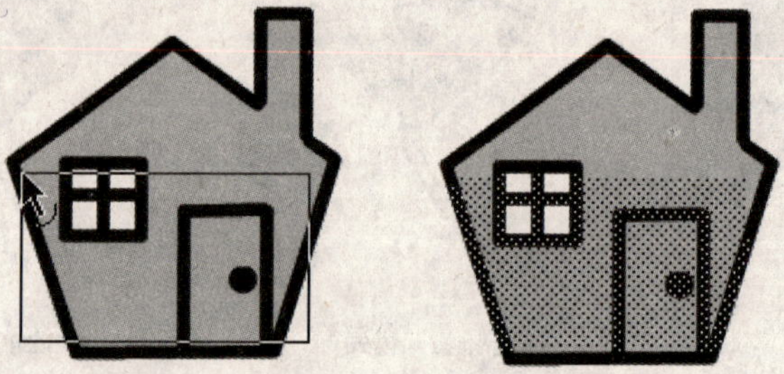

图 2.2.3 选中局部图形

2.2.2 使用套索工具选取对象

使用套索工具可以通过勾画不规则或直边选择区域的方法来选择任意形状的对象，如图 2.2.4 所示。当使用套索工具时，通过“选项”中的相应按钮可切换不同的选择模式，如图 2.2.5 所示。

图 2.2.4 使用套索工具选取对象

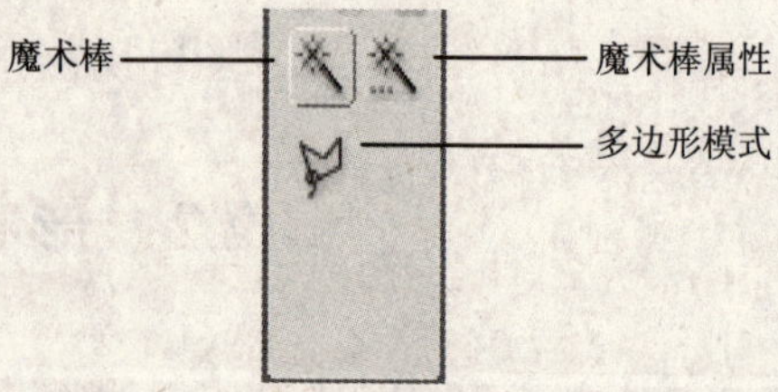

图 2.2.5 套索工具的“选项”区

（1）如果只选择套索工具，而不选中“选项”区中的任何按钮，此时可在场景中单击并拖动选中任意形状的图形，Flash 会自动闭合选择区域。

（2）如果希望使用直边选取进行选择，可首先在“选项”区中单击选中“多边形模式”按钮，然后反复单击设置各线段的结束点进行选择。要结束并闭合选择，可双击鼠标左键。

（3）如果希望选取已分解的位图的颜色相近区域，可首先在“选项”选区中单击选中“魔术棒”按钮，然后单击进行选择，如图 2.2.6 所示。

提示 使用魔术棒工具进行选取时，要设置魔术棒的属性，可在“选项”选区中单击“魔术棒属性”按钮，此时系统将弹出如图 2.2.7 所示的对话框。在该对话框中，利用“阈值”编辑框可设置颜色容差，该数值越大，选取的范围就越大。此外，利用“平滑”下拉列表可设置选取边界的平滑方式。

图 2.2.6　使用“魔术棒”选中已分解位图中颜色相近的区域

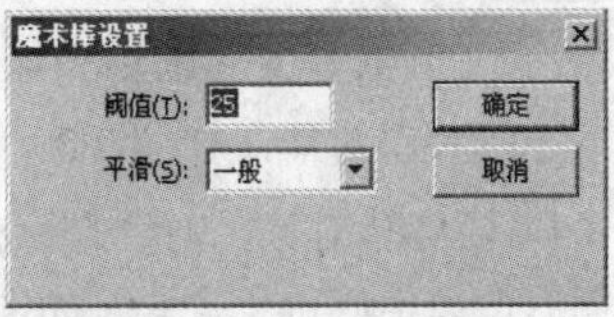

图 2.2.7　设置魔术棒的属性

2.3　变形工具

制作动画时，常常需要对场景中绘制的图形或导入的图像进行各种变形，例如，旋转对象、缩放对象、扭曲对象、水平或垂直翻转对象等。

2.3.1　任意变形工具

任意变形工具用于缩放、倾斜、旋转、扭曲、封套对象，调整变形点的位置，可以出现不同的效果，下面针对各种情况介绍填充变形工具的使用方法。

1．调整对象变形点的位置

在 Flash 中，所有的群组对象、实例、文本块、位图都有一个中心点。在对所选对象执行旋转、倾斜、扭曲等变形操作时，对象的中心会出现一个变形点，只需单击变形点并拖动即可，如图 2.3.1 所示。

当对象的变形点改变后，这时进行的变形操作将以新的变形点为中心。例如旋转对象时，其效果如图 2.3.2 所示。

提示 如果将变形点与所选对象的中心点重新对齐，可双击变形点。

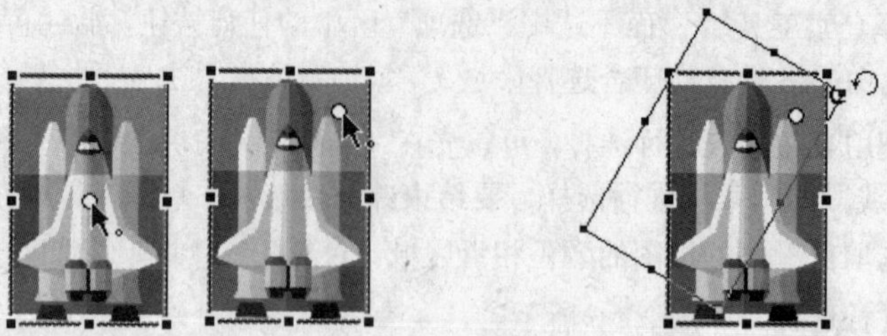

图 2.3.1　移动变形点　　　　图 2.3.2　旋转移动变形点后的对象

2．缩放、倾斜与旋转对象

在工具箱中选中任意变形工具，然后单击或框选对象，此时所选对象周围将显示一个有 8 个控制柄的变形框。将光标移至不同位置的控制柄单击并拖动即可缩放、旋转与倾斜对象。

（1）要拖动对象，只需将光标移至边框内的对象上，然后单击并拖动对象至新的位置。注意不要拖动变形点。

（2）要缩放对象，可拖动变形框四个角点或各边重点的控制柄，沿各自的方向进行缩放，如图 2.3.3 所示。如果希望按比例缩放对象，可按住“Shift”键并拖动变形框角点处的控制柄。

（3）要倾斜对象，则将光标移至边线附近，当光标呈⇋、⥮形状时单击并拖动，即可沿水平或垂直方向倾斜对象，如图 2.3.4 所示。

（4）要旋转对象，则将光标移至变形框的角点附近，当光标呈↶形状时单击并拖动，即可以对象的变形点为中心进行旋转，如图 2.3.5 所示。如按住“Shift”键拖动，可以 45° 角为增量进行旋转。

图 2.3.3　缩放　　　　图 2.3.4　倾斜　　　　图 2.3.5　旋转

提示　使用工具箱中的任意变形工具变形时，既可执行单一的变形操作，也可以将诸如移动、旋转、缩放、倾斜和扭曲等多个变形操作组合在一起执行。

3．扭曲与封套

扭曲与封套功能都只能应用于形状对象，而不能修改元件、位图、视频对象、组合对象或文本。如果对上述对象进行扭曲或封套变形，必须先将它们打散为形状对象。

其中，要使用扭曲功能，可选中对象后，单击任意变形工具按钮选项区中的“扭曲”按钮，然后将光标移至变形框的某个控制柄处单击并拖动，即可使对象扭曲变形，如图 2.3.6 所示。如在扭曲对象的同时按住“Shift”键，可以进行对等扭曲。

使用封套功能可以对对象进行细微的调整，此时将在对象周围显示一个封套控制框。通过拖动封套控制框上的控制点及切线手柄，可以改变封套的形状，封套内的对象也将随之改变，如图 2.3.7 所示。要使用封套功能，单击选中任意变形工具“选项”区中的“封套”按钮。

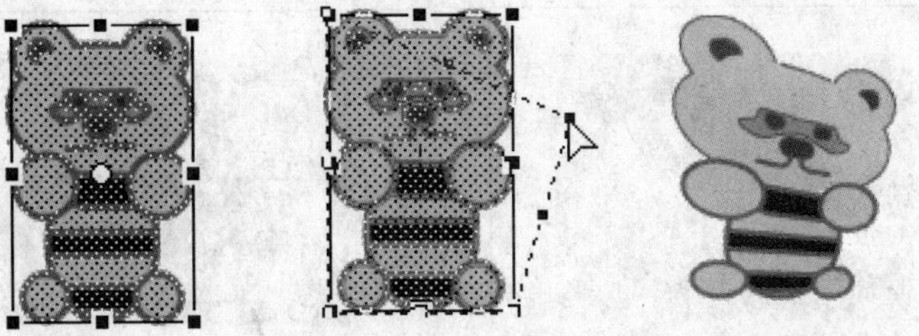

图 2.3.6　扭曲对象

图 2.3.7　封套对象

2.3.2　渐变变形工具

渐变变形工具用于调整渐变色或填充位图的尺寸、角度及中心点等。下面针对各种情况介绍填充变形工具的使用方法。

1．调整中心点

当使用填充变形工具单击选中需要调整的对象时，在被调整对象的周围会显示一些控制手柄，如图 2.3.8 所示。

将鼠标指针移至填充对象的中心点位置，鼠标指针变为✣形状，此时，按住鼠标左键拖动填充对象，可以调整其填充中心点的位置，如图 2.3.9 所示。

图 2.3.8　选中对象

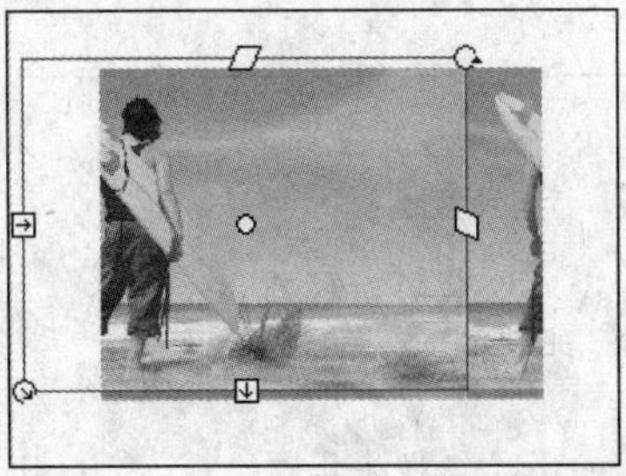

图 2.3.9　调整对象的填充中心点

2．调整尺寸

在使用填充变形工具选中需要调整的对象之后，将鼠标指针移至填充对象左下角（或左边、下边）的控制点处，鼠标指针呈现⤢（或↔、↕）形状，此时，按住鼠标左键并拖动，可以对称（或非对称）调整填充的位图，如图 2.3.10 所示。

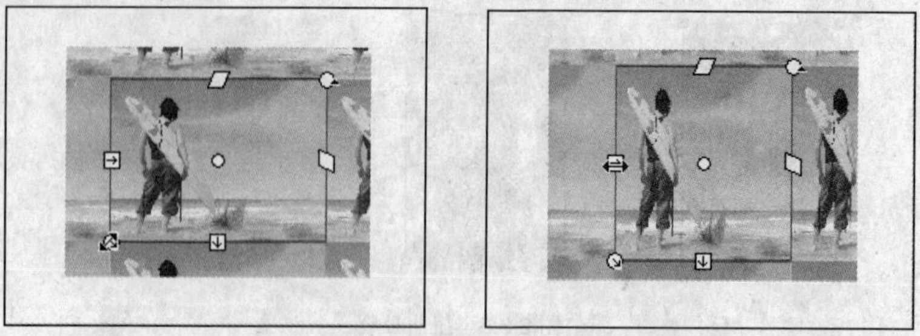

对称调整填充的位图　　　　非对称调整填充的位图

图 2.3.10　调整填充位图的尺寸

3. 旋转填充位图

使用填充变形工具选中需要调整的对象之后，将鼠标指针移至填充对象右上角的控制点处，鼠标指针呈现形状，此时，按住鼠标左键并拖动，可以旋转填充的位图，如图 2.3.11 所示。

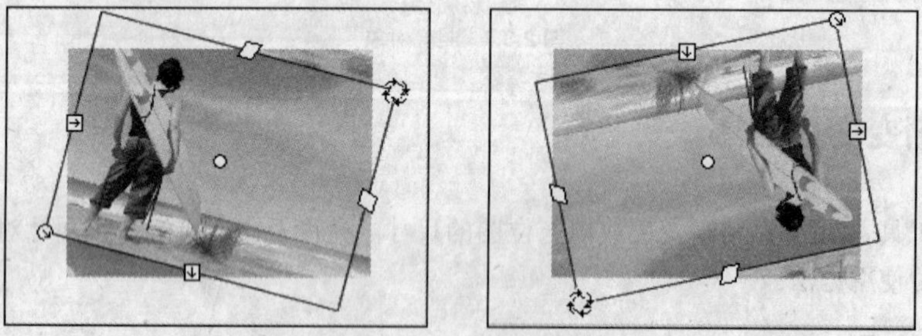

图 2.3.11　旋转填充位图

4. 扭曲填充位图

在使用填充变形工具选中需要调整的对象之后，将鼠标指针移至填充对象上边（或右边）的控制点处，鼠标指针呈现↕或↔形状，此时，按住鼠标左键并拖动，可以扭曲填充的位图，如图 2.3.12 所示。

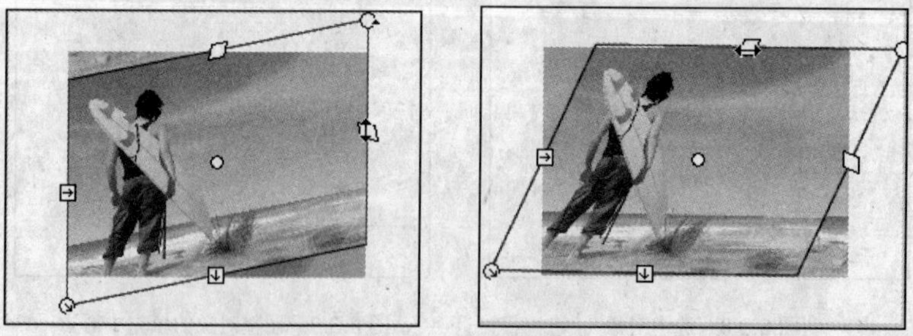

图 2.3.12　扭曲填充位图

2.4　颜色修改工具

由于颜色丰富的 Flash 动画更能吸引观赏者的注意力，为了创建这种 Flash 动画，本节介绍几种颜色修改工具。

2.4.1 关于颜色

在介绍颜色修改工具之前先来了解一下颜色的有关知识。

1. 颜色的三要素

任何一种颜色都包含色调、饱和度和亮度。因此，色调、饱和度和亮度被称为颜色的三要素。

（1）色调：是颜色最明显的特性，并以此为颜色命名，例如红色、黄色和蓝色等。每一种颜色都有一定的色调范围。

（2）饱和度：表示色调的深度，已饱和的颜色又深又浓，未饱和的颜色则比较淡。

（3）亮度：表示颜色的光亮度，并确定它在黑白之间的相对灰度比例。

2. 颜色的定义方式

在 Flash CS3 中，对颜色的定义有 3 种方式：

（1）通过拖动颜色条上的滑块位置来定义。

（2）输入 RGB 值。其中的 R，G，B 分别表示红色、绿色和蓝色。计算机的显示器所显示的颜色就是这 3 种颜色的混合。每种颜色的值在 0～255 之间。如果 R，G，B 的值均为 0（即 0，0，0），则显示为黑色；如果均为 255（即 255，255，255），显示为白色；值为（255，0，0）时显示为红色；值为（0，255，0）时显示为绿色；值为（0，0，255）时显示为蓝色。

（3）输入十六进制值。十六进制数由 0～9 和 A～F 这 16 个数字组成，逢 16 进位，F 和 1F 分别等于用户熟悉的十进制中的 15 和 31，而 FF 等于十进制的 255。一个（255，255，0）的 RGB 值转化为十六进制就是 FFFF00。网页中常使用十六进制的值表示颜色，RGB 中的 0～255 之间的值，对应在十六进制值 00 到 FF 之间。

3. 颜色面板

颜色面板是最强大的颜色设置工具，无论设置线条的颜色，还是填充单一颜色或渐变颜色，都可以使用“颜色”面板来完成。选择 窗口(W) → ✔ 颜色(C) Shift+F9 命令，打开颜色面板（见图 2.4.1），用户可以通过“填充样式”下拉列表选择使用纯色、线性、放射状或位图方式填充图形，如图 2.4.2 所示。

图 2.4.1　“颜色”面板

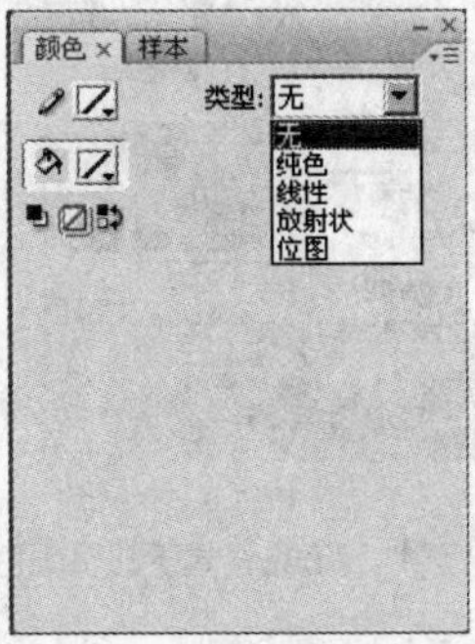

图 2.4.2　“填充样式”下拉列表

2.4.2 颜料桶工具

颜料桶工具用于为封闭的区域填充单一颜色、渐变色或位图。选择颜料桶工具，在选项栏中会出现如图 2.4.3 所示的附加选项，包括“锁定填充”按钮和“空隙大小”按钮，单击“空隙大小”按钮，弹出如图 2.4.4 所示的下拉菜单。

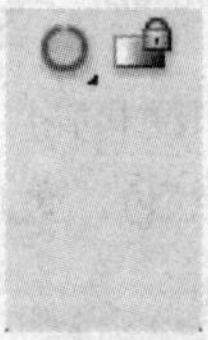

图 2.4.3 颜料桶工具附加选项

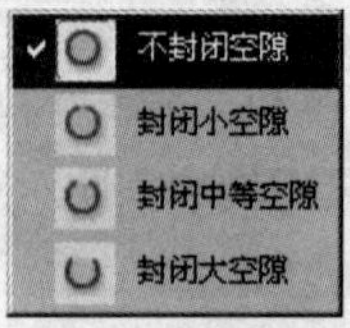

图 2.4.4 “空隙大小”下拉菜单

对“空隙大小”下拉菜单中的各选项说明如下：

（1）不封闭空隙：表示要填充的区域必须在完全闭合的状态下才能进行填充。

（2）封闭小空隙：表示要填充的区域在小缺口的状态下可以进行填充。

（3）封闭中等空隙：表示要填充的区域在稍大缺口状态下可以进行填充。

（4）封闭大空隙：表示要填充的区域若是有较大的缺口也可以进行填充。

1. 纯色填充

纯色填充的方法很简单，只需选择颜料桶工具，然后在”颜色”面板中选择需要的颜色直接单击对象即可。

2. 线性填充

进行线性填充的操作步骤如下：

（1）选择颜料桶工具。

（2）选择 窗口(W) → 颜色(C) Shift+F9 命令，打开“颜色”面板。

（3）在“填充样式”下拉菜单中选择“线性”选项，“颜色”面板如图 2.4.5 所示。

（4）选取一个滑块，在“红”、“绿”、“蓝”文本框中输入颜色值设置该滑块的颜色（见图 2.4.6），用同样的方法设置其他滑块的颜色。

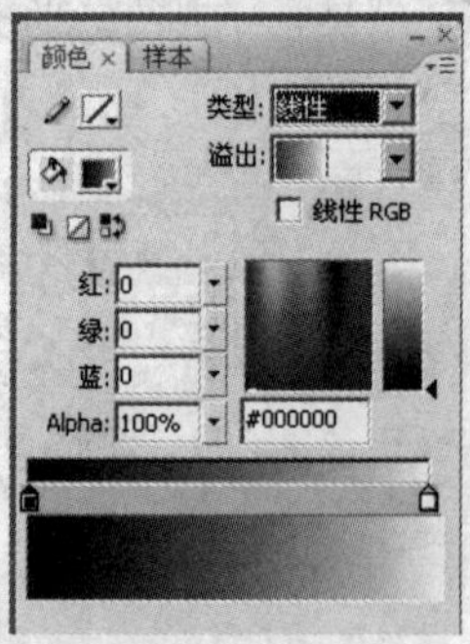

图 2.4.5 “线性”填充样式下的“颜色”面板

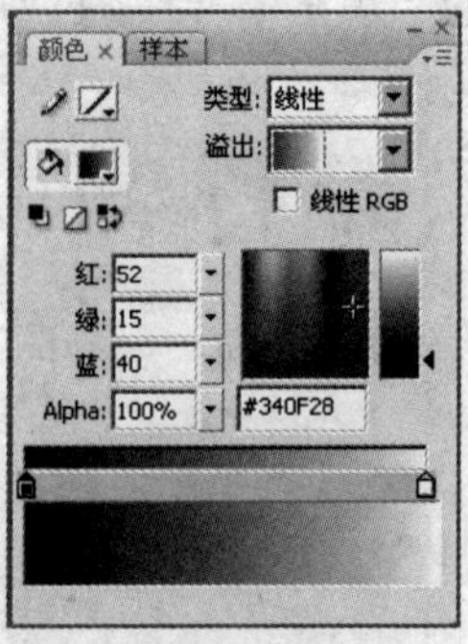

图 2.4.6 设置滑块的颜色

3. 放射状填充

进行放射状填充的操作步骤如下：

（1）选择颜料桶工具。

（2）选择 窗口(W) → ✔颜色(C) Shift+F9 命令，打开“颜色”面板。

（3）在“填充样式”下拉菜单中选择“放射状”选项，“颜色”面板如图 2.4.7 所示。

（4）选取一个滑块，在“红”、“绿”、“蓝”文本框中输入颜色值设置该滑块的颜色（见图 2.4.8），用同样的方法设置其他滑块的颜色。

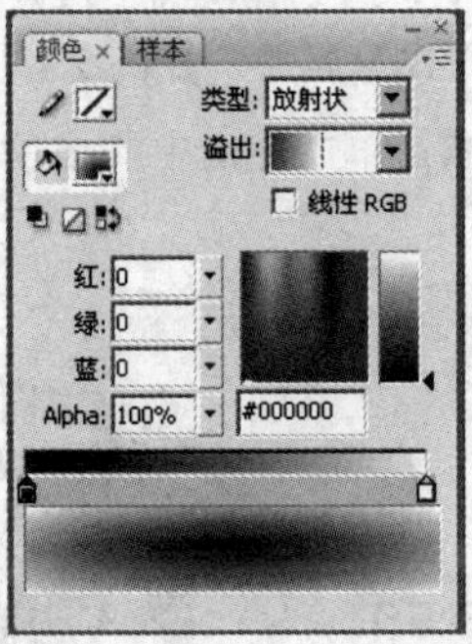

图 2.4.7 “放射状”样式下的“颜色”面板

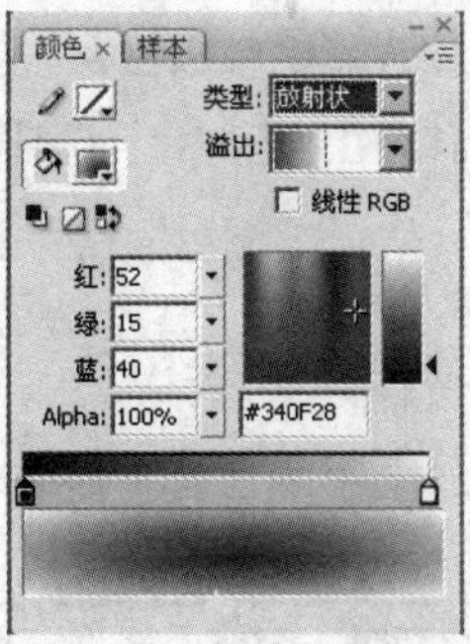

图 2.4.8 设置滑块的颜色

4．位图填充

进行位图填充的操作步骤如下：

（1）选择 文件(F) → 导入(I) → 导入到舞台(I)... Ctrl+R 命令，弹出“导入”对话框（见图 2.4.9），选择一幅用于填充其他图形的图片，如图 2.4.10 所示。

图 2.4.9 “导入”对话框

图 2.4.10 导入的图片

（2）按“Ctrl+B”键打散位图，图片呈现网格状，如图 2.4.11 所示。

（3）选择工具箱中的滴管工具，将其移至打散的位图上，鼠标指针呈现形状，单击位图吸取颜色后，鼠标指针呈现形状。

（4）将鼠标移至要填充的图形上，单击鼠标即可填充，如图 2.4.12 所示。

图 2.4.11 打散的位图

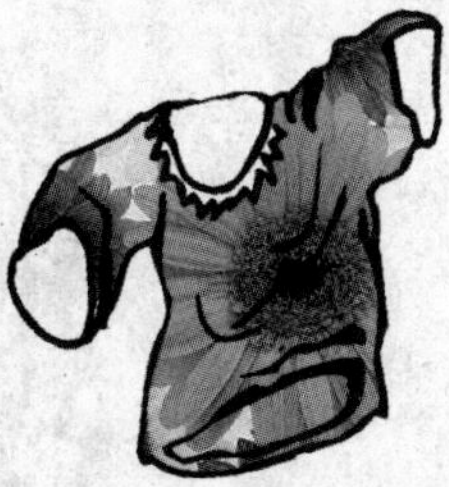

图 2.4.12 位图填充效果

2.4.3 墨水瓶工具

使用墨水瓶工具可以用一种纯色对图形中的线条进行着色，或者对其线条样式进行修改。操作步骤如下：

（1）选择工具箱中的墨水瓶工具。

（2）在属性面板中设置笔触颜色、笔触高度和笔触样式等属性，如图 2.4.13 所示。

（3）将鼠标指针移至工作区中，鼠标指针呈现形状，单击图形中的线条即可修改其样式，如图 2.4.14 所示。

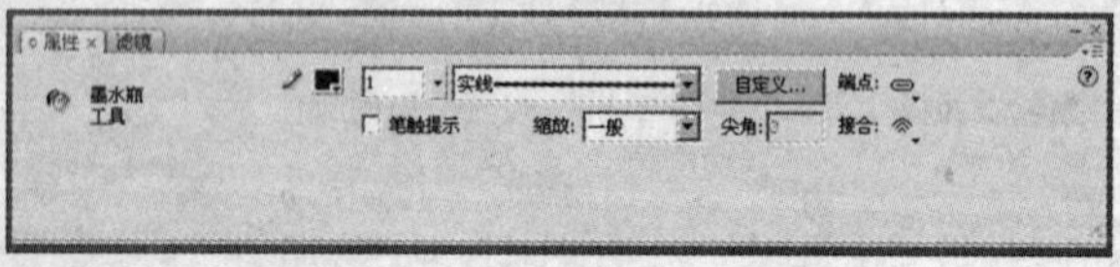

图 2.4.13　设置墨水瓶工具的属性

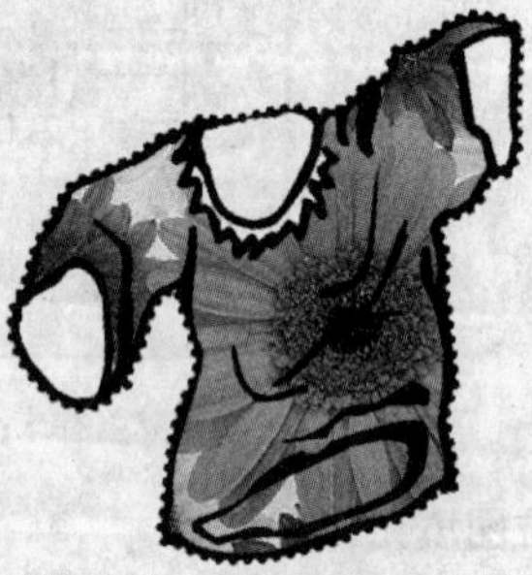

图 2.4.14　使用墨水瓶工具修改线条样式

2.4.4 滴管工具

在 Flash CS3 中，使用滴管工具可以将对象的填充颜色或线条属性复制到其他对象上，还可以采集位图图形作为填充内容，如图 2.4.15 所示。

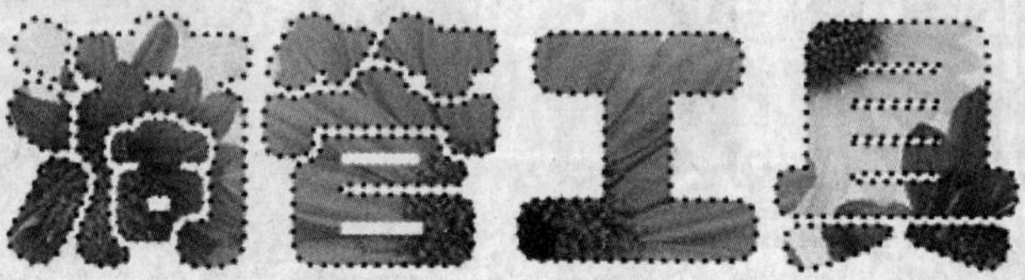

图 2.4.15　使用滴管工具填充对象

2.5 典型实例——彩球

下面使用绘图工具、颜色填充工具和图形编辑工具绘制“彩球”，以巩固本章所学内容，最终效果如图 2.5.1 所示。

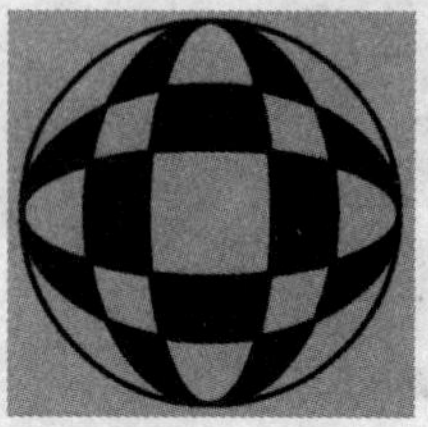

图 2.5.1　效果图

（1）选择 文件(F) → 新建(N)... Ctrl+N 命令，弹出“新建文档”对话框，选择“常规”选项卡中的 Flash 文件(ActionScript 3.0) 选项，单击 确定 按钮，新建一个文档。

（2）选择 修改(M) → 文档(D)... Ctrl+J 命令，弹出“文档属性”对话框，设置“尺寸”为“550 px×400 px”，“背景颜色”为“#FFCC00”，（见图 2.5.2），单击 确定 按钮。

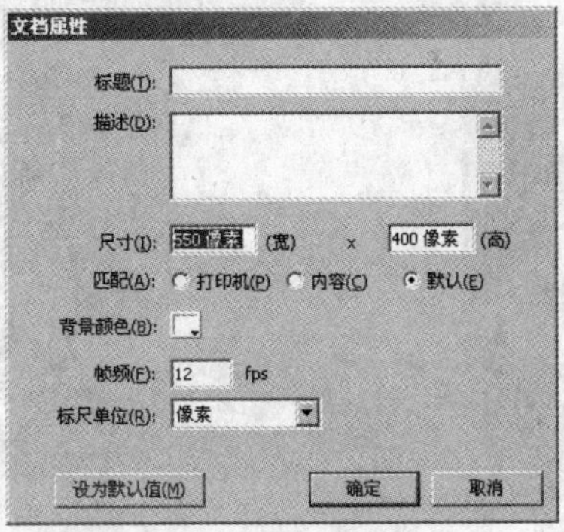

图 2.5.2 “文档属性”对话框

（3）选择工具箱中的椭圆工具，在属性面板中设置笔触颜色为“黑色”，笔触高度为“3”，填充颜色为“无”，如图 2.5.3 所示。

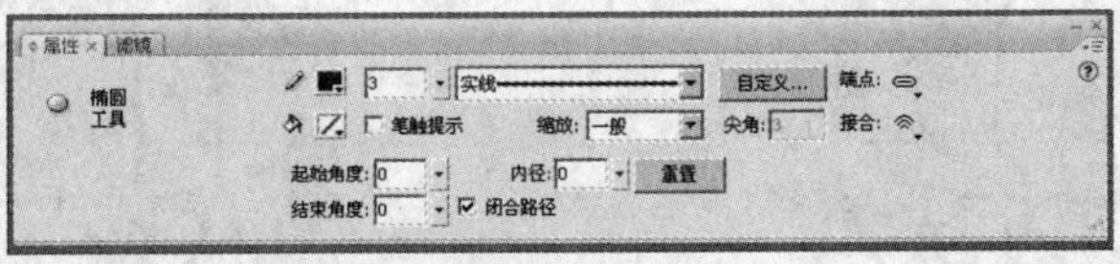

图 2.5.3 设置椭圆工具属性

（4）按住“Shift”键，拖动鼠标绘制一个无填充的圆形，如图 2.5.4 所示。

（5）选中圆形，选择 窗口(W) → 变形(T) Ctrl+T 命令，打开变形面板，如图 2.5.5 所示。

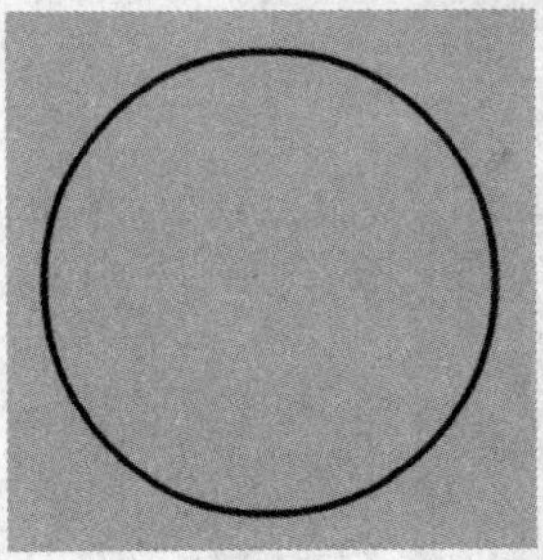

图 2.5.4 绘制圆形

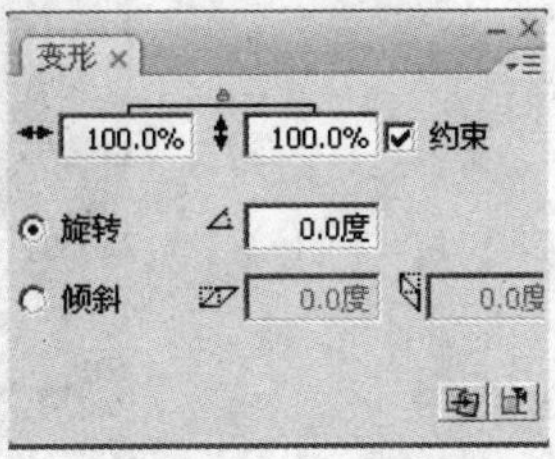

图 2.5.5 变形面板

（6）在文本框中输入数值“33.33%”，单击“复制并应用变形”按钮，复制一个水平方向缩小为原图的 33.33%的椭圆，如图 2.5.6 所示。

（7）按住“Shift”键，分别单击圆形的左半弧和右半弧，选中圆形。在变形面板的文本框中输入数值“66.66%”，然后单击“复制并应用变形”按钮，复制一个水平方向缩小为原图的 66.66%的椭圆，如图 2.5.7 所示。

（8）选中圆形，在变形面板的文本框中输入数值“33.33%”，然后单击“复制并应用变形”按钮，复制一个竖直方向缩小为原图的 33.33%的椭圆，如图 2.5.8 所示。

（9）选中圆形，在变形面板的文本框中输入数值“66.66%”，然后单击“复制并应用变形”按钮，复制一个竖直方向缩小为原图的 66.66%的椭圆，如图 2.5.9 所示。

（10）选择工具箱中的颜料桶工具，在属性面板中设置填充颜色为“黑色”，填充效果如图 2.5.10 所示的区域。

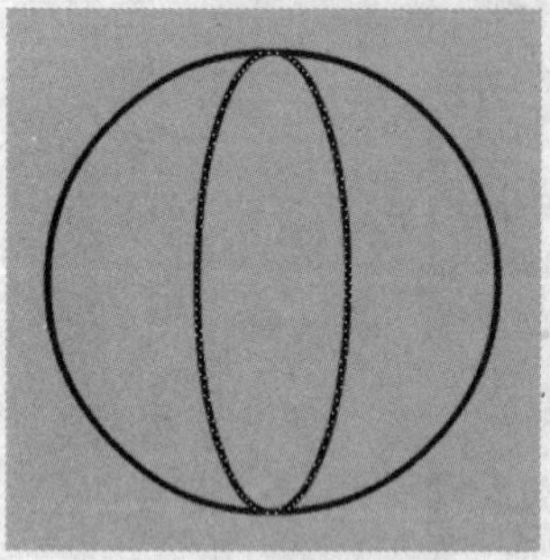

图 2.5.6　复制水平方向为原图 33.33%的椭圆

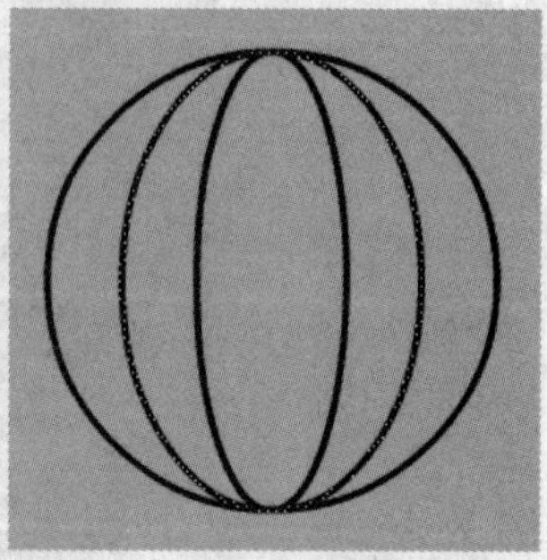

图 2.5.7　复制水平方向为原图 66.66%的椭圆

图 2.5.8　复制竖直方向为原图 33.33%的椭圆

图 2.5.9　复制竖直方向为原图 66.66%的椭圆

图 2.5.10　填充圆球

（11）按“Ctrl+S”键保存文件，最终效果如图 2.5.1 所示。

小　结

本章主要讲解了关于 Flash CS3 的基本绘图工具、形状修改工具和颜色修改工具，通过本章的学习，读者应该熟练掌握各种工具的使用，并能绘制简单图形。

过关练习二

一、基础题

1. 铅笔工具有伸直模式、平滑模式和__________3 种。
2. 颜料桶工具用于为封闭的区域填充单一颜色、渐变色或__________。
3. RGB 表示红色、绿色和（　）。

　　A．白色　　　　　　　　B．绿色

　　C．蓝色　　　　　　　　D．黑色

4. （　）被称为颜色的三要素。

　　A．色调　　　　　　　　B．饱和度

　　C．亮度　　　　　　　　D．透明度

5. 在 Flash CS3 中，可以使用哪些工具修改图形形状？

二、上机操作题

1. 练习绘制小鸟，如题图 2.1 所示。
2. 练习绘制向日葵，如题图 2.2 所示。

题图 2.1　小鸟效果图

题图 2.2　向日葵效果图

第 3 章　文本的使用

为了使 Flash 作品更容易让人了解，用户常常需要在其中添加说明文本，从而突出动画主题，因此，文本是 Flash 作品不可缺少的一部分。本章将介绍如何在 Flash CS3 中创建与设置文本。

本章重点

（1）创建文本。

（2）设置文本属性。

3.1　创建文本

在 Flash CS3 中，文本包括静态文本、动态文本和输入文本 3 种类型。其中，静态文本是指在创作过程中确定动画内容的文本；动态文本是指能动态显示、及时更新的文本；输入文本是指允许用户在动画播放过程中进行修改的文本。创建文本的操作步骤如下：

（1）选择工具箱中的文本工具 T，其属性面板如图 3.1.1 所示，根据需要设置文本的类型、字体、字体大小和文本颜色等属性。

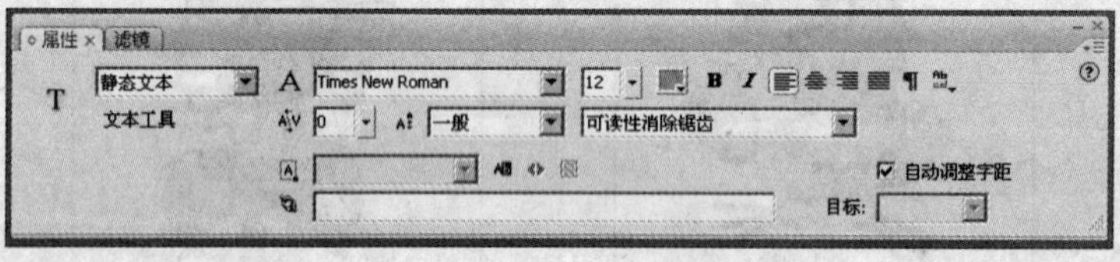

图 3.1.1　“文本工具”属性面板

（2）在工作区中单击鼠标将出现一个文本框，当其右上角有一个小圆圈时，表示输入文本的宽度不限；当其右上角有一个小方框时，表示此文本框的宽度已定，若输入的文本超过文本框宽度则自动换行。

（3）在文本框中输入文本，如图 3.1.2 所示。

图 3.1.2　输入文本

3.2　设置文本属性

在输入文本之后，用户还可以设置文本的字体、字体大小、文本颜色、字母间距、字符位置、排版方向以及超链接等属性，下面分别对其进行介绍。

3.2.1　设置字体

在 Flash CS3 中，用户可以通过属性面板或菜单命令设置文本的字体属性。

1．通过属性面板设置字体

通过属性面板设置字体的操作步骤如下：

（1）选择工具箱中的文本工具 T，打开属性面板（见图 3.1.1）。

（2）在“字体”下拉列表中选择需要的字体选项即可。

2．通过菜单命令设置字体

选择 文本(T) → 字体(F) 命令，弹出“字体”子菜单，在其中选择一种需要的字体即可。

3．设置附加字体

用户还可以单击附加字体按钮定义文本的附加效果，操作步骤如下：

（1）选中要设置附加字体的文本。

（2）单击属性面板中的“切换粗体”按钮 **B** 或“切换斜体”按钮 *I*，添加粗体或斜体效果，如图 3.2.1 所示。

图 3.2.1　设置附加字体

3.2.2　设置字体大小

设置字体大小的操作步骤如下：

（1）选中要设置字体大小的文本。

（2）在“字体大小”文本框中输入一个介于 0～2 500 的数值，或者拖动其右侧的滑块在 8～96 之间调整字体大小，也可以选择 文本(T) → 大小(S) 命令，在弹出的“大小”子菜单中选择需要的字体大小。如图 3.2.2 所示为字号为 10，20，30 和 40 时的文本效果。

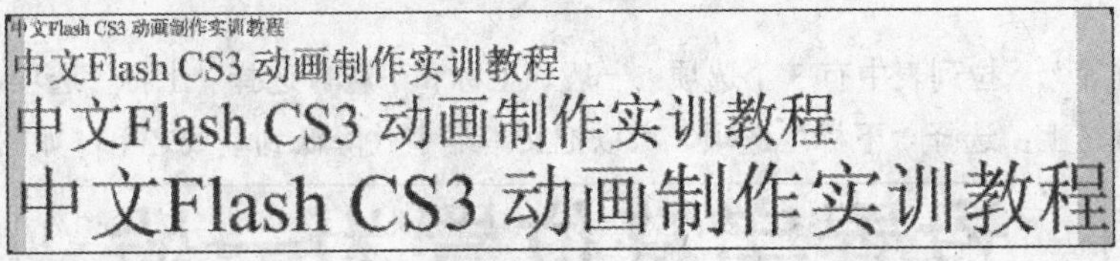

图 3.2.2　设置字体大小

3.2.3　设置文本颜色

设置文本颜色的操作步骤如下：

（1）选中要设置颜色的文本。

（2）单击“文本（填充）颜色”按钮，打开如图 3.2.3 所示的颜色列表，从中选择一种颜色。

（3）如果用户对颜色列表中的颜色不满意，可以单击“颜色”按钮，在弹出的“颜色”对话框中自定义颜色，如图 3.2.4 所示。

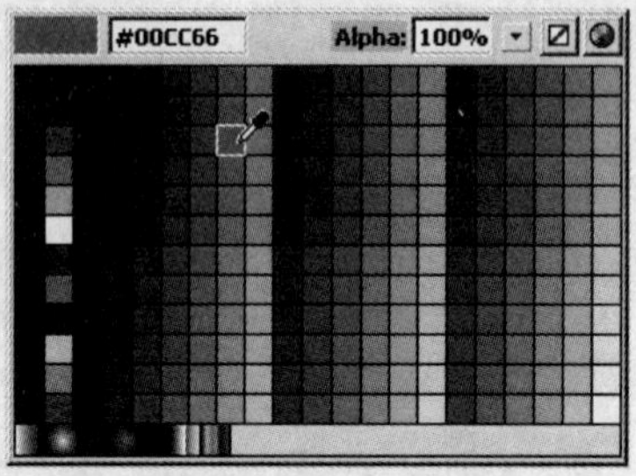

图 3.2.3　颜色列表

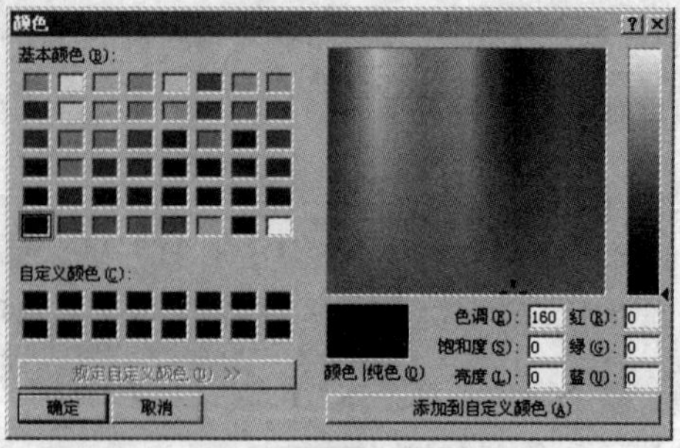

图 3.2.4　“颜色”对话框

3.2.4　设置字母间距

设置字母间距的操作步骤如下：

（1）选中要设置字母间距的文本。

（2）在“字母间距”文本框中输入一个介于－60～60 之间的数值，或者拖动其右侧的滑块在－60～60 之间调整字母间距。如图 3.2.5 所示为字母间距为－10，0，10 和 20 时的文本效果。

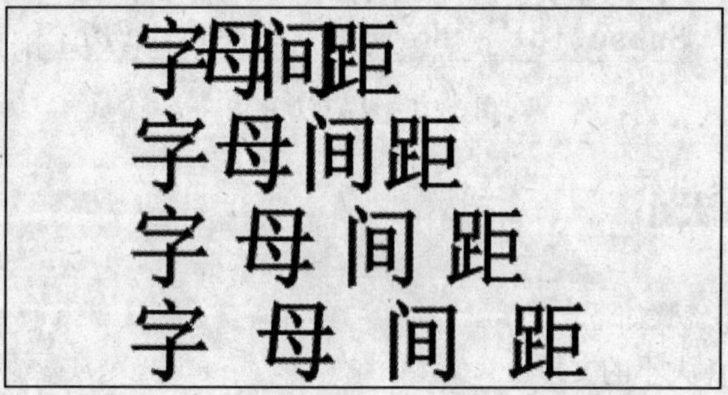

图 3.2.5　设置字母间距效果

3.2.5　设置字符位置

在“字符位置”下拉列表中有 3 个选项：一般、上标和下标。选择“上标”选项，可以把文本缩小并上升到基线之上；选择“下标”选项，可以把文本缩小并降低到基线之下，如图 3.2.6 所示。

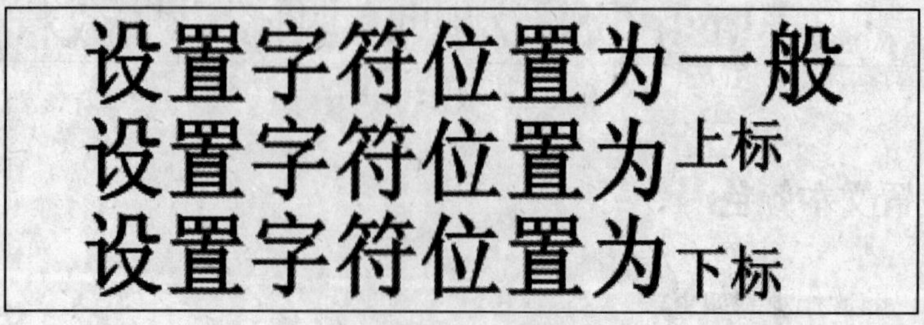

图 3.2.6　设置字符位置

3.2.6　设置文本的排版方向

一般情况下，文本的排版方向为从左至右横向排列，用户可以通过属性面板改变文本的排版方向。其操作步骤如下：

（1）选中要设置排版方向的文本。

（2）单击属性面板中的“改变文本方向”按钮 Ab cd ▾，弹出如图 3.2.7 所示的下拉菜单。若选择 水平 选项，文本将从左至右横向排列；若选择 垂直，从左向右 选项，文本将从左至右纵向排列；若选择 垂直，从右向左 选项，文本将从右至左纵向排列。

当文本呈垂直方向排列时，将激活属性面板中的“旋转”按钮，单击它可旋转文本，如图 3.2.8 所示。

图 3.2.7　“改变文本方向”下拉菜单

图 3.2.8　旋转文本

3.2.7　设置文本超链接

在 Flash CS3 中，为了增强动画的互动效果，常常为文本设置超链接。其操作步骤如下：

（1）选中要设置超链接的文本。

（2）在属性面板的“URL 链接”文本框中输入完整的链接地址，例如“http://www.163.com”，如图 3.2.9 所示。

图 3.2.9　设置文本超链接

（3）在“目标”下拉列表中选择链接网页的打开方式。若选择 _blank 选项，则会打开一个新的浏览器窗口显示超链接对象；若选择 _parent 选项，则会在当前窗口的父窗口中显示超链接对象；若选择 _self 选项，则会在当前窗口中显示超链接对象；若选择 _top 选项，则会在级别最高的窗口中显示超链接对象。

（4）选择 控制(O) → 测试影片(M)　Ctrl+Enter 命令，测试影片效果，如图 3.2.10 所示。

图 3.2.10　鼠标指针经过时的效果

3.3　典型实例——位图文字

下面制作“位图文字”，以巩固本章所学内容，最终效果如图 3.3.1 所示。

图 3.3.1　最终效果图

（1）选择 文件(F) → 新建(N)... Ctrl+N 命令，弹出“新建”对话框，选择“常规”选项卡中的 Flash 文件(ActionScript 3.0) 选项，单击 确定 按钮，新建一个 Flash 文档。

（2）选择 修改(M) → 文档(D)... Ctrl+J 命令，弹出“文档属性”对话框，设置“尺寸”为“550 px×400 px”，“背景颜色”为“白色”（见图 3.3.2），单击 确定 按钮。

（3）选择 文件(F) → 导入(I) → 导入到舞台(I)... Ctrl+R 命令，弹出“导入”对话框，如图 3.3.3 所示。

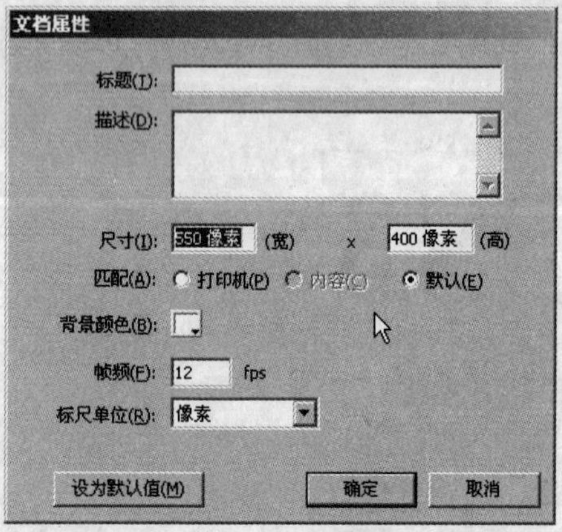

图 3.3.2　“文档属性”对话框

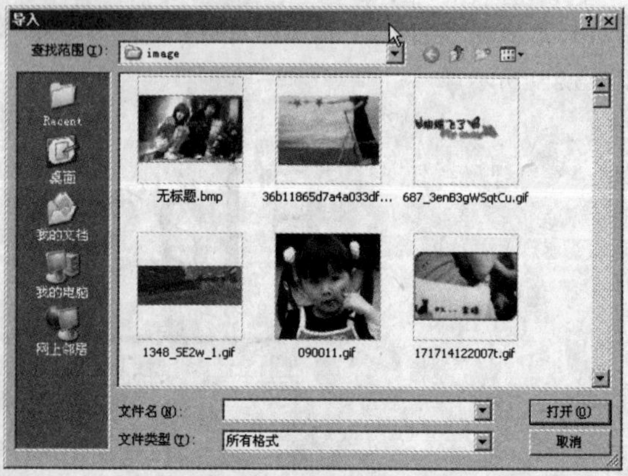

图 3.3.3　“导入”对话框

（4）选中要导入的图片，单击 打开(O) 按钮导入，所选图片就出现在工作区的中央，如图 3.3.4 所示。

（5）在属性面板中有 4 个可填写框，它们所显示的数字分别表示图片的宽、高及中心点的横、纵坐标值。选中图片，在属性面板中设置“宽”为“550”，“高”为“400”，“X”坐标为“0”，“Y”坐标为“0”（见图 3.3.5），使图片恰好覆盖整个工作区。

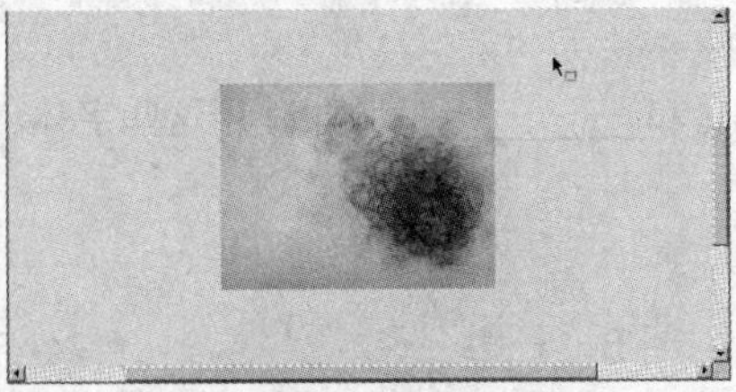

图 3.3.4　导入图片

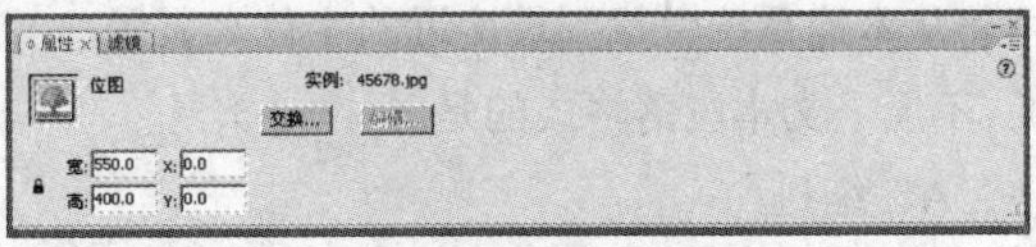

图 3.3.5　属性面板

（6）单击时间轴面板中的“插入图层”按钮，插入“图层 2”。选择工具箱中的文本工具，在属性面板中设置字体为“方正超粗黑繁体”，字体大小为“120”，文本颜色为“红色”，在“图层 2”中输入文字“位图文字”，如图 3.3.6 所示。

（7）选中“图层 1”中的背景图片，选择 修改(M) → 分离(K) Ctrl+B 命令，打散图片。选择工具箱中的滴管工具，单击被打散的图片，将图片定为填充物，此时工具栏中的填充框显示为。

（8）选中“图层 2”中的文字，连续选择 修改(M) → 分离(K) Ctrl+B 命令两次，将文字打散。选择工具箱中的颜料桶工具，单击被打散的文字，看到被单击的文字消失了。其实是由于填充了图片后的文字与背景一致，所以不可见。

（9）选中“图层 1”层，单击时间轴面板中的“删除图层”按钮，将其删除，效果如图 3.3.7 所示。

图 3.3.6　输入文字

图 3.3.7　填充文字

（10）按“Ctrl+S”键保存文件，最终效果如图 3.3.1 所示。

小　结

本章主要介绍了文本的操作和文本的设置。通过本章的学习，读者应该学会文本的创建、打开、保存和关闭以及设置文本的各个属性。

过关练习三

一、基础题

1．在 Flash CS3 中，用户可以通过__________面板或菜单命令设置文本的字体属性。

2．在 Flash CS3 中，文本分为__________、动态文本和输入文本 3 种类型，它们都支持 Unicode

文本编码。

3. 在 Flash CS3 中有 3 种设备字体：named_sans，_serif 和__________，如果使用这些字体，Flash 播放器将从本地系统中找到最接近的字体来显示。

4. 不属于文本段落格式的是（　　）。

A. 缩进　　B. 行距

C. 边距　　D. 对齐

5.“字符位置”下拉列表中的选项包括（　）。

A. 正常　　B. 上标

C. 下标　　D. 中标

6. Flash 文本的类型包括（　）。

A. 静态文本　　B. 动态文本

C. 输入文本　　D. 纯文本

二、上机操作题

1. 任意输入一段文本，依次将其设置为“静态文本”、“动态文本”和“输入文本”，观察属性面板的变化。

2. 在舞台中输入自己的名字，并设置它的字体为隶书，颜色为蓝色，字号为 75。

第 4 章　图像的导入与编辑

Flash 作为一款矢量动画设计软件，不但具有矢量绘制功能，而且具有导入及编辑位图的功能，从而使动画流畅而充满美感。本章将介绍导入图像并对其进行各种编辑操作。

本章重点

（1）静态图像基础。

（2）导入图形图像。

（3）编辑位图。

4.1　静态图像基础

任何动画都是由一幅幅静态图像构成的，因此处理静态图像是进行 Flash 创作的基础。本节将介绍一些静态图像的基础知识，包括位图与矢量图、分辨率、颜色模式、颜色深度、Alpha 通道和图像文件格式等。

4.1.1　位图与矢量图

在计算机中，图像的表示方法主要有两种，即位图与矢量图。其中，位图图像比较细腻，色彩的变化比较丰富，当把位图放大到一定程度时，会出现失真现象，即“马赛克”现象，如图 4.1.1 所示；矢量图是由一系列的点、线、面组成的，因此，当对它进行放大操作时，不会出现失真现象，如图 4.1.2 所示。

图 4.1.1　放大位图

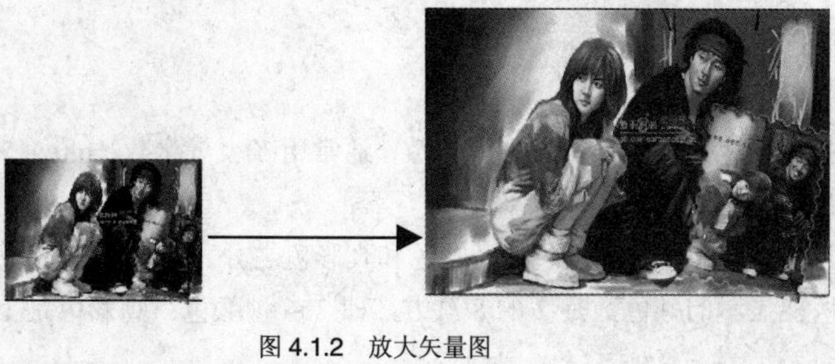

图 4.1.2　放大矢量图

4.1.2 分辨率

分辨率是指单位长度内所含像素的多少，它主要用来衡量图像细节的表现能力。

分辨率包括图像分辨率、设备分辨率、屏幕分辨率、位分辨率、输出分辨率 5 种类型。其中，图像分辨率是指每英寸图像所含的点数或像素数，分辨率的单位为 dpi，例如 100 dpi 就表示该图像每英寸长度上含有 100 个像素点。

在位图中，分辨率的大小直接影响图像的品质，分辨率越高图像就越清晰。另外，一幅图像文件的大小与其尺寸和分辨率有着密切的关系，即一个尺寸相同的图像，分辨率越高，文件就越大。

4.1.3 颜色模式

颜色模式是人们对颜色的描述方法，常见的颜色模式有 RGB 模式、Lab 模式、HSB 模式和 CMYK 模式 4 种。

1. RGB 模式

RGB 模式由红（Red）、绿（Green）和蓝（Blue）3 种原色组成。在 RGB 模式下，像素由一个 24 位数表示，其中红、绿、蓝 3 种原色各占用了 8 位，因此，每一种原色都可以表现出 256 种不同深度的色调，3 种原色混合起来就可以生成 1 667 万种颜色，也就是真彩色。

2. Lab 模式

Lab 模式由一个发光率（Lightness）和两种颜色（a，b）组成。Lab 模式是一种独立于设备的颜色模式，即不论使用何种显示器或打印机，Lab 的颜色都不会改变。目前，Lab 模式是所有颜色模式中包含色彩范围最广的模式，它能毫无偏差地在不同系统和平台之间进行切换。

3. HSB 模式

HSB 模式由色相（Hue）、饱和度（Saturation）和亮度（Brightness）组成。HSB 模式可由底与底对接的两个圆锥体立体模型来表示，其中轴向表示亮度，自上而下由白变黑；径向表示饱和度，自内向外逐渐变高；而圆周方向则表示色相的变化，形成色环。利用该模式，用户可以轻松地选择各种亮度的颜色。

4. CMYK 模式

CMYK 模式由青（Cyan）、洋红（Magenta）、黄（Yellow）和黑（Black）4 种颜色组成。在处理图像时，一般不采用 CMYK 模式，因为这种模式的文件较大，会占用较多的磁盘空间和内存。CMYK 模式通常被用于彩色印刷。

4.1.4 颜色深度

颜色深度是指每个像素可以显示出的颜色数，通常用多少量化数（bite）来表示，即量化数越高，每个像素可显示出的颜色数目就越多。

对应不同的量化数，颜色有伪彩色、高彩色和真彩色之分。其中，伪彩色是 8 位颜色，采用这种方式，每个像素所能显示的颜色数是 2 的 8 次方，即 256 种颜色；高彩色是 16 位颜色，采用这种方式，每个像素所能显示的颜色数是 2 的 16 次方，即 65 536 种颜色；真彩色是 24 位颜色，采用这种方式，每个像素所能显示的颜色数是 2 的 24 次方，即 1 680 万种颜色。

颜色深度和文件的大小有着密切的关系，即量化数越高，色彩就越丰富、真实，所产生的文件也就越大。

4.1.5　Alpha 通道

Alpha 通道也被写做 α（希腊字母）通道，它使用不同的灰度值来表示透明度的大小。一般情况下，纯白为不透明；纯黑为完全透明；介于白黑之间的灰色表示部分透明。

Alpha 通道的作用主要有以下 3 个方面：

（1）用于合成不同的图像，实现混合叠加。

（2）用于选择图像的某一区域，方便修改处理。

（3）利用 Alpha 通道对基色通道的影响，制作丰富多彩的视觉效果。

4.1.6　图像文件格式

下面介绍几种常见的图像格式。

1．JPEG

JPEG 的英文全称为 Joint Photographic Expert Group，它是一种压缩比很高的有损压缩方式。该格式的优点是所生成的文件比较小，但在压缩时存在着一定程度的失真，因此可能会丢掉一些数据，保存后的图像效果也没有原图像的效果好，因此在制作印刷作品时最好不要选择此种格式来保存图像。

2．GIF

GIF 的英文全称为 Graphics Interchange Format，它是由 CompuServe 公司设计的格式。GIF 格式不支持 Alpha 通道，不支持 24 位真彩色。GIF 格式的最大优点就是所生成的文件比较小，非常适合在 Internet 中传输和使用，并且支持透明背景和动画功能，它以 gif 为后缀名。

3．PNG

PNG 的英文全称为 Portable Network Graphic，它是 Fireworks 文件的默认格式，具有 JPEG 和 GIF 格式的全部优点，如支持透明背景、动画和 24 位真彩色等。

4．BMP 格式

BMP 格式是 Windows 中的标准图像文件格式，有压缩和不压缩两种形式。BMP 格式支持 RGB、灰度、索引、位图等色彩模式，但不支持 Alpha 通道，能够被多种 Windows 应用程序所支持。

4.2　导入图形图像

在制作 Flash 动画的过程中，除了可以用工具箱中的工具绘制矢量图形外，还可以从外部导入一些图形图像。

4.2.1 导入位图

在 Flash 中，被导入的位图将成为当前图层中的单个对象，并且保留其透明度等属性。导入位图的操作步骤如下：

（1）选择 文件(F) → 导入(I) → 导入到舞台(I)... Ctrl+R 命令，弹出“导入”对话框，如图 4.2.1 所示。

（2）在该对话框中选择所要导入的位图图像，例如“shfj013.jpg”。

（3）单击 打开(O) 按钮，即可将位图图像导入到工作区中，如图 4.2.2 所示。

图 4.2.1 “导入”对话框

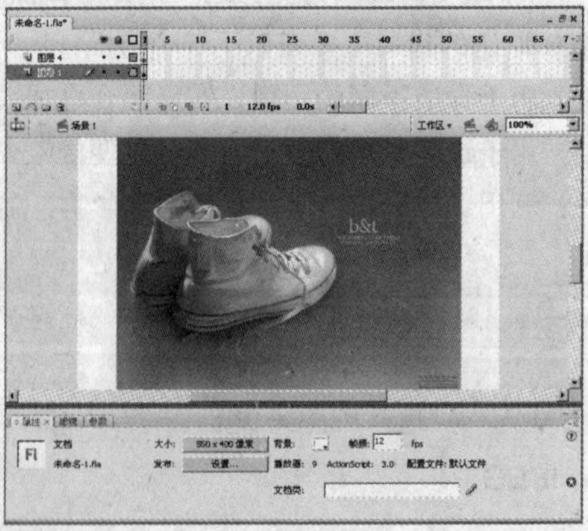

图 4.2.2 导入的位图图像

4.2.2 导入矢量图

在 Flash 中，还可以导入由 FreeHand 或 Illustrator 等软件制作的矢量图形。导入矢量图的操作步骤如下：

（1）选择 文件(F) → 导入(I) → 导入到舞台(I)... Ctrl+R 命令，弹出“导入”对话框。

（2）在该对话框中选择所要导入的矢量图形，如图 4.2.3 所示。

（3）单击 打开(O) 按钮，将矢量图形导入到工作区中，如图 4.2.4 所示。

图 4.2.3 “导入”对话框

图 4.2.4 导入的矢量图形

4.2.3　导入图像序列

在 Flash 中，可以将图像序列导入到当前图层的连续帧中。导入图像序列的操作步骤如下：

（1）选择 文件(F) → 导入(I) → 导入到舞台(I)... Ctrl+R 命令，弹出“导入”对话框。

（2）在该对话框中选择所要导入图像序列中的一个图像（该序列中的其他图像都位于相同的文件夹中）。

（3）单击 打开(O) 按钮，弹出如图 4.2.5 所示的提示框。

（4）单击 是(Y) 按钮，将导入图像序列中的所有图像；单击 否(N) 按钮，将只导入选中的图像；单击 取消 按钮，则取消导入操作。

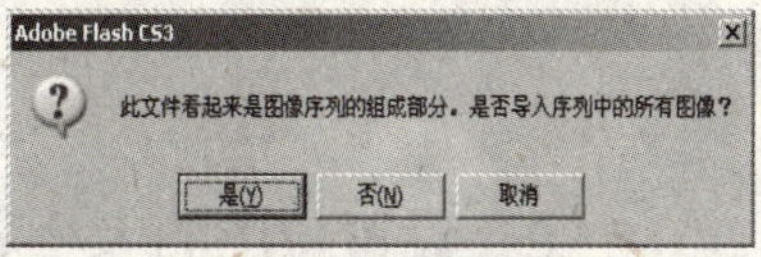

图 4.2.5　提示框

4.3　编辑位图

导入位图后，用户可以用多种方式来编辑它们，包括设置位图属性、设置位图的大小和位置、分离位图、去除位图背景色、修改位图中的颜色、将位图转化为矢量图和使用位图填充文字等，下面分别对其进行介绍。

4.3.1　设置位图属性

对导入的位图设置压缩、反锯齿属性的操作步骤如下：

（1）选择 窗口(W) → 库(L) Ctrl+L 命令，打开库面板，如图 4.3.1 所示。

（2）选中需要设置压缩、反锯齿等属性的位图，单击鼠标右键，弹出如图 4.3.2 所示的快捷菜单。

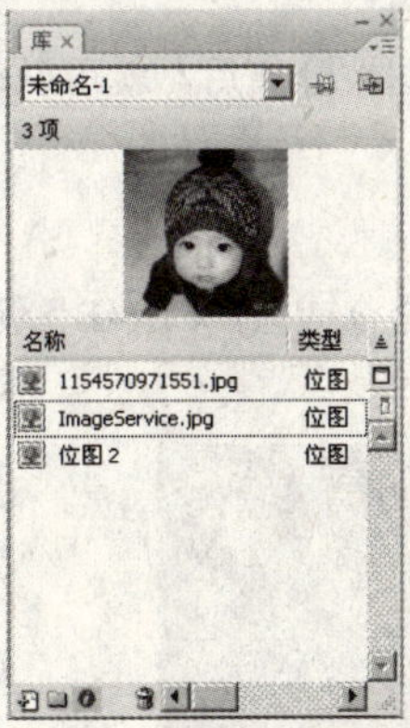

图 4.3.1　库面板

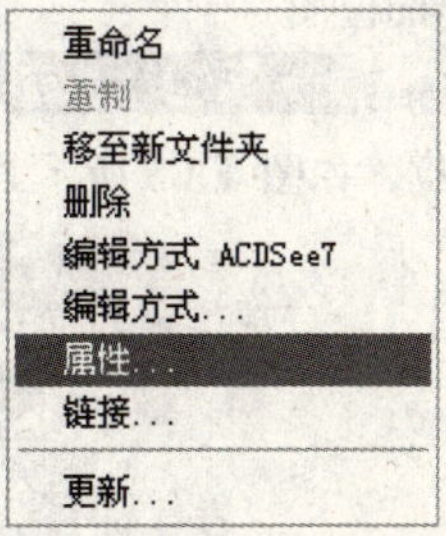

图 4.3.2　快捷菜单

（3）选择 属性... 命令，弹出“位图属性”对话框，如图 4.3.3 所示。

（4）若要为位图设置反锯齿效果，可以选中“允许平滑”复选框；若要设置位图的压缩属性，在“压缩”下拉列表中选择一种压缩方式即可。

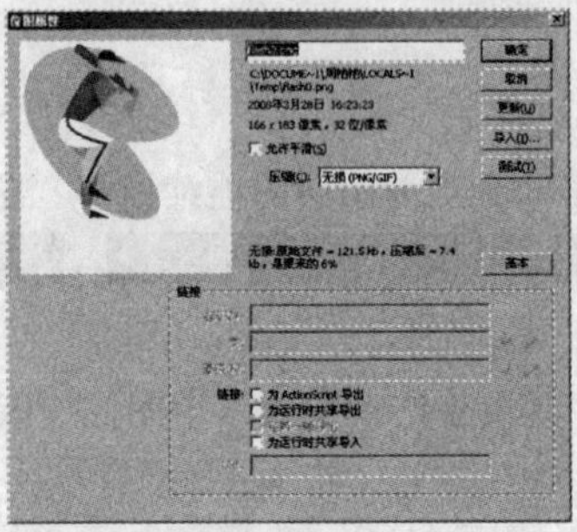

图 4.3.3 “位图属性”对话框

4.3.2 设置位图的大小和位置

通过属性面板可以对位图的大小和位置进行精确调整，操作步骤如下：

（1）选择 窗口(W) → 属性(P) → 属性(P) Ctrl+F3 命令，打开属性面板。

（2）选中要设置大小和位置的位图。

（3）在属性面板中的“宽”文本框中输入位图的宽度；在“高”文本框中输入位图的高度；在“X 坐标”文本框中输入位图的横坐标；在“Y 坐标”文本框中输入位图的纵坐标，如图 4.3.4 所示。

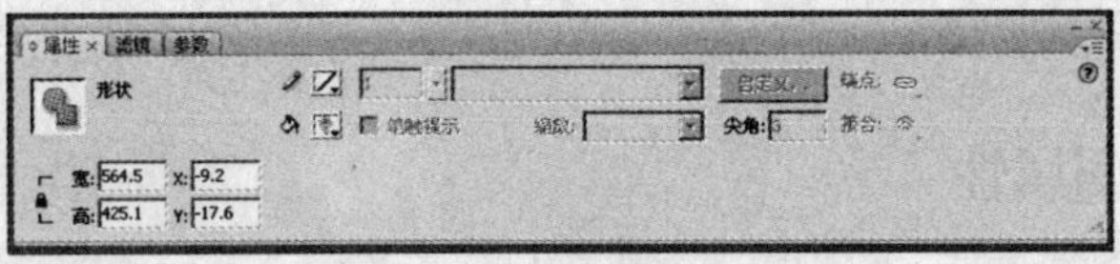

图 4.3.4 设置位图的大小和位置

4.3.3 分离位图

使用“分离”命令可以把位图分离成离散的区域，位图被分离后，就可以使用 Flash CS3 中的工具对其进行修改了。分离位图的操作步骤如下：

（1）选中要分离的位图。

（2）选择 修改(M) → 分离(K) Ctrl+B 命令或按“Ctrl+B”键，即可分离位图，此时图像被蒙上一层网纹，如图 4.3.5 所示。

分离前　　分离后

图 4.3.5 分离位图效果

4.3.4　去除位图背景色

将位图导入 Flash 后，可以将其背景色去除，操作步骤如下：

（1）选中要去除背景色的位图。

（2）选择 修改(M) → 分离(K)　Ctrl+B 命令或按 Ctrl+B 键，分离位图。

（3）选择工具箱中的套索工具，单击选项栏中的“魔术棒设置”按钮，弹出“魔术棒设置”对话框，如图 4.3.6 所示。

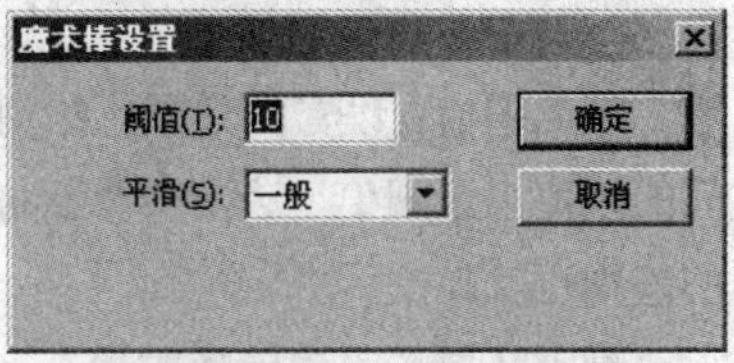

图 4.3.6　“魔术棒设置”对话框

（4）在该对话框中设置相应的参数，参数越大，能够选择的颜色范围也就越大。

（5）在位图以外的区域单击鼠标，取消分离位图的选中状态。

（6）单击选项栏中的“魔术棒”按钮，然后单击分离位图的背景，选中所有的背景色，如图 4.3.7 所示。

（7）按“Delete”键删除选中的背景色，如图 4.3.8 所示。

图 4.3.7　选中背景色

图 4.3.8　删除背景色

4.3.5　修改位图中的颜色

利用 Flash CS3 中的工具还可以修改导入位图的颜色，例如修改其背景色，操作步骤如下：

（1）选中要修改颜色的位图。

（2）按前面介绍的方法选中分离位图的背景色，如图 4.3.7 所示。

（3）单击工具箱中的“填充色”按钮，在打开的颜色列表中选择需要的颜色（见图 4.3.9），则位图的背景色即被改变为相应的颜色，如图 4.3.10 所示。

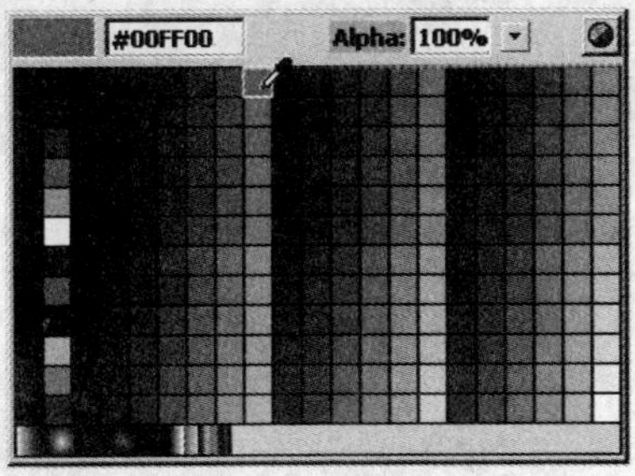

图 4.3.9　颜色列表

图 4.3.10　修改位图的背景色

4.3.6 将位图转换为矢量图

在 Flash 中，只有在位图经过矢量化之后才能进行编辑。将位图转换为矢量图的操作步骤如下：

（1）选中要转换为矢量图的位图。

（2）选择 修改(M) → 位图(B) → 转换位图为矢量图(B)... 命令，弹出“转换位图为矢量图”对话框，如图 4.3.11 所示。

对其中各项说明如下：

颜色阈值：设置区分颜色的阈值，其范围为 1～500 之间的整数。如果两个像素的 RGB 颜色值之间的差值小于阈值，这两个像素将被转换为同一种颜色。因此，阈值越小，颜色转换越多，与源图像的差别也就越小。

最小区域：设置转换时最小区域的像素数，其范围为 1～1 000 之间的整数，其值越小，转换后的图像越精确，与源图像的差别也就越小。

曲线拟合：设置曲线的平滑程度。

角阈值：设置转换时如何处理对比强烈的边界，是进行平滑处理还是保留拐点。

（3）设置各项完毕后，单击 确定 按钮，弹出“正在转换位图为矢量图”对话框，如图 4.3.12 所示。

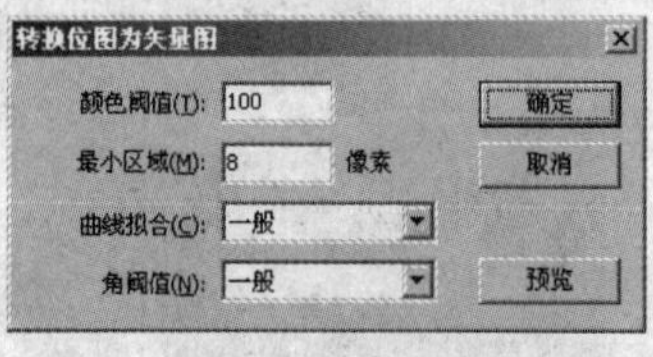

图 4.3.11 “转换位图为矢量图”对话框

图 4.3.12 “正在转换位图为矢量图”对话框

（4）位图越复杂，转换的时间越长。稍等片刻，转换后的图像如图 4.3.13 所示。

转换前　　　　转换后

图 4.3.13 转换前和转换后的图像

4.3.7 使用外部程序编辑位图

无论 Flash CS3 的功能多么强大，但它毕竟是一款矢量动画制作软件，所以在图像修改方面的功能相对较小。当要编辑 Flash 中的位图时，可以通过一些专业的图形软件来进行，下面以用 Fireworks

编辑位图为例进行介绍，操作步骤如下：

（1）在 Flash CS3 中选中要进行编辑的位图，如图 4.3.14 所示。

（2）单击属性面板中的 编辑... 按钮，系统自动启动 Fireworks，然后弹出“查找源”对话框（见图 4.3.15），若单击 使用 PNG 按钮，则使用 PNG 格式编辑该位图；若单击 使用此文件 按钮，则使用源图像的格式进行编辑。

图 4.3.14　选中位图

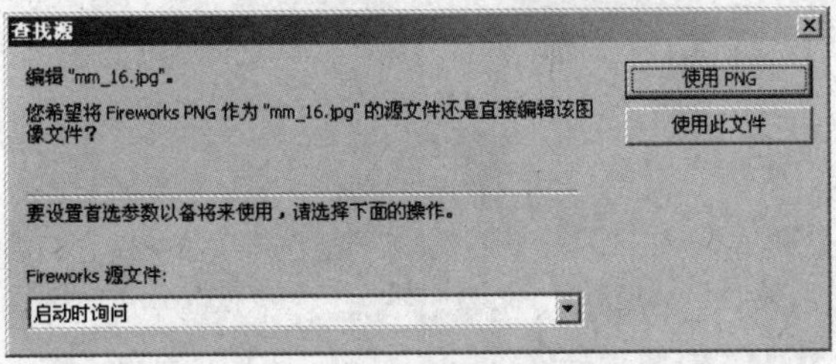

图 4.3.15　“查找源”对话框

（3）单击 使用此文件 按钮，启动 Fireworks 软件编辑位图，如图 4.3.16 所示。

（4）本例为位图添加“查找边缘”滤镜效果，如图 4.3.17 所示。

图 4.3.16　启动 Fireworks 软件编辑位图

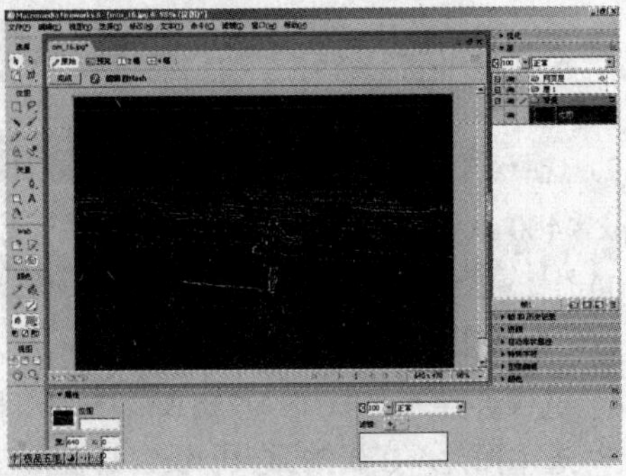

图 4.3.17　为位图添加“查找边缘”滤镜效果

（5）编辑完毕后，单击 完成 按钮返回到 Flash CS3 软件中，位图对象会自动更新，如图 4.3.18 所示。

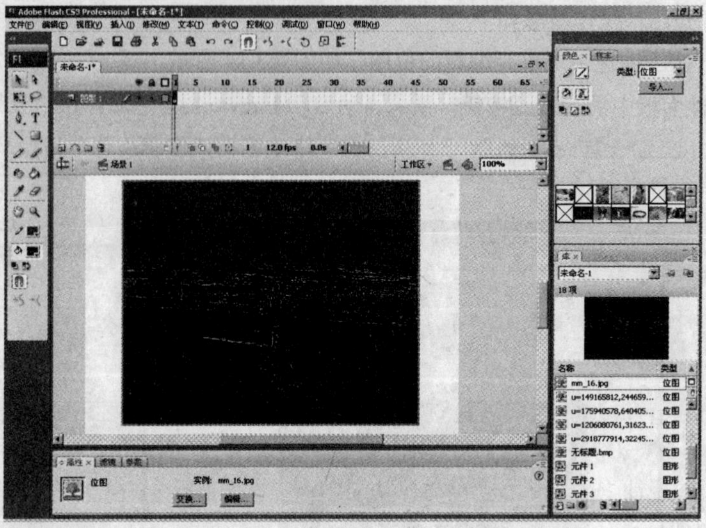

图 4.3.18　Flash CS3 自动更新位图

4.4　典型实例——望远镜

下面通过制作“望远镜”来巩固本章所学内容，效果如图 4.4.1 所示。

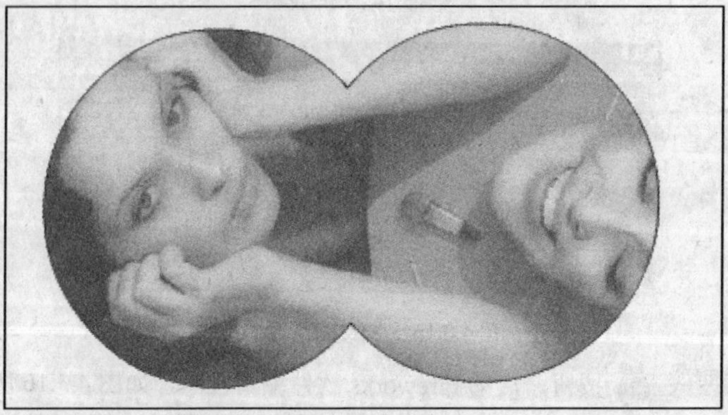

图 4.4.1　最终效果图

（1）选择 文件(F) → 新建(N)...　Ctrl+N 命令，弹出“新建文档”对话框，选择“常规”选项卡中的 Flash 文件(ActionScript 3.0) 选项，单击 确定 按钮，新建一个文档。

（2）选择 修改(M) → 文档(D)...　Ctrl+J 命令，弹出“文档属性”对话框，设置“尺寸”为“550 px×400 px”，“背景颜色”为“白色”（见图 4.4.2），单击 确定 按钮。

（3）选择 文件(F) → 导入(I) → 导入到舞台(I)...　Ctrl+R 命令，弹出“导入”对话框，如图 4.4.3 所示。

（4）选中要导入的图片，单击 打开(O) 按钮将其打开，如图 4.4.4 所示。

（5）选中图片，在属性面板中设置其“宽”为“550”，“高”为“400”，使图片覆盖整个工作区。

（6）单击时间轴面板中的“插入图层”按钮，插入“图层 2”。

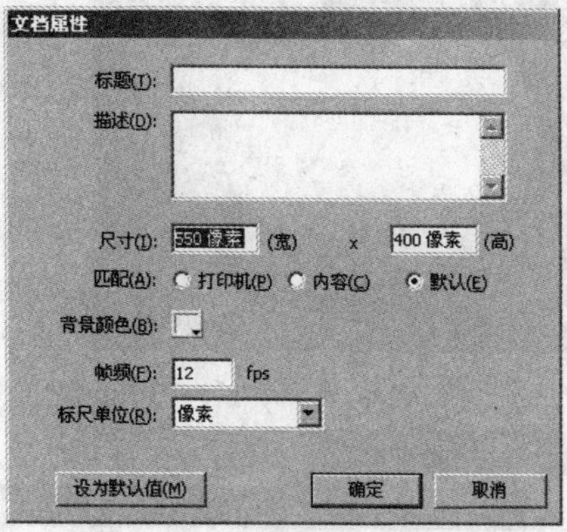

图 4.4.2　“文档属性”对话框

图 4.4.3　“导入”对话框

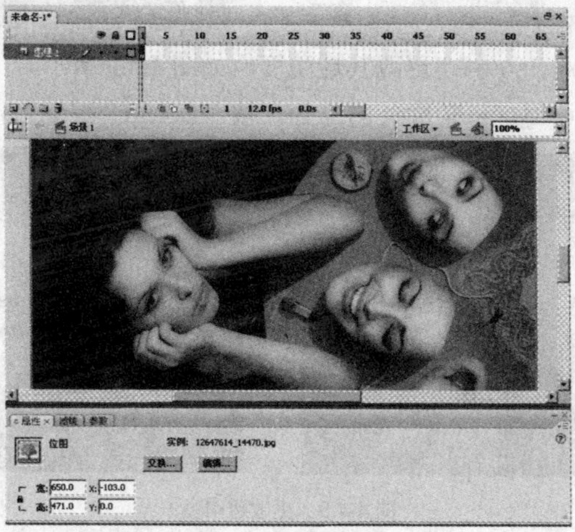

图 4.4.4　导入图片

（7）选择工具箱中的椭圆工具，在属性面板中设置填充颜色为“白色”，笔触颜色为“黑色”，按住“Shift”键，在“图层 2”中绘制一个圆形，如图 4.4.5 所示。

（8）复制并粘贴圆形到如图 4.4.6 所示的位置。

图 4.4.5　绘制圆形

图 4.4.6　复制圆形

（9）选择工具箱中的选择工具，单击两个圆形相交处的弧线（见图 4.4.7），按“Delete”键将其删除，得到望远镜的轮廓，如图 4.4.8 所示。

图 4.4.7　选中弧线

图 4.4.8　删除弧线

（10）选中“图层 1”中的图片，选择修改(M)→分离(K) Ctrl+B命令将其打散。选中望远镜的边线，按“Ctrl+X”键剪切，然后选择编辑(E)→粘贴到当前位置(P) Ctrl+Shift+V命令，将剪切的边线粘贴到“图层 1”的相同位置。

（11）选中“图层 2”中的望远镜，选择窗口(W)→颜色(C) Shift+F9命令，打开“颜色”面板，设置“Alpha”为“60%”，更改其透明度，如图 4.4.9 所示。

（12）选中“图层 1”中望远镜轮廓外的部分，按“Delete”键删除，如图 4.4.10 所示。

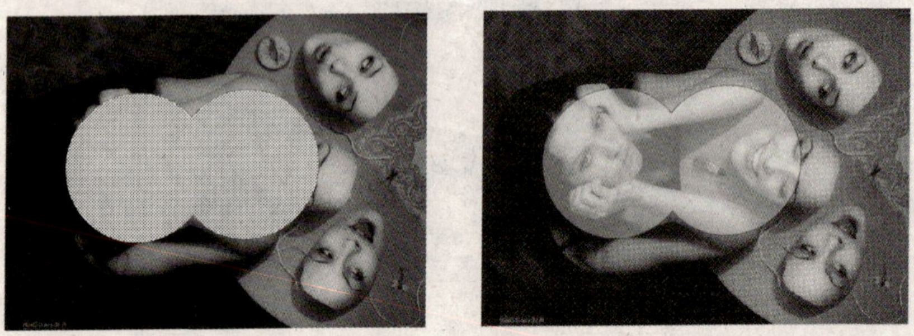

图 4.4.9　更改透明度

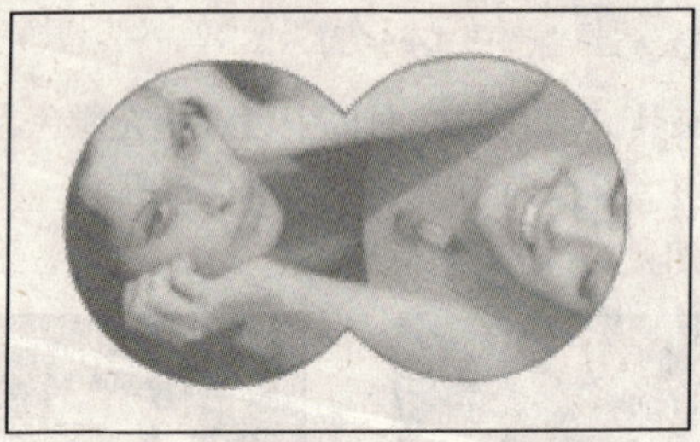

图 4.4.10　删除望远镜轮廓外的部分

（13）按“Ctrl+S”键保存文件，最终效果如图 4.4.1 所示。

小　结

本章主要介绍了静态图像基础、导入图形图像和编辑位图。通过本章的学习，读者应该学会图像的导入、设置位图的属性、设置位图的大小位置和颜色以及位图与矢量图的转换等。

过关练习四

一、基础题

1. 在计算机中，图像的表示方法主要有两种，即__________与矢量图。

2. __________是指单位长度内所含像素的多少，它主要用来衡量图像细节的表现能力。

3. 关于位图与矢量图的说法，正确的是（　）。

   A. 位图图像比较细腻，色彩的变化比较丰富

   B. 当把位图放大到一定程度时，会出现失真现象，即“马赛克”现象

   C. 矢量图是由一系列的点、线、面组成的

   D. 当对矢量图进行放大操作时，不会出现失真现象

4. Alpha 通道的作用主要有（　）3 个方面。

   A. 用于合成不同的图像，实现混合叠加

   B. 用于选择图像的某一区域，方便修改处理

   C. 利用 Alpha 通道对基色通道的影响，制作丰富多彩的视觉效果

   D. 是衡量图像或动画制作软件质量优劣的一个重要标志

5. 常见的颜色模式有哪几种？

二、上机操作题

练习制作放大镜的效果，如题图 4.1 所示。

题图 4.1　放大镜效果

第 5 章　库、元件和实例

元件是动画的基本元素，在 Flash 动画中出现的任何内容都是由元件组成的，所有的元件都存放在库面板中。把元件从库面板拖动到工作区中就创建了该元件的一个实例，也就是说，实例是元件的具体应用，一个元件可以产生若干个实例。本章将介绍元件与实例的区别以及它们的使用方法。

本章重点

（1）库面板。

（2）元件。

（3）实例。

5.1　库 面 板

使用库面板可以管理和编辑元件，当在库列表中选择一个元件时，在库预览窗口中将显示该元件的内容。如果要使用某元件，只需将其从库面板拖动到工作区中即可。

Flash CS3 提供了两种库：一种是动画文件本身的库；另一种是 Flash 自带的库。选择 窗口(W) → 库(L) Ctrl+L 命令可以打开当前动画文件的库面板，如图 5.1.1 所示。选择 窗口(W) → 公用库(B) ▸ 命令下的子菜单命令，可以打开系统自带的库，如图 5.1.2 所示。

图 5.1.1　当前文件的库面板

图 5.1.2　系统自带的按钮库

对库面板中各按钮的功能介绍如下：

“新建元件”按钮：单击该按钮可创建新元件。

“新建文件夹”按钮：单击该按钮可创建库文件夹，而通过文件夹可以对库中的元件进行分类管理。

“属性”按钮：在库面板中选中元件后，单击该按钮可以弹出相应的属性对话框，如图 5.1.3 所示。

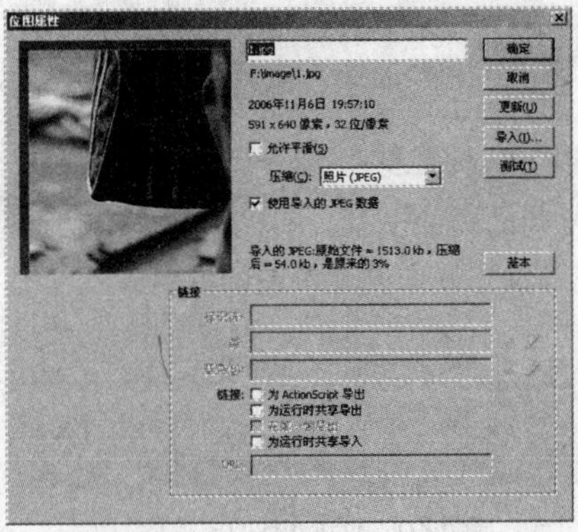

图 5.1.3　“位图属性”对话框

“删除”按钮：单击该按钮删除选中的元件或文件夹。

“切换排序顺序”按钮：单击该按钮改变各元件在库面板中的排列顺序。

“窄库视图”按钮：单击该按钮使库面板变窄，只可显示各元件的名称。

“宽库视图”按钮：单击该按钮展开库面板，使其显示各元件的名称、类型、使用次数、链接和修改日期等内容，如图 5.1.4 所示。

图 5.1.4　宽排库面板

5.2　元　件

所谓元件是指可重复使用的影片剪辑、按钮或图形等，一个元件可以产生若干个实例。

5.2.1　在动画中使用元件的优点

在动画中使用元件主要有以下优点：

（1）在动画编辑过程中，当修改了元件以后，使用它的所有实例都会随之更新，而不必逐一更改，大大节省了时间，简化了动画的编辑过程。

（2）所有实例在动画文件中仅保存一个完整描述，其余的只需保存参考指针即可，因此应用元件可以使动画文件的尺寸大大缩减。

（3）在制作动作补间动画时，必须使用元件。

（4）使用元件可以加快动画的下载速度。

5.2.2 元件的类型

Flash CS3 中的元件主要有以下 3 种类型：

（1）按钮元件：用于控制动画的交互，有 弹起 、 指针经过 、 按下 和 点击 4 个状态帧（见图 5.2.1），可以在各状态帧中创建不同的内容。

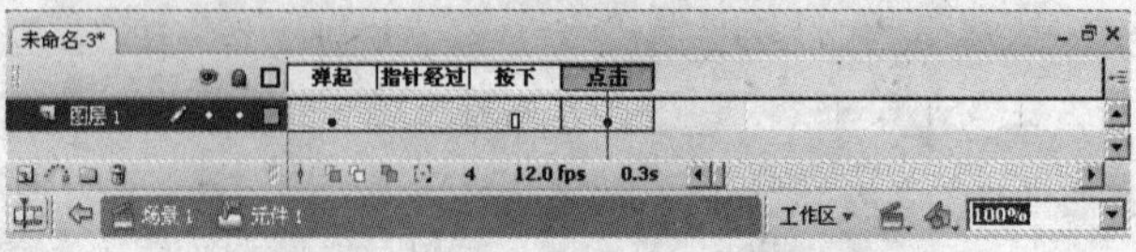

图 5.2.1　按钮元件的 4 个状态帧

（2）影片剪辑元件：该元件其实就是一段 Flash 动画，它可以响应脚本行为，拥有独立的时间轴，是主动画的一个组成部分。

（3）图形元件：该元件是静态的，可反复应用于影片剪辑、按钮或场景动画中。

5.2.3 创建元件

用户可以采用 3 种方法来创建元件：直接创建元件、将对象转换成元件以及将动画转换成元件。由于影片剪辑元件、按钮元件和图形元件 3 种元件的创建方法相同，下面就以影片剪辑元件为例介绍元件的创建方法。

1. 直接创建元件

直接创建元件的操作步骤如下：

（1）选择 插入(I) → 新建元件(N)... Ctrl+F8 命令，弹出“创建新元件”对话框，如图 5.2.2 所示。

图 5.2.2　“创建新元件”对话框

（2）在“名称”文本框中输入要创建元件的名称。

（3）在“类型”选项区中选中“影片剪辑”单选按钮。

（4）单击 确定 按钮，进入影片剪辑元件的编辑窗口，如图 5.2.3 所示。此时，在场景的左上角出现图标，该图标是影片剪辑元件的标志。

（5）在编辑区中输入文本或者绘制图形。

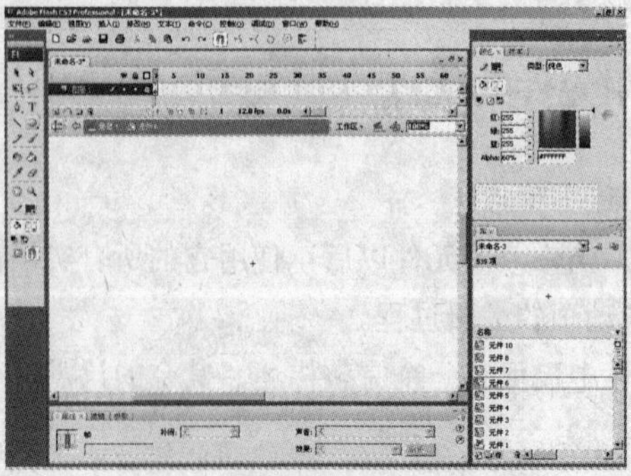

图 5.2.3　影片剪辑元件的编辑窗口

2. 将对象转换成元件

将对象转换成元件的操作步骤如下：

（1）在工作区中选中要转换为元件的对象。

（2）单击鼠标右键，在弹出的快捷菜单中选择 转换为元件... 命令，弹出“转化为元件”对话框，如图 5.2.4 所示。

（3）在“名称”文本框中输入该元件的名称。

（4）在“类型”选项区中选中“影片剪辑”单选按钮，单击 确定 按钮。

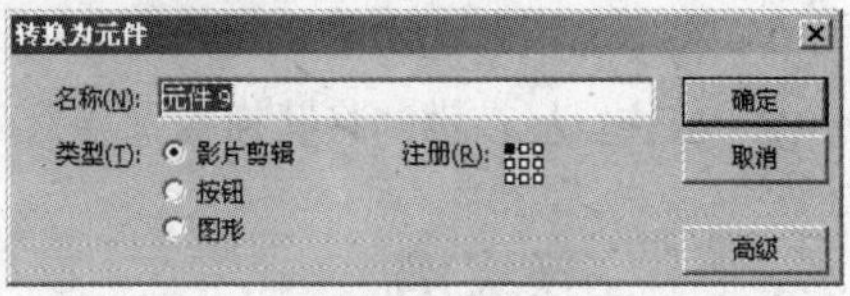

图 5.2.4　“转换为元件”对话框

3. 将动画转换成元件

将动画转换成元件的操作步骤如下：

（1）打开要转换为影片剪辑的动画，在时间轴面板中从左上向右下拖动鼠标，选中该动画的所有帧，如图 5.2.5 所示。

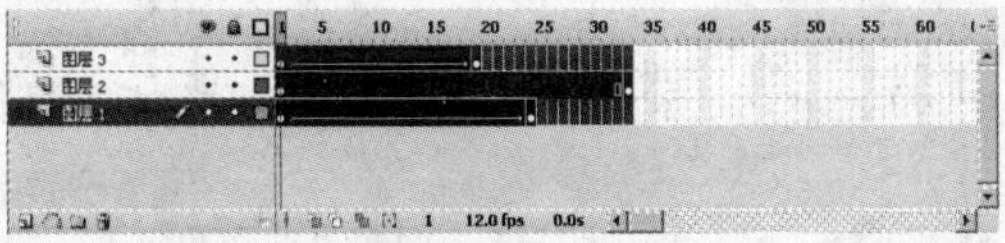

图 5.2.5　选中所有帧

（2）单击鼠标右键，在弹出的快捷菜单中选择“复制帧”命令复制选取帧。

（3）选择 插入(I) → 新建元件(N)... Ctrl+F8 命令，弹出“创建新元件”对话框（见图 5.2.2）。

（4）在“名称”文本框中输入要创建元件的名称，在类型选项区中选中“影片”单选按钮。

（5）单击 确定 按钮，进入影片剪辑元件的编辑窗口。

（6）选中第 1 帧，单击鼠标右键，在弹出的快捷菜单中选择“粘贴帧”命令，将所复制的帧粘贴到影片剪辑元件的时间轴上即可。

5.2.4　编辑元件

通过库面板，可以对所创建的元件进行编辑，例如重命名元件或改变元件的类型。若要重命名库面板中的元件，首先双击该元件的名称，然后在出现的文本框中输入新名称，最后按 Enter 键确认即可；若要改变元件的类型，可以执行下列操作步骤：

（1）在库面板中选中要更改类型的元件。

（2）单击库面板中的“属性”按钮，弹出“元件属性”对话框，如图 5.2.6 所示。

（3）在“类型”选项区中选择所需的元件类型，单击 确定 按钮。

图 5.2.6　“元件属性”对话框

5.3　实　例

所谓实例就是元件在工作区中的具体应用，在创建了元件之后，可以在动画中的任何地方创建其实例。

5.3.1 创建实例

在库面板中存放了动画的所有对象，要在场景或其他元件中应用某元件，则需从库面板中进行调用，操作步骤如下：

（1）在库面板中选中需要的元件。

（2）按住鼠标左键并将其拖入到场景或其他元件的编辑区中，然后释放鼠标即可。

5.3.2 交换实例

交换实例的操作步骤如下：

（1）在工作区中选中需要交换的实例，如图 5.3.1 所示。

图 5.3.1 选中需要交换的实例

（2）选择属性，单击右键选择列表中的 交换元件... ，弹出“交换元件”对话框，如图 5.3.2 所示。

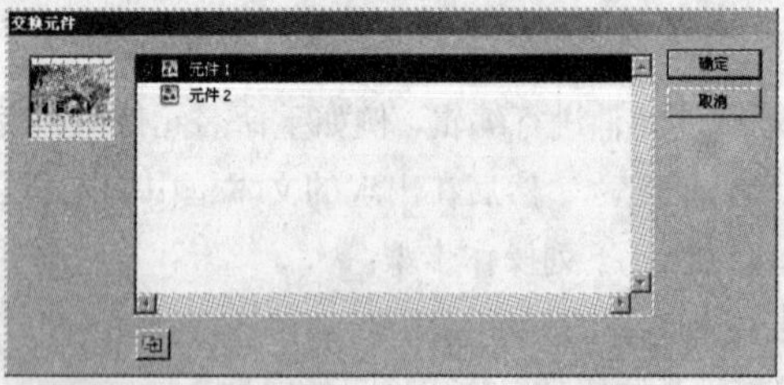

图 5.3.2 “交换元件”对话框

（3）选择一个元件，单击 确定 按钮进行交换。

5.3.3 复制实例

通过对实例的复制可以提高工作效率，下面介绍两种常见的复制方法。

（1）选中要复制的实例，选择 编辑(E) → 直接复制(D) Ctrl+D 命令，则在当前实例的附近复制出一个实例，如图 5.3.3 所示。

（2）选中要复制的实例，在按住“Ctrl”键的同时拖动鼠标到目标位置（见图 5.3.4），然后释放鼠标左键完成实例的复制。

图 5.3.3　使用“直接复制”命令复制

图 5.3.4　拖动复制实例

5.3.4　分离实例

要断开实例与元件之间的关系，可以分离该实例，操作步骤如下：

（1）选中要分离的实例。

（2）选择 修改(M) → 分离(K)　Ctrl+B 命令，则断开了实例和元件的关系（见图 5.3.5）。若要修改分离后的对象，不会影响到它的元件以及该元件的其他实例。若要修改相应的元件，被分离的实例也不会随之更新。

分离前

分离后

图 5.3.5　分离实例

5.3.5　修改实例属性

每个实例都拥有其独立的属性，如亮度、色调、透明度、大小及位置等。对实例的属性进行修改，不会影响到元件或该元件的其他实例。

（1）若要修改实例的颜色，通过属性面板的“颜色”下拉列表进行设置，如图 5.3.6 所示。

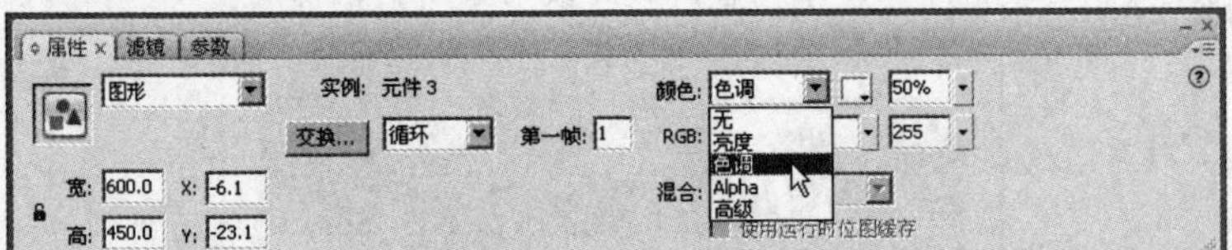

图 5.3.6　属性面板的“颜色”下拉列表

其中，默认状态为“无”，表示对实例不做任何调整；“亮度”用于调整图像的明暗对比，数值为 100%时实例变成白色，数值为－100%时实例变成黑色；“色调”用于分别调整红、绿、蓝 3 种颜色的值，从而比较精确地为实例填充一种颜色；“Alpha”用于设置实例的透明度，取值范围为 0～100%，数值越小越透明；“高级”用于同时调节实例的红、绿、蓝和透明度值。

（2）若要修改实例的大小，只需将其选中，然后在属性面板的“宽”、“高”文本框中输入数值即可。

（3）若要修改实例的位置，只需将其选中，然后在属性面板的“X”坐标、“Y”坐标文本框中输入数值即可。

5.3.6 旋转、缩放和倾斜实例

若要对实例进行旋转、缩放或倾斜操作，除了使用工具箱中的任意变形工具外，还可以使用变形面板对其进行精确地控制，操作步骤如下：

（1）选中需要进行旋转、缩放或倾斜操作的实例。

（2）选择 窗口(W) → 变形(T) Ctrl+T 命令，打开变形面板，如图 5.3.7 所示。

（3）在该面板中设置旋转、缩放或倾斜属性后，按“Enter”键确认即可。

5.3.7 获取实例的信息

通过信息面板可以获取实例的大小、位置、颜色以及注册点等信息。选择 窗口(W) → 信息(I) Ctrl+I 命令，打开信息面板，如图 5.3.8 所示。

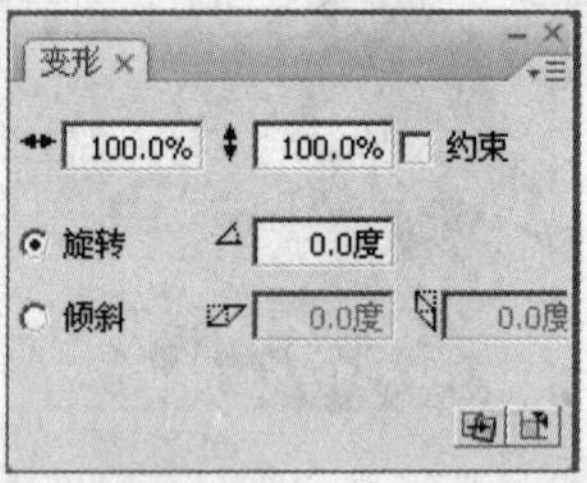

图 5.3.7 变形面板

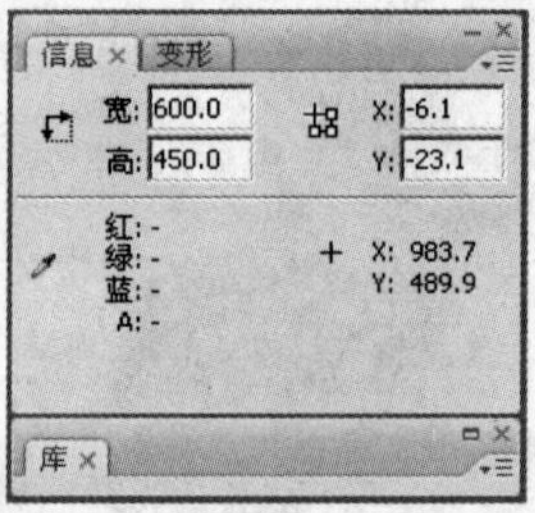

图 5.3.8 信息面板

当拖动鼠标不能确定实例的大小或者不能定位实例在工作区中的位置时，可以直接在信息面板的文本框中输入精确到 0.1 像素的值来精确地确定它们。

5.4 典型实例——倒影

下面制作“倒影”，以巩固本章所学内容，最终效果如图 5.4.1 所示。

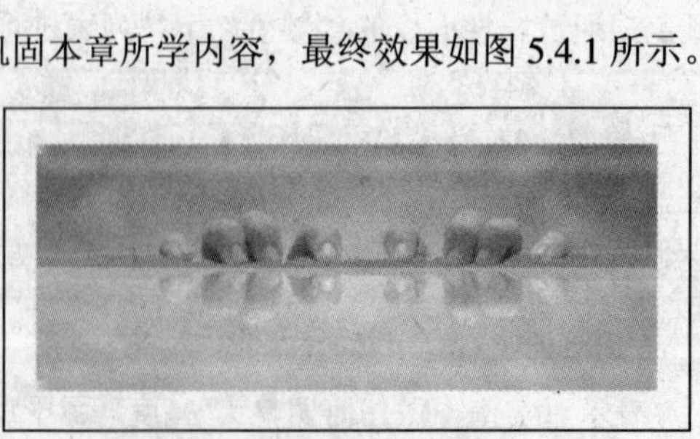

图 5.4.1 最终效果图

（1）选择 文件(F) → 新建(N)... Ctrl+N 命令，弹出“新建文档”对话框，选择“常规”选项卡中的 Flash 文件(ActionScript 3.0) 选项，单击 确定 按钮，新建一个文档。

（2）选择 修改(M) → 文档(D)... Ctrl+J 命令，弹出“文档属性”对话框，设置“尺寸”为“550 px×400 px”，“背景颜色”为“白色”（见图 5.4.2），单击 确定 按钮。

（3）选择 文件(F) → 导入(I) → 导入到舞台(I)... Ctrl+R 命令，弹出“导入”对话框，如图 5.4.3 所示。

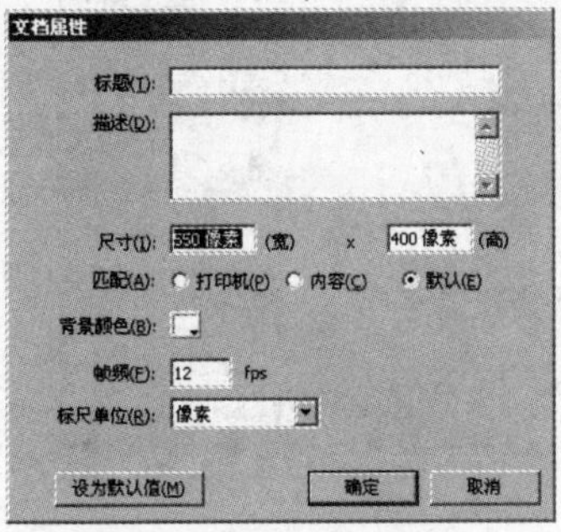

图 5.4.2 “文档属性”对话框

图 5.4.3 “导入”对话框

（4）选中要导入的图片，单击 打开(O) 按钮将其打开，如图 5.4.4 所示。

（5）选中图片，单击鼠标右键，在弹出的快捷菜单中选择“转换为元件”命令，弹出“转换为元件”对话框，如图 5.4.5 所示。

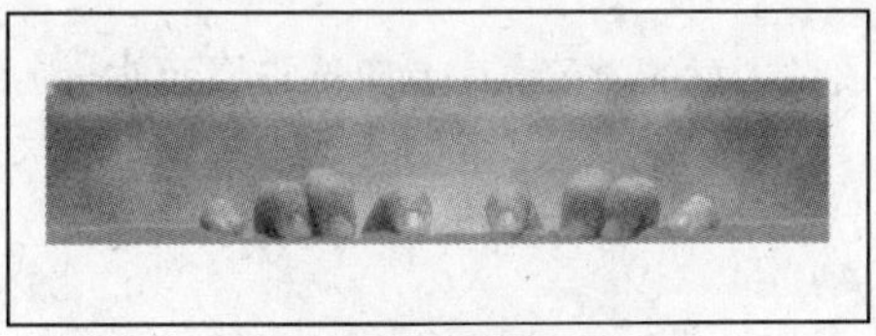

图 5.4.4 导入的图片

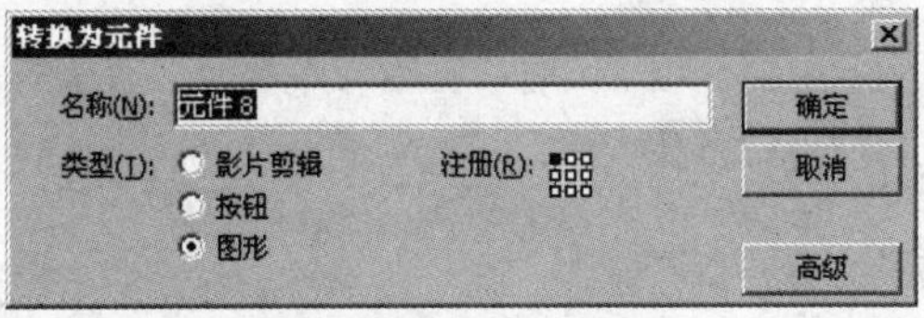

图 5.4.5 “转换为元件”对话框

（6）在“类型”选项区中选中“图形”单选按钮，单击 确定 按钮，将图片转换为元件。

（7）选择 窗口(W) → 库(L) Ctrl+L 命令或按“Ctrl+L”键，打开库面板，如图 5.4.6 所示。

（8）从库面板中拖动“元件 1”到工作区中，则在工作区中就有了“元件 1”的两个实例。

（9）选中一个实例，选择 修改(M) → 变形(T) → 垂直翻转(V) 命令，将其垂直翻转 180°。

（10）使用工具箱中的选择工具，将翻转后的实例移动到另一个实例的下面，如图 5.4.7 所示。

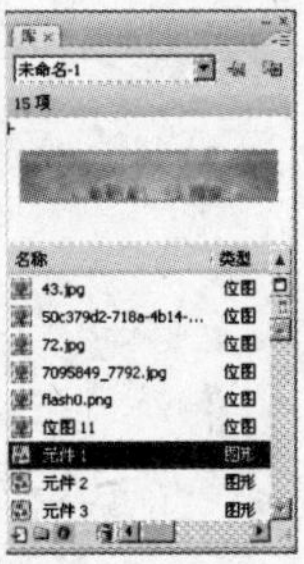

图 5.4.6 库面板

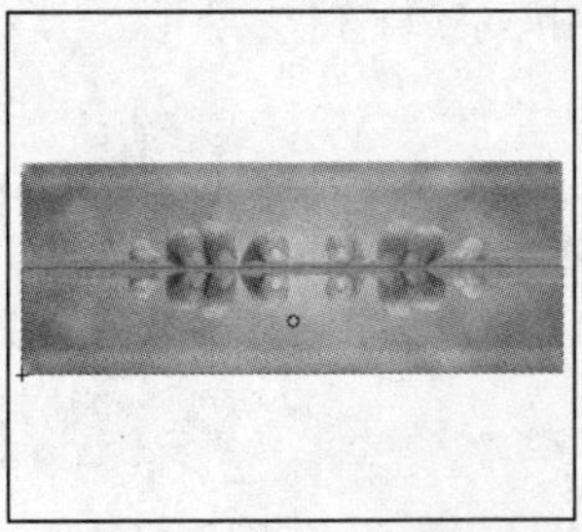

图 5.4.7 调整实例的位置

（11）选中位于下面的实例，在属性面板的“颜色”下拉列表中选择“Alpha”选项，并在其后的文本框中输入“50%”，更改其透明度，如图 5.4.8 所示。

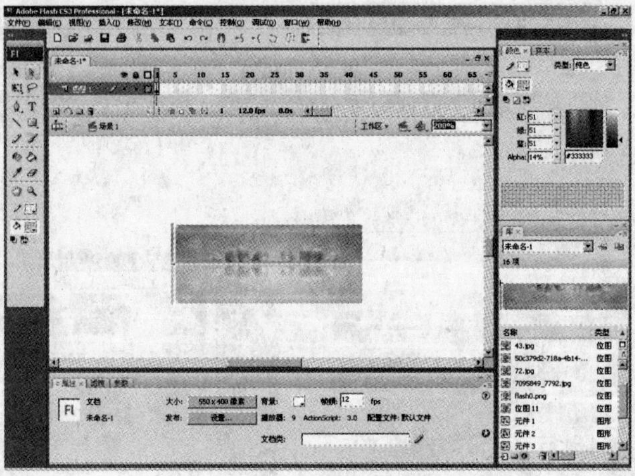

图 5.4.8　更改实例的透明度

（12）按“Ctrl+S”键保存文件，最终效果如图 5.4.1 所示。

小　结

本章主要介绍了元件、实例与库资源的有关知识。通过本章的学习，读者应该掌握元件与实例的关系并能进行具体应用。

过关练习五

一、基础题

1. 所谓__________是指可重复使用的影片剪辑、按钮或图形等。
2. 所谓__________就是元件在工作区中的具体应用。
3. 按钮元件的状态帧包括（　）。

　A．弹起　　　　B．指针经过

　C．按下　　　　D．点击

4.（　　）不是公用库资源。

　A．学习交互库　　　　B．按钮库

　C．声音库　　　　D．类库

5. 用于新建元件的快捷键是（　　）。

　A．Ctrl+F8　　　　B．F8

　C．Ctrl+F11　　　　D．Ctrl+L

二、上机操作题

1. 将一幅图像转换为图形元件，并在工作区中创建其实例。
2. 在舞台中创建该图形元件的若干实例，并更改它的透明度。

第 6 章　动画的制作

Flash 动画有别于 GIF 动画和 3D 动画，它采用矢量绘图技术，当动画画面无限放大时，画面质量不会损失，并且大大缩小了动画文件的大小。本章将介绍几种常见动画的制作方法。

本章重点

（1）时间轴面板。
（2）逐帧动画。
（3）补间动画。
（4）层动画。
（5）时间轴特效。

6.1　时间轴面板

时间轴是整个 Flash 动画的核心，使用它可以组织和控制动画中的内容在特定的时间出现在画面上。时间轴面板如图 6.1.1 所示。

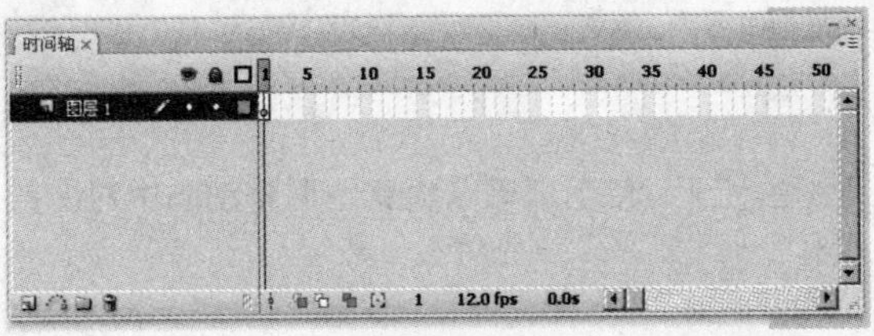

图 6.1.1　时间轴面板

时间轴面板分为左、右两个部分，左侧是图层面板，右侧是帧面板。创建动画后，时间轴的标尺将显示动画的帧数，随着播放指针的移动，在工作区中会显示指针所经过的各帧中的动画画面。

6.1.1　帧

Flash 动画涉及的帧有两种：一种是关键帧；另一种是普通帧。关键帧是指在动画播放过程中，呈现出关键性动作或内容变化的帧，有内容的关键帧以小黑点表示，无内容的关键帧以空心圆圈表示；在黑点之后出现的灰色区域就是普通帧，它只是简单地延续其前面关键帧中的内容，在时间轴面板中以灰色的方格显示。

1．创建帧

普通帧、关键帧和空白关键帧的创建方法有以下 3 种。

（1）通过菜单创建。将鼠标指针移至时间轴面板上需要插入帧的位置，然后选择 插入(I) → 时间轴(T) → 帧(F) F5 / 关键帧(K) / 空白关键帧(B) 命令。

（2）通过快捷菜单创建。将鼠标指针移至时间轴面板上需要插入帧的位置，单击鼠标右键，在弹出的快捷菜单中选择插入帧/插入关键帧/插入空白关键帧命令。

（3）通过快捷键创建。将鼠标指针移至时间轴面板上需要插入帧的位置，按“F5”键插入帧；按“F6”键插入关键帧；按“F7”键插入空白关键帧。

2．编辑帧

在创建动画的过程中，常常需要对其中的帧进行复制、粘贴、剪切、清除和删除等操作。

（1）复制帧。选中要复制的帧或关键帧，选择编辑(E)→时间轴(M)→复制帧(C) Ctrl+Alt+C命令进行复制。

（2）粘贴帧。在复制帧或关键帧之后，选择编辑(E)→时间轴(M)→粘贴帧(P) Ctrl+Alt+V命令，将复制的帧粘贴至目标帧上。

（3）剪切帧。选中要剪切的帧或关键帧，选择编辑(E)→时间轴(M)→剪切帧(T) Ctrl+Alt+X命令进行剪切。

（4）清除帧。清除帧是指清除某帧所对应的对象，而使其变为空白关键帧或空白帧。

清除帧的方法如下：选中要清除的一帧或多帧，选择编辑(E)→时间轴(M)→清除帧(L) Alt+Backspace命令进行清除。如果清除的是单个帧或关键帧，则该帧变为空白关键帧；如果清除的是一串连续的帧，则第 1 个帧变为空白关键帧，后面清除的帧变为普通帧。

（5）删除帧。删除帧是指将选中的帧删除，同时其后的帧自动左移。选中要删除的一帧或多帧，选择编辑(E)→时间轴(M)→删除帧(R) Shift+F5命令即可删除。

6.1.2 层

层是处理对象时必不可少的元素，使用层可以随意地调整动画中对象的前后顺序，使动画更符合要求。

1．层的分类

在 Flash CS3 中，层包括标准层、引导层和遮罩层 3 种类型。

（1）标准层：即系统默认的层。

（2）引导层：在动画制作时作为参考线，不出现在最后作品中。引导层一般与位于其下的层存在链接关系，此时引导层的图标为；若不存在链接关系，引导层的图标为。

（3）遮罩层：遮罩层中的图形或文字等对象具有透明效果，通过它们可以将已建立遮罩层中的内容显示出来，而把其他部分遮住。

2．创建层

（1）标准层的创建。标准层的创建方法很简单，直接单击时间轴面板中的“插入图层”按钮即可。

（2）引导层的创建。单击时间轴面板中的“添加运动引导层”按钮，即可为当前图层创建一个引导层，并且在其间建立链接关系，如图 6.1.2 所示。

（3）遮罩层的创建。在时间轴面板上用鼠标右键单击要作为遮罩层的图层，在弹出的快捷菜单中选择遮罩层命令即可。创建遮罩效果后的层图标为状，其下一层的图标为状，且遮罩层与被遮罩层都被锁定，如图 6.1.3 所示。

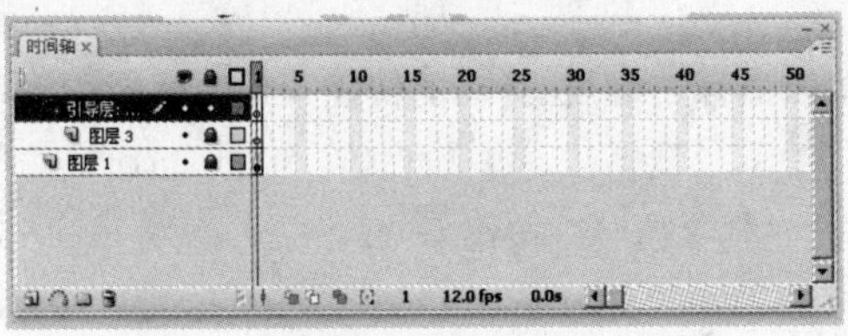

图 6.1.2　创建“运动引导层”后的效果

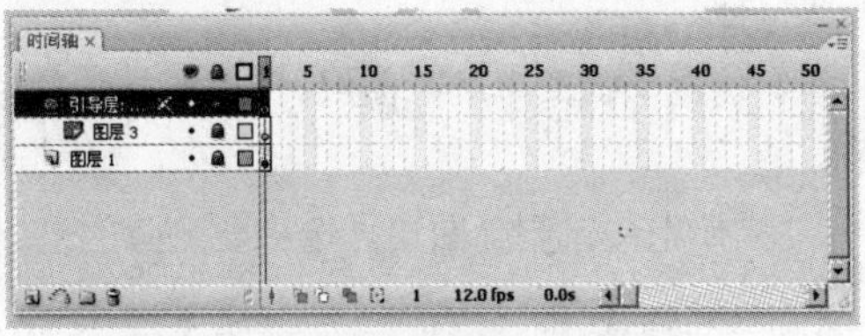

图 6.1.3　创建遮罩层后的效果

3. 编辑层

（1）选择层。层的选择包括选择单个图层、选择相邻图层和选择不相邻图层 3 种。如果层名称旁边出现了铅笔图标，则表示该层处于被选中状态。

1）选择单个图层有单击时间轴面板中的层名称、单击时间轴面板中所选层的一个帧和在工作区中选中该层上的一个对象 3 种方法。

2）选择相邻图层的方法为选中要选取的第一个图层，然后按住“Shift”键，单击要选取的最后一层，如图 6.1.4 所示。

3）选择不相邻图层的方法为选中要选取的层，然后按住“Ctrl”键，单击要选取的其他层，如图 6.1.5 所示。

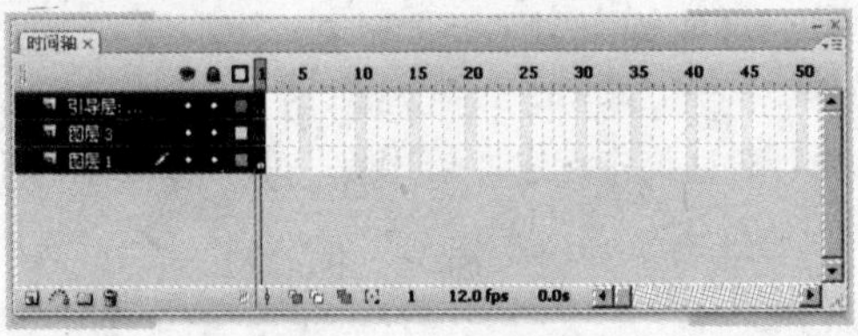

图 6.1.4　选择相邻图层

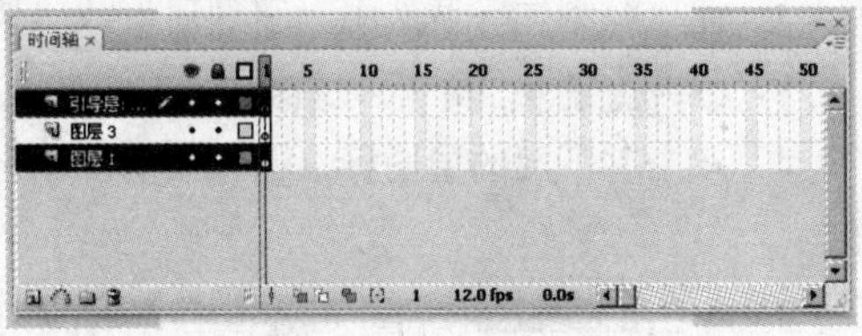

图 6.1.5　选择不相邻图层

（2）移动层。在编辑动画时，如果所建立的图层顺序不能反映动画的效果，需要对层的顺序进行调整。操作步骤如下：

1）选中要移动的层，按住鼠标左键拖动，层将以一条粗横线显示，如图 6.1.6 所示。

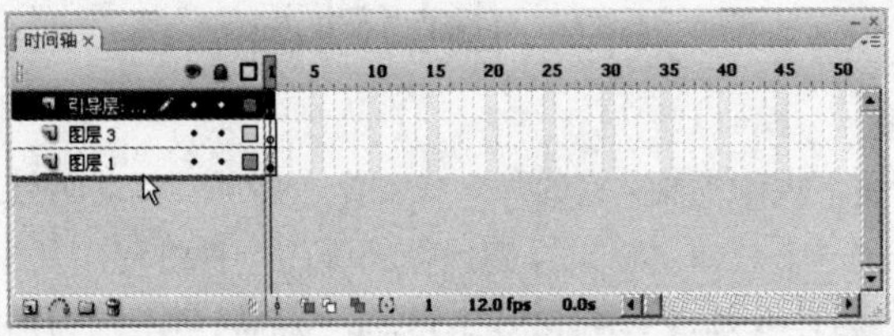

图 6.1.6　移动层

2）拖动图层至需要的位置后释放鼠标左键即可。

（3）重命名层。Flash 默认的图层名为“图层 1”、“图层 2”等形式，为了在制作动画时便于识别各层放置的动画对象，常根据各层放置的对象进行重命名。具体操作如下：

1）双击要重命名的图层，此时层名称呈反白显示。

2）在反白区域输入新名称。

3）按“Enter”键确认。

（4）删除层。删除层的方法有以下 3 种：

1）拖动法删除图层。选中要删除的层，按住鼠标左键将该层拖至“删除图层”按钮上，然后释放鼠标。

2）使用快捷菜单删除图层。选中要删除的层，单击鼠标右键，在弹出的快捷菜单中选择删除图层命令。

3）使用按钮删除图层。选中要删除的层，单击“删除图层”按钮。

4．层的转化

（1）将普通层转化为引导层或遮罩层。其操作步骤如下：

1）在时间轴面板中双击要转换层的层图标，弹出“图层属性”对话框，如图 6.1.7 所示。

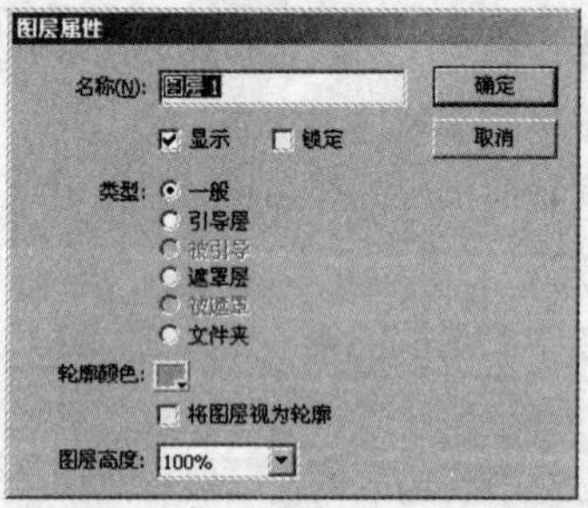

图 6.1.7　“图层属性”对话框

2）在“类型”区域选中“引导层”或“遮罩层”单选按钮。

3）单击确定按钮，该图层的图标为或。

4）双击其下层的层图标，在弹出的“图层属性”对话框中选中“被引导”或“被遮罩”单选按钮。

5）单击确定按钮即可建立各自对应的链接层。

（2）将引导层或遮罩层转化为普通层。其操作步骤如下：

1）双击引导层或遮罩层的层图标，弹出“图层属性”对话框。

2）在“类型”区域选中“一般”单选按钮，单击确定按钮即可。

6.2　逐帧动画

逐帧动画主要用于创建不规则动画，它的每一帧都是关键帧，其动画效果是通过关键帧内容的不断变化而产生的。下面通过一个具体实例来介绍逐帧动画的制作过程，其操作步骤如下：

（1）选择文件(F)→新建(N)...　Ctrl+N命令，创建一个新的动画文件，其首帧被自动设为关键帧。

（2）选中第 2～8 帧，按“F6”键，插入 7 个关键帧，如图 6.2.1 所示。

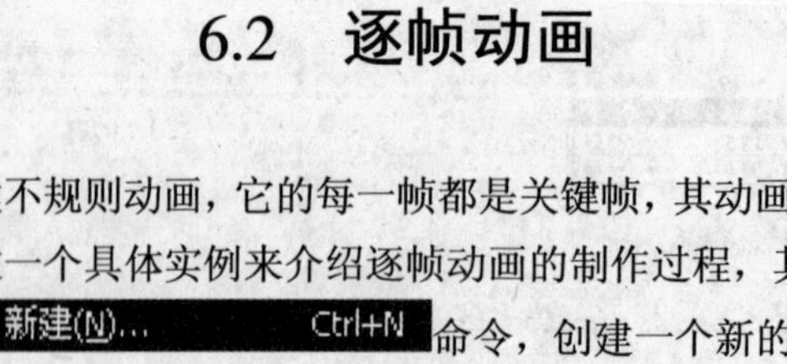

图 6.2.1　插入 7 个关键帧

（3）制作各关键帧的内容，如图 6.2.2 所示。

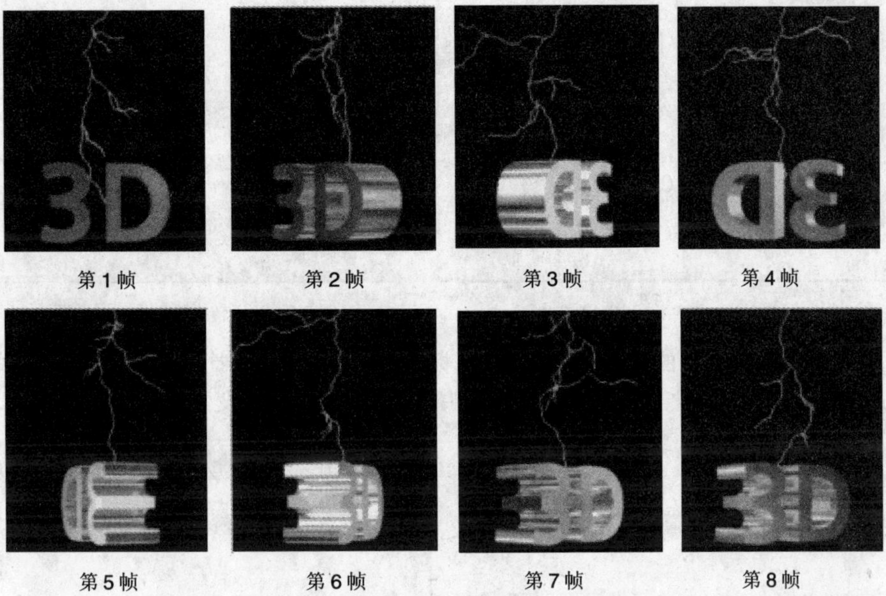

图 6.2.2　制作动画各帧

（4）按“Ctrl+Enter”键，测试动画效果。

6.3　补间动画

补间动画只需创建开始与结束关键帧中的内容，而关键帧之间的内容则由软件通过插值计算自动得出。Flash CS3 提供了两种计算生成关键帧之间内容的方法，一种是运动补间动画，另一种是形状补间动画。在补间动画中，Flash 存储的仅仅是帧之间的改变值，因此，生成的动画文件要比逐帧动画小得多。

6.3.1　运动补间动画

运动补间动画是 Flash 中最常见的动画方式，通过运动补间动画，可以对实例、图像、群组或文本对象的大小、位置、颜色或透明度进行渐变，从而产生动画效果。下面通过一个具体实例来介绍运动补间动画的制作过程，操作步骤如下：

（1）选择 文件(F) → 新建(N)...　Ctrl+N 命令，创建一个新的动画文件，其首帧被自动设为关键帧。

（2）选择工具箱中的文本工具 T，在工作区中输入文本“我爱 Flash CS3”，如图 6.3.1 所示。

（3）选中文本，按“F8”键，在弹出的“转换为元件”对话框中选中“图形”单选按钮（见图 6.3.2），单击 确定 按钮，将其转换为图形元件。

（4）选中第 20 帧，按“F6”键插入关键帧。

（5）选择工具箱中的任意变形工具，将该帧中的对象缩小，如图 6.3.3 所示。

图 6.3.1　在第 1 帧中输入文本

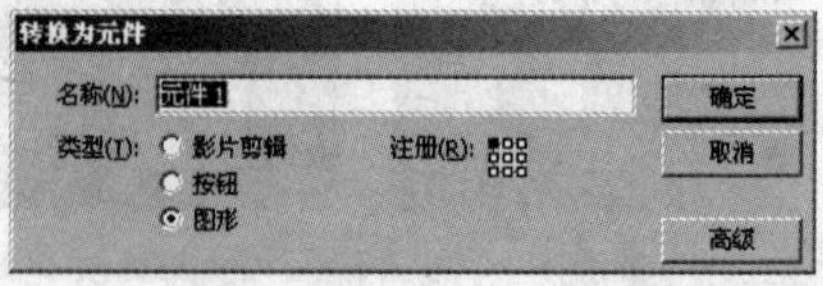

图 6.3.2　“转换为元件”对话框

（6）选中第 1～19 帧中的任意一帧，单击鼠标右键，在弹出的快捷菜单中选择 创建补间动画 命令。此时，在两个关键帧之间出现了一条带箭头的直线且帧的背景变为淡紫色，如图 6.3.4 所示。

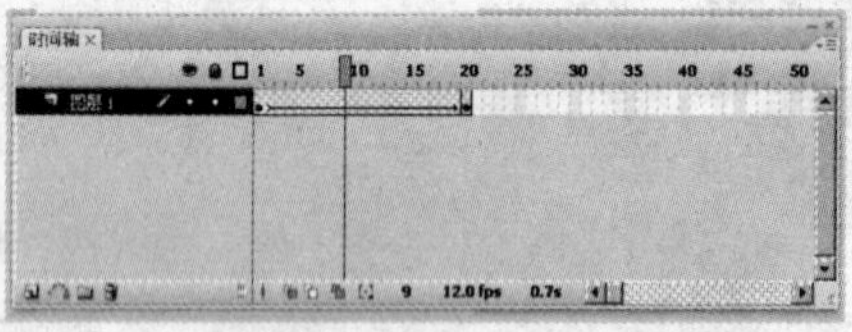

图 6.3.3　缩小第 20 帧中的对象

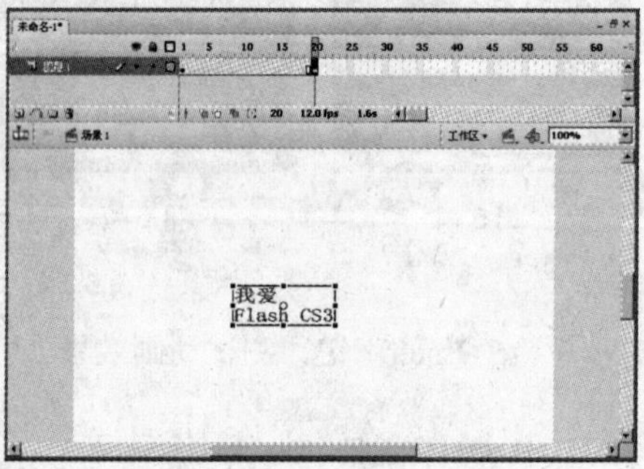

图 6.3.4　创建运动补间动画

（7）按“Ctrl+Enter”键，测试动画效果。

6.3.2　形状补间动画

形状补间动画对于表现关键帧之间的形状变化是非常有效的，但是 Flash 只能对分离的形状创建形状补间动画。下面通过一个具体实例来介绍形状补间动画的制作过程，操作步骤如下：

（1）选择 文件(F) → 新建(N)...　Ctrl+N 命令，创建一个新的动画文件，其首帧被自动设为关键帧。

（2）选择 文件(F) → 导入(I) → 导入到舞台(I)...　Ctrl+R 命令，弹出“导入”对话框，导入一幅图像到第 1 帧中。

（3）按“Ctrl+B”键打散导入的图像，如图 6.3.5 所示。

（4）选中第 20 帧，按“F6”键插入关键帧。

（5）使用工具箱中的任意变形工具选中图像，则在图像四周会出现 8 个方形控制柄，将鼠标指针移至边角控制柄的附近，当其呈现↻形状时，拖动鼠标旋转图像，如图 6.3.6 所示。

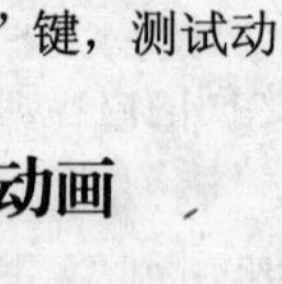

图 6.3.5　打散的图像

图 6.3.6　旋转第 20 帧中的对象

(6) 选中第 1～19 帧中的任意一帧，在属性面板中设置“补间”为“形状”。此时，在两个关键帧之间将出现一条带箭头的直线，并且帧的背景变为淡绿色，如图 6.3.7 所示。

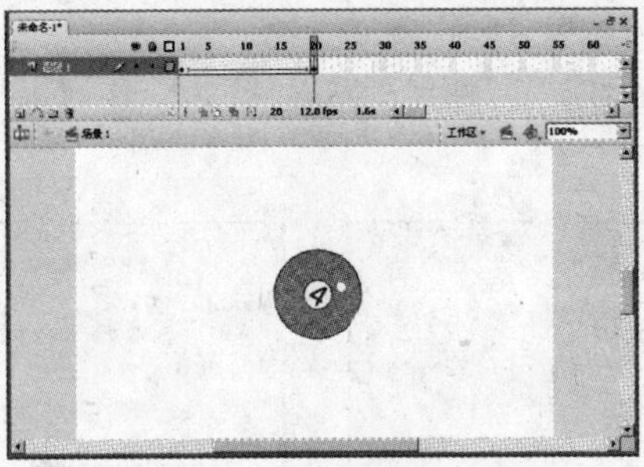

图 6.3.7　创建形状补间动画

(7) 按“Ctrl+Enter”键，测试动画效果。

6.4　引导层动画

通过引导层，可以使动画中的对象沿指定的路径运动。下面通过一个具体实例来介绍引导层动画的制作过程，其操作步骤如下：

(1) 选择 文件(F) → 新建(N)...　Ctrl+N 命令，创建一个新的动画文件，其首帧被自动设为关键帧。

(2) 按“Ctrl+F8”键，弹出“创建新元件”对话框，在“名称”文本框中输入“保龄球”，在“类型”选项区中选中“图形”单选按钮，如图 6.4.1 所示。

(3) 单击 确定 按钮，进入其编辑窗口。选择 文件(F) → 导入(I) → 导入到舞台(I)...　Ctrl+R 命令，弹出“导入”对话框，导入一张保龄球图片，如图 6.4.2 所示。

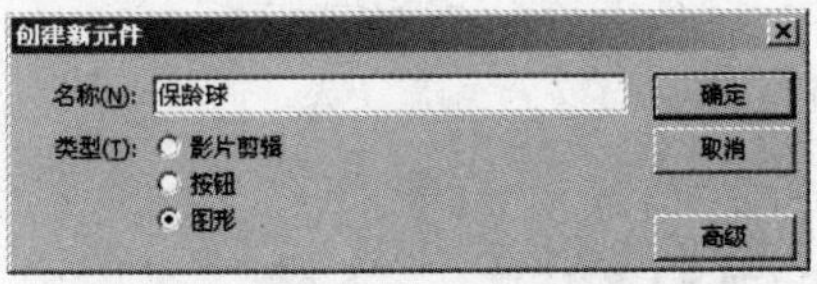

图 6.4.1　“创建新元件”对话框

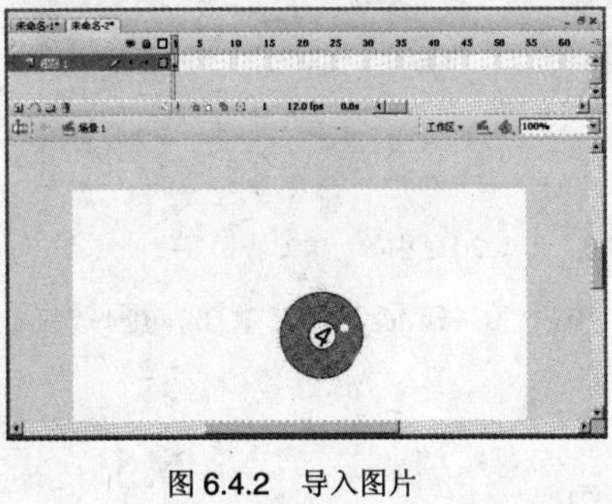

图 6.4.2　导入图片

(4) 单击图标，选择 场景 1 返回到主场景。

(5) 单击时间轴面板中的“添加运动引导层”按钮，为“图层 1”插入一个运动引导层，如图 6.4.3 所示。

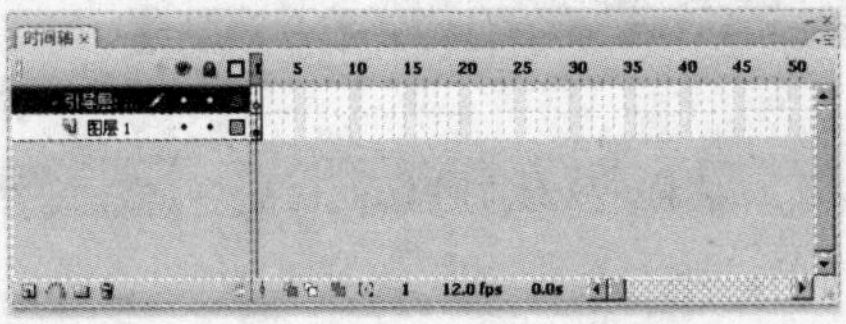

图 6.4.3　插入运动引导层

（6）选择工具箱中的铅笔工具，在选项栏中设置铅笔模式为“墨水”，在引导层中绘制一条曲线，如图 6.4.4 所示。

（7）选中引导层的第 20 帧，按“F5”键插入帧。

（8）从库面板中拖动“保龄球”元件到“图层 1”中，并使其中心点与引导层的起点对齐，如图 6.4.5 所示。

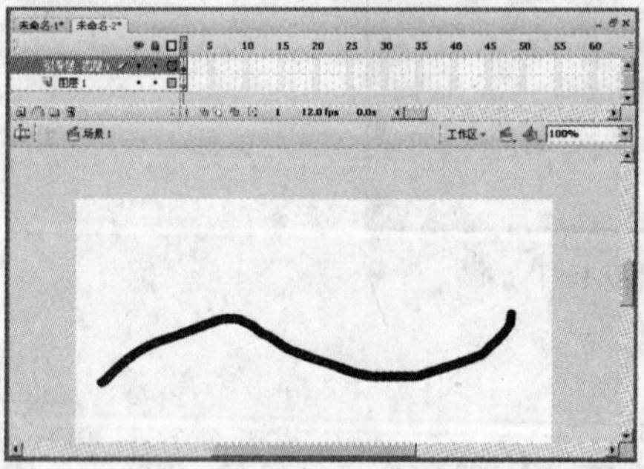

图 6.4.4　绘制引导线

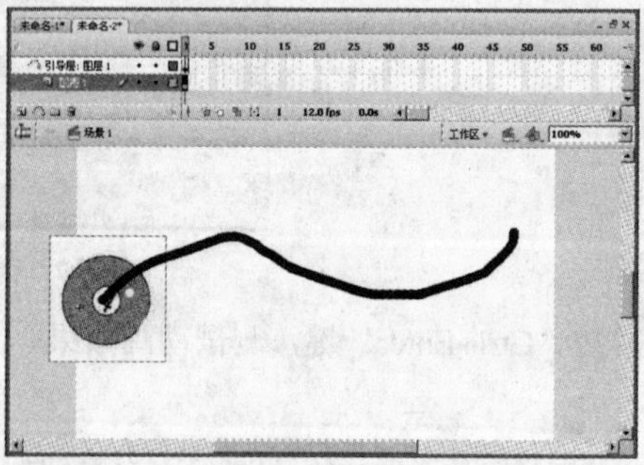

图 6.4.5　使第 1 帧中的对象对齐引导线的起点

（9）选中“图层 1”的第 20 帧，按“F6”键插入关键帧。使用工具箱中的选择工具，调整该帧中的对象中心对齐引导线的终点，如图 6.4.6 所示。

（10）选中第 1～19 帧中的任意一帧，单击鼠标右键，在弹出的快捷菜单中选择 创建补间动画 命令，创建一段运动补间动画，时间轴面板如图 6.4.7 所示。

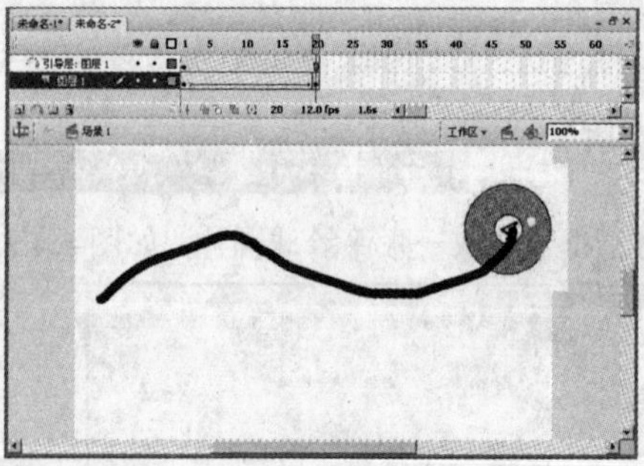

图 6.4.6　使第 20 帧中的对象对齐引导线的终点

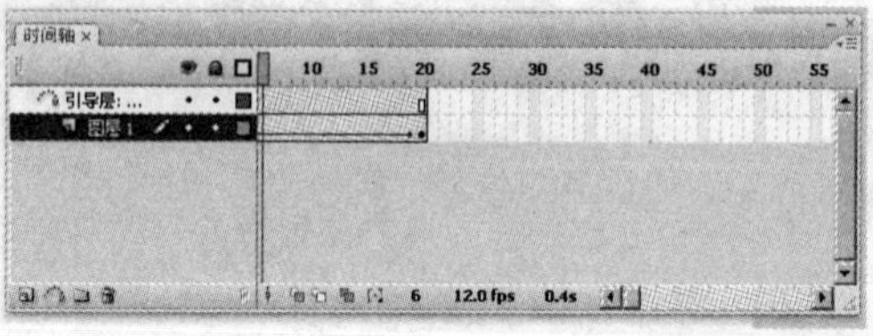

图 6.4.7　时间轴面板

（11）按“Ctrl+Enter”键，测试动画效果。

6.5　遮罩层动画

遮罩层是一种很有意思的层，其中对象的形状决定着被遮罩层中内容的显示。下面通过一个具体实例来介绍遮罩层动画的制作过程，操作步骤如下：

（1）选择 文件(F) → 新建(N)...　Ctrl+N 命令，创建一个新的动画文件，其首帧被自动设为关键帧。

（2）选择 文件(F) → 导入(I) → 导入到舞台(I)...　Ctrl+R 命令，弹出“导入”对话框（见图 6.5.1），导入一张图片到第 1 帧中。

（3）按“Ctrl+F8”键，弹出“创建新元件”对话框，在“类型”选项区中选中“图形”单选按钮，如图 6.5.2 所示。

图 6.5.1　“导入”对话框

图 6.5.2　“创建新元件”对话框

（4）单击 确定 按钮，进入图形元件的编辑窗口。选择工具箱中的文本工具 T，在工作区中输入文本“遮罩层动画”，如图 6.5.3 所示。

（5）单击图标，选择 场景 1 返回到主场景。

（6）单击时间轴面板中的“插入图层”按钮，插入“图层 2”，如图 6.5.4 所示。

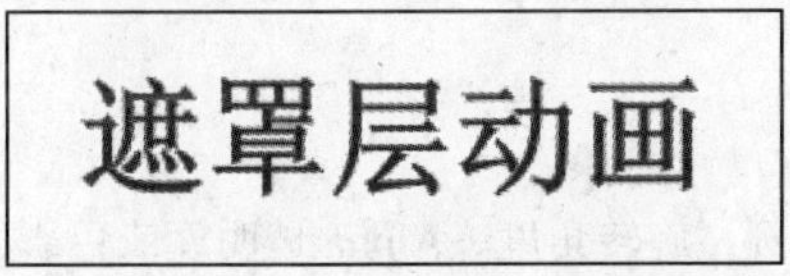

图 6.5.3　创建并编辑元件

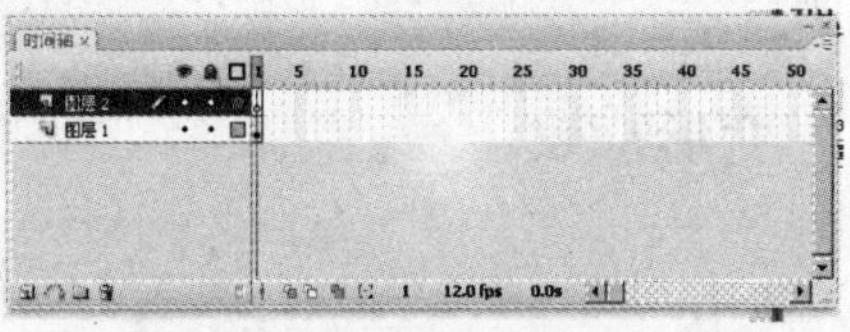

图 6.5.4　插入“图层 2”

（7）从库面板中拖动刚建立的元件到工作区的左端，如图 6.5.5 所示。

（8）选中“图层 2”的第 20 帧，按“F6”键插入关键帧。使用工具箱中的选择工具，水平拖动该帧中的对象到工作区的右端，如图 6.5.6 所示。

图 6.5.5　拖动元件到工作区的左端

图 6.5.6　拖动第 20 帧中的元件到工作区的右端

（9）选中该层第 1～19 帧中的任意一帧，单击鼠标右键，在弹出的快捷菜单中选择 创建补间动画 命令，创建一段运动补间动画，如图 6.5.7 所示。

（10）选中“图层 1”的第 20 帧，按“F5”键插入帧。

（11）选中“图层 2”的层名区，单击鼠标右键，在弹出的快捷菜单中选择 遮罩层 命令，创建遮罩层动画，如图 6.5.8 所示。

（12）按“Ctrl+Enter”键，测试动画效果。

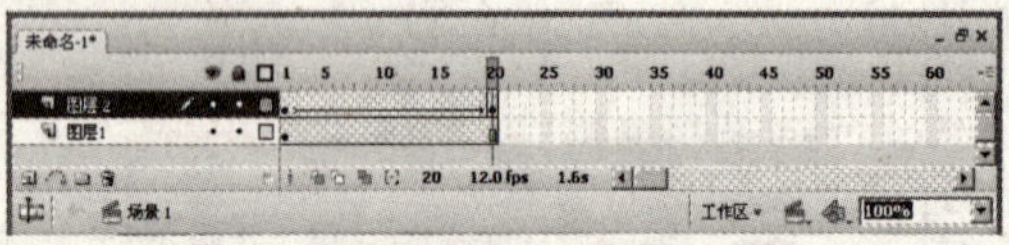

图 6.5.7　创建补间动画

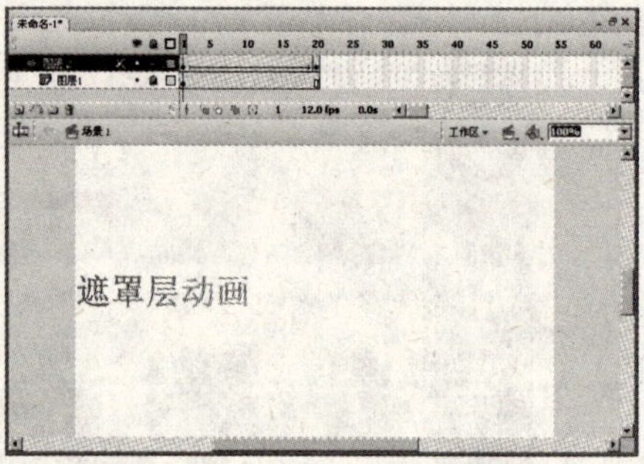

图 6.5.8　创建遮罩层动画

6.6　时间轴动画

在 Flash CS3 中，可以将变形、转换、分散式直接复制、复制到网格、分离、展开、投影和模糊等时间轴特效应用于文本和图像，下面介绍如何将时间轴特效应用于文本。

6.6.1　变形特效

变形特效的作用是调整选中对象的位置、缩放比例、旋转角度、Alpha 透明度或色彩。将变形特效应用于文本的操作步骤如下：

（1）选中要应用变形特效的文本，如图 6.6.1 所示。

（2）选择 插入(I) → 时间轴特效(E) → 变形/转换 → 变形 命令，弹出如图 6.6.2 所示的“变形”对话框。

图 6.6.1　选中文本

图 6.6.2　“变形”对话框

对其中各项参数说明如下：

“效果持续时间”：设置变形特效持续的时间，以帧为单位。

“更改位置方式”：设置对象在 X 轴和 Y 轴方向上的偏移量，以像素为单位。

“旋转”：设置对象的旋转角度和次数。

“更改颜色”：应用或取消颜色的更改。

“最终颜色”：指定对象最后的颜色。

“最终的 Alpha”：指定对象最后的透明度。

“移动减慢”：设置对象速度变化的方式。

（3）设置各项参数（见图 6.6.3），单击确定按钮。

（4）按“Ctrl+Enter”键，测试动画效果，将看到文本在旋转、缩放的同时，颜色及透明度也跟着发生改变，效果如图 6.6.4 所示。

图 6.6.3　设置各项参数

图 6.6.4　效果图

6.6.2　应用转换特效

转换特效的作用是对选中对象进行淡入淡出处理。将转换特效应用于文本的操作步骤如下：

（1）选中要应用转换特效的文本。

（2）选择 插入(I) → 时间轴特效(E) → 变形/转换 → 转换 命令，弹出如图 6.6.5 所示的“转换”对话框。

对其中各项参数说明如下：

“效果持续时间”：设置转换特效持续的时间，以帧为单位。

“方向”：设置转换特效过渡的方向。

“淡化”：设置淡化效果。

“涂抹”：设置对象的擦除效果。

“移动减慢”：设置对象速度变化的方式。

（3）设置各项参数（本例采用默认设置），单击确定按钮。

（4）按“Ctrl+Enter”键，测试动画效果，将看到文本被逐渐显示出来，效果如图 6.6.6 所示。

图 6.6.5　“转换”对话框

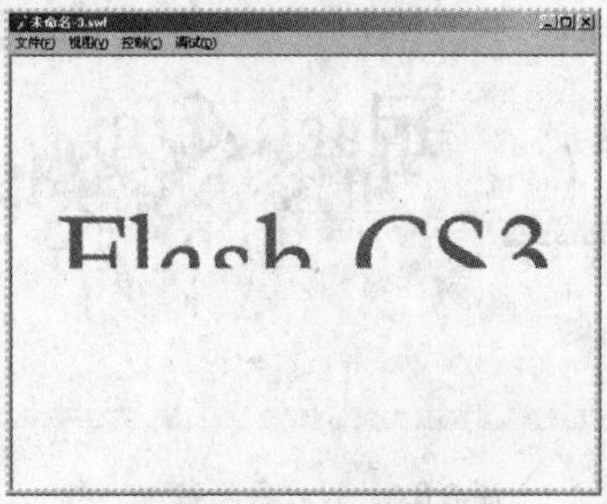

图 6.6.6　转换特效效果

6.6.3　应用分散式直接复制特效

分散式直接复制特效的作用是根据设置的次数复制选中的对象。将分散式直接复制特效应用于文本的操作步骤如下：

（1）选中要应用分散式直接复制特效的文本。

（2）选择 插入(I) → 时间轴特效(E) → 帮助 → 分散式直接复制 命令，弹出如图 6.6.7 所示的“分散式直接复制”对话框。

对其中各项参数说明如下：

“副本数量”：设置要拷贝的副件数。

“偏移距离”：设置对象在 X 轴和 Y 轴方向上的偏移量。

“偏移旋转”：设置偏移旋转的角度。

“偏移起始帧”：设置偏移开始的帧编号。

“指数缩放比例”：以指数方式在 X 轴和 Y 轴方向上同时缩放。

“更改颜色”：设置是否改变副件的颜色。

“最终颜色”：指定对象最后的颜色。

“最终的 Alpha”：指定对象最后的透明度。

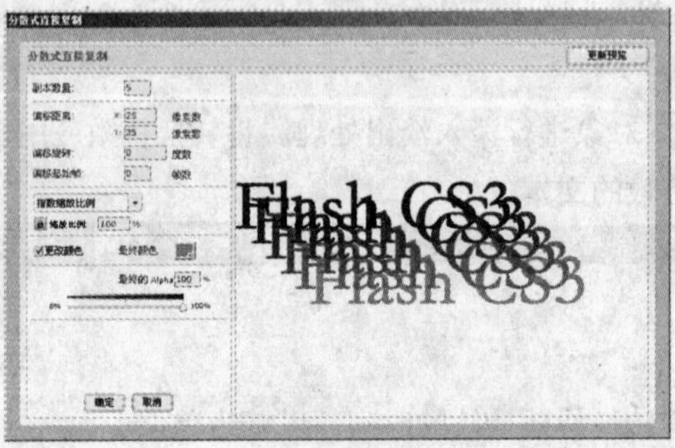

图 6.6.7 “分散式直接复制”对话框

（3）设置各项参数（见图 6.6.8），单击 确定 按钮。

（4）按“Ctrl+Enter”键，测试动画效果，将看到复制出的很多文字，其颜色、位置和透明度的变化非常平滑，如图 6.6.9 所示。

图 6.6.8 设置各项参数

图 6.6.9 分散式直接复制特效效果

6.6.4 应用复制到网格特效

复制到网格特效的作用是按列数复制选中的对象，然后按照行数×列数创建该元素的网格。将复制到网格特效应用于文本的操作步骤如下：

（1）选中要应用复制到网格特效的文本。

（2）选择 插入(I) → 时间轴特效(E) → 帮助 → 复制到网格 命令，弹出如图 6.6.10 所示的“复制到网格”对话框。

图 6.6.10　“复制到网格”对话框

对其中各项参数说明如下：

“网格尺寸”：设置网格的行数和列数。

“网格间距”：设置网格的行间距和列间距。

（3）设置各项参数（见图 6.6.11），单击 确定 按钮。

（4）按“Ctrl+Enter”键，测试动画效果，将看到一个文字阵列，效果如图 6.6.12 所示。

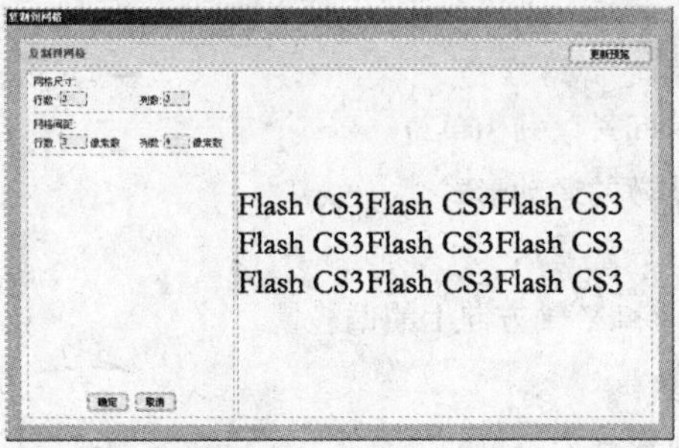

图 6.6.11　设置各项参数

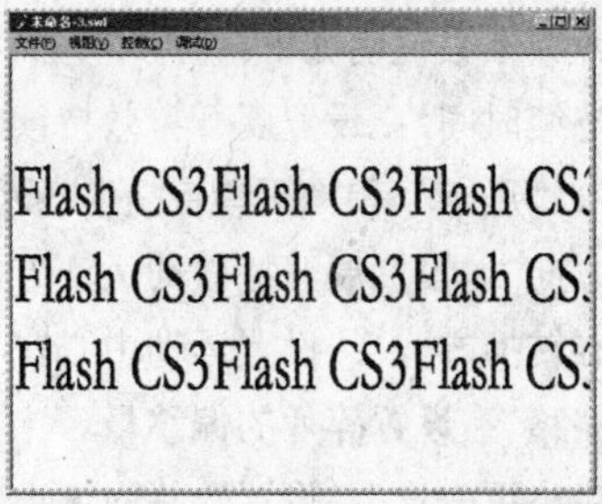

图 6.6.12　复制到网格特效效果

6.6.5　应用分离特效

分离特效的作用是使对象产生爆炸的效果。将分离特效应用于文本的操作步骤如下：

（1）选中要应用分离特效的文本。

（2）选择 插入(I) → 时间轴特效(E) → 效果 → 分离 命令，弹出如图 6.6.13 所示的“分离”对话框。

对其中各项参数说明如下：

“分离方向”：设置分离特效的方向。

“弧线大小”：设置对象在 X 轴和 Y 轴方向上的偏移量。

“碎片旋转量”：设置碎片的旋转角度，以度为单位。

“碎片大小更改量”：设置碎片的大小，以像素为单位。

“最终的 Alpha”：设置分离特效最终的透明度，用户可以直接输入百分比数字，也可以拖动百分比滑块来改变透明度。

（3）设置各项参数（本例采用默认设置），单击 确定 按钮。

（4）按“Ctrl+Enter”键，测试动画效果，将看到文字被抛撒出去，效果如图 6.6.14 所示。

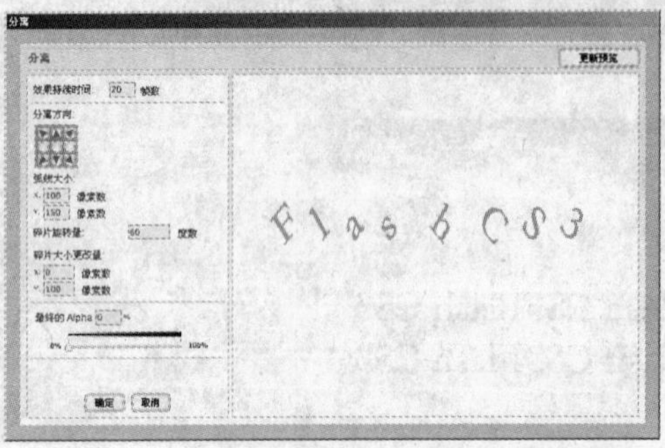

图 6.6.13 “分离”对话框

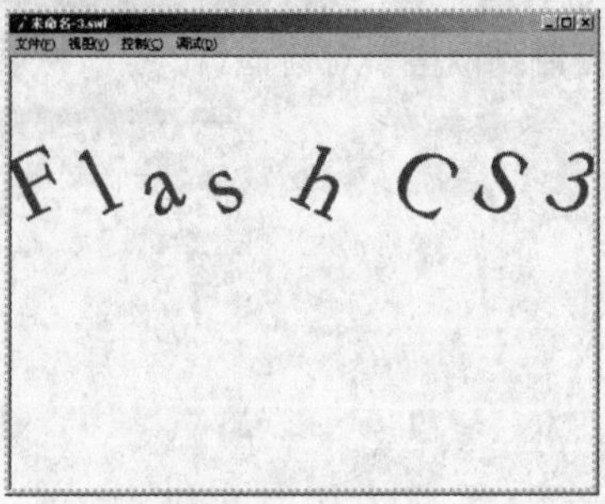

图 6.6.14 分离特效效果

6.6.6 应用展开特效

展开特效的作用是扩展或收缩对象。将展开特效应用于文本的操作步骤如下：

（1）选中要应用展开特效的文本。

（2）选择 插入(I) → 时间轴特效(E) → 效果 → 展开 命令，弹出如图 6.6.15 所示的“展开”对话框。

对其中各项参数说明如下：

“效果持续时间”：设置展开特效持续的时间，以帧为单位。

“展开”、“压缩”和“两者皆是”：设置特效的运动形式。

“移动方向”：设置展开特效的运动方向。

“组中心转换方式”：设置运动中心在 X 轴和 Y 轴方向上的偏移量。

“碎片偏移”：设置碎片的偏移量。

“碎片大小更改量”：设置碎片的大小，以像素为单位。

（3）设置各项参数（本例采用默认设置），单击 确定 按钮。

（4）按“Ctrl+Enter”键，测试动画效果，将看到文字在伸展，效果如图 6.6.16 所示。

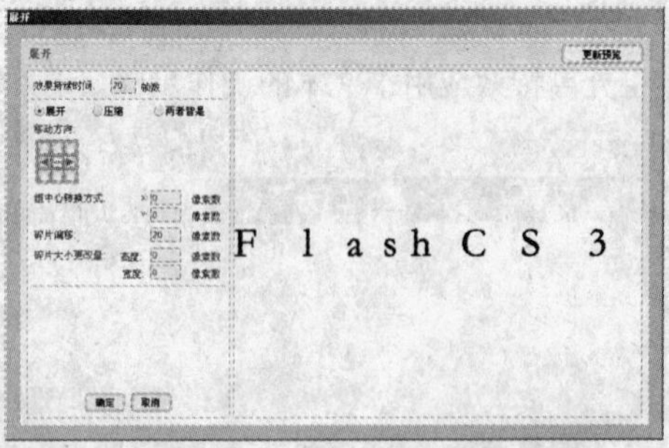

图 6.6.15 “展开”对话框

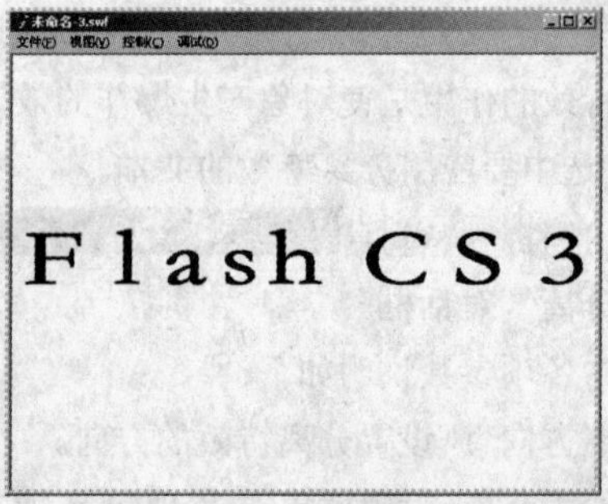

图 6.6.16 展开特效效果

6.6.7 应用投影特效

投影特效的作用是在选中的对象下面创建一个阴影。将投影特效应用于文本的操作步骤如下：

（1）选中要应用投影特效的文本。

（2）选择 插入(I) → 时间轴特效(E) → 效果 → 投影 命令，弹出如图 6.6.17 所示的“投影”对话框。

对其中各项参数说明如下：

“颜色”：设置阴影的颜色。

“Alpha 透明度”：设置阴影的透明度。

“阴影偏移”：设置阴影在 X 轴和 Y 轴方向上的偏移量，以像素为单位。

图 6.6.17　“投影”对话框

（3）设置各项参数（见图 6.6.18），单击 确定 按钮。

（4）按“Ctrl+Enter”键，测试动画效果，将看到文字及其投影，效果如图 6.6.19 所示。

图 6.6.18　设置各项参数

图 6.6.19　投影特效效果

6.6.8　应用模糊特效

模糊特效的作用是通过改变对象的 Alpha 值、位置或缩放比例等参数，自动创建模糊效果。将模糊特效应用于文本的操作步骤如下：

（1）选中要应用模糊特效的文本。

（2）选择 插入(I) → 时间轴特效(E) → 效果 → 模糊 命令，弹出如图 6.6.20 所示的“模糊”对话框。

对其中各项参数说明如下：

“效果持续时间”：设置特效持续的时间长度，以帧为单位。

“分辨率”：设置进行模糊特效的格式。

“缩放比例”：设置模糊的缩放比例。

“允许水平模糊”：使对象在水平方向上产生模糊效果。

"允许垂直模糊"：使对象在垂直方向上产生模糊效果。

"移动方向"：设置模糊运动的方向。

（3）设置各项参数（本例采用默认设置），单击 确定 按钮。

（4）按"Ctrl+Enter"键，测试动画效果，将看到文字逐渐变模糊，效果如图 6.6.21 所示。

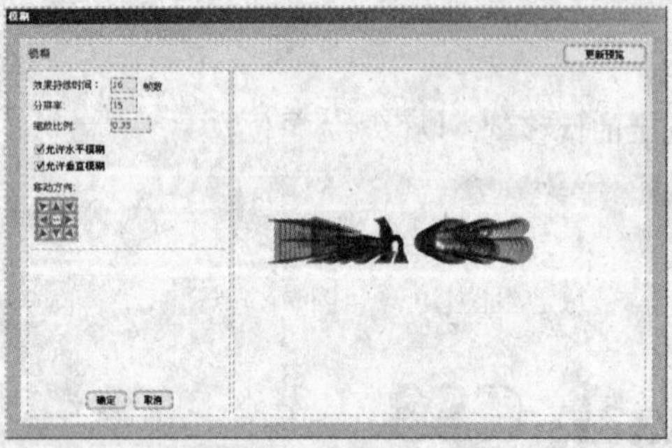

图 6.6.20　"模糊"对话框

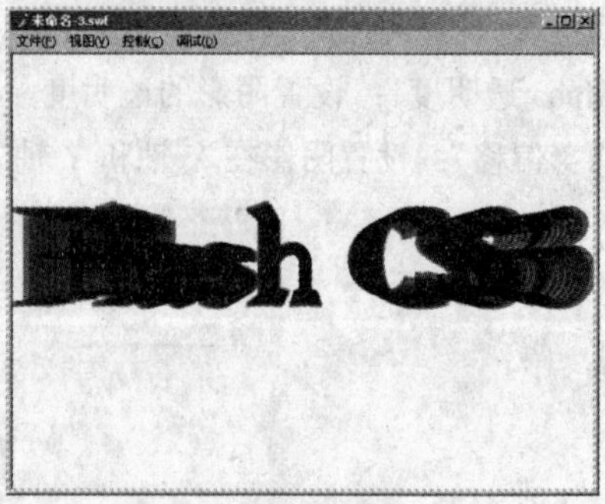

图 6.6.21　模糊特效效果

6.7　典型实例——模拟写字动画

下面将制作一个模拟写字的效果，如图 6.7.1 所示。

图 6.7.1　最终效果

（1）选择 文件(F) → 新建(N)... Ctrl+N 命令，弹出"新建"对话框，选择"常规"选项卡中的 Flash 文件(ActionScript 3.0) 选项，单击 确定 按钮，新建一个 Flash 文档。

（2）选择 修改(M) → 文档(D)... Ctrl+J 命令，弹出如图 6.7.2 所示的"文档属性"对话框，设置"尺寸"为"550 px×400 px"，"背景颜色"为"白色"，单击 确定 按钮。

（3）选择 文件(F) → 导入(I) → 导入到库(L)... 命令，弹出"导入"对话框，如图 6.7.3 所示。

（4）选择一个目标文件后单击 打开(O) 按钮，该文件就被导入到"库"面板中，如图 6.7.4 所示。

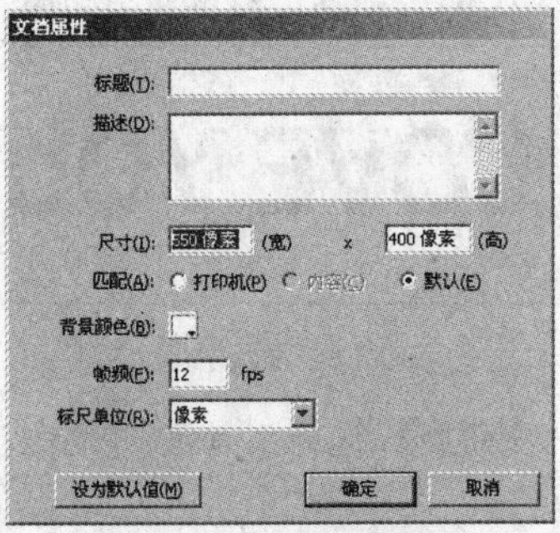

图 6.7.2　“文档属性”对话框

图 6.7.3　“导入”对话框

（5）选择 窗口(W) → 对齐(G) 命令，打开“对齐”面板，如图 6.7.5 所示。

图 6.7.4　导入一幅图片

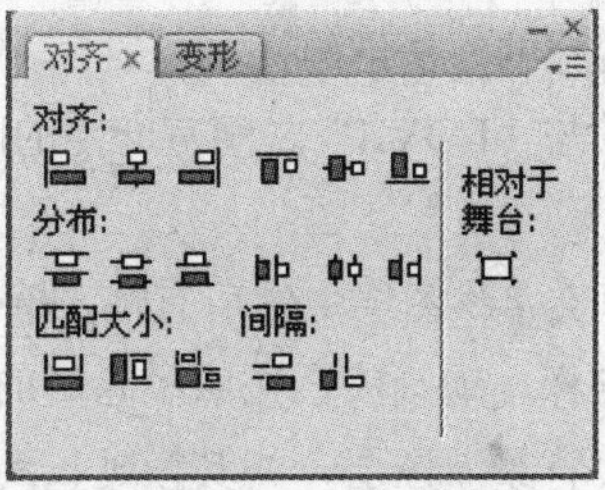

图 6.7.5　“对齐”面板

（6）单击“对齐”面板中的“水平中齐”按钮和“垂直中齐”按钮，将其放置到舞台的中心位置，如图 6.7.6 所示。然后将图层 1 命名为“背景”，表示该图像将作为动画的背景。

图 6.7.6　将图像放置到舞台的中心位置

（7）为了便于操作，将“背景”图层隐藏。

（8）单击“时间轴”面板上的“插入图层”按钮，插入一个新图层，并将该图层命名为“文字”，然后输入字母“I LOVE YOU”，如图 6.7.7 所示。

（9）单击“文字”图层的第 2 帧，按“F6”键插入关键帧。选择工具箱中的橡皮擦工具，按照书写字母时笔画的相反顺序擦除字母，现在擦除字母“U”的一部分，效果如图 6.7.8 所示。

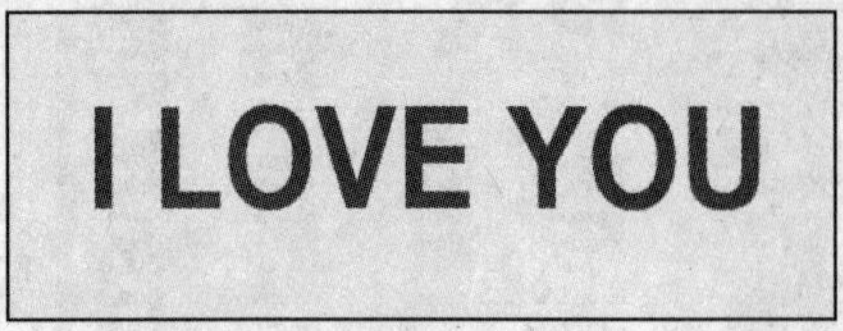

图 6.7.7　输入字母

图 6.7.8　擦除字母

（10）单击“文字”图层的第 3 帧，按“F6”键插入关键帧。选择工具箱中的橡皮擦工具，继续擦除，如图 6.7.9 所示。

（11）单击“文字”图层的第 4 帧，按“F6”键插入关键帧。选择工具箱中的橡皮擦工具，继续擦除，如图 6.7.10 所示。

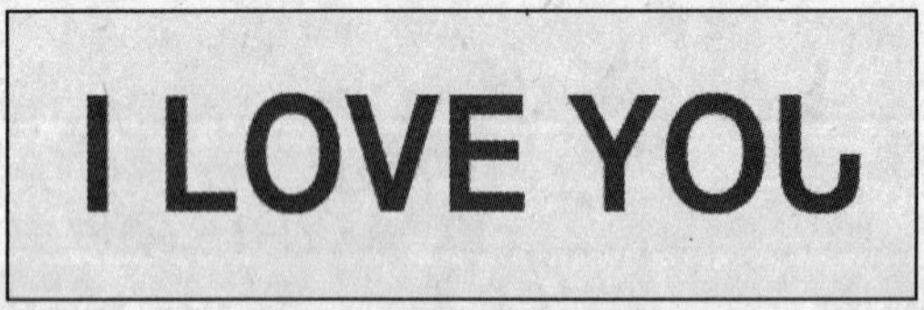

图 6.7.9　继续擦除字母效果

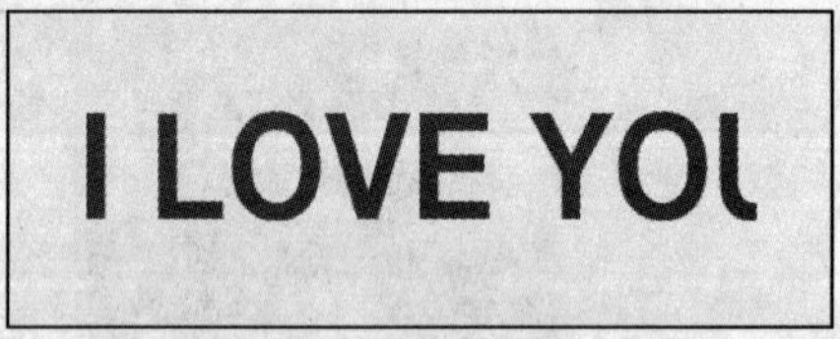

图 6.7.10　继续擦除字母效果

（12）按照同样的方法继续添加关键帧并在其中擦除字母的笔画，当擦除完“YOU”时，插入 3 个普通帧，以使其与“LOVE”之间有一定的时间间隔。重复上述操作，直到将舞台上的字母全部擦除掉。

（13）选中“文字”图层中的所有帧，单击鼠标右键，在弹出的快捷菜单中选择 翻转帧 命令，将帧进行翻转。这样，动画就会按照擦除时的相反方向来书写。

（14）单击“背景”图层，将其帧延长到与“写字”图层相同，即在第 80 帧处按“F5”键插入普通帧，这时的“时间轴”面板如图 6.7.11 所示。

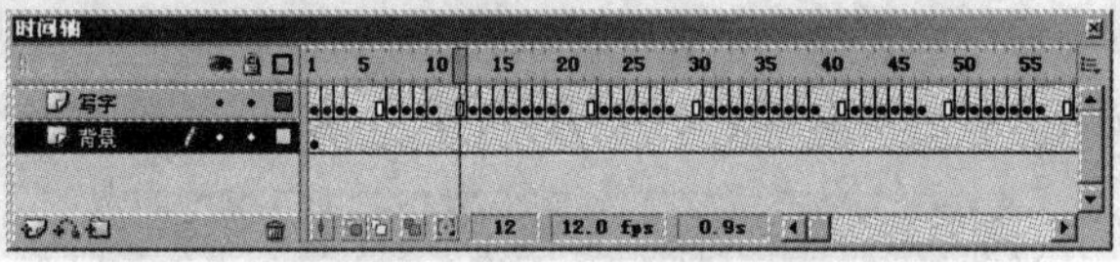

图 6.7.11　“时间轴”面板

（15）按“Ctrl+S”键保存文件，最终效果如图 6.7.1 所示。

小　结

本章主要介绍了动画的创建方法，包括逐帧动画、形状补间动画和动作补间动画的创建。通过本章的学习，读者应该能够制作简单的动画，并学会使用形状提示。

过关练习六

一、基础题

1．Flash 动画涉及的帧有两种：一种是__________帧；另一种是普通帧。

2．__________动画主要用于创建不规则动画，它的每一帧都是关键帧，其动画效果是通过关键帧内容的不断变化而产生的。

3．通过运动补间动画，可以对（　）对象的大小、位置、颜色或透明度进行渐变，从而产生动画效果。

A．实例　　　　B．图像

C．群组　　　　D．文本

4．按（　）键可以测试动画效果。

A．Ctrl+Enter　　　　B．F6

C．Shift+Enter　　　　D．F12

5．Flash 只能对哪种对象创建形状补间动画？

二、上机操作题

制作小鸡出壳的逐帧动画，如题图 6.1 所示。

题图 6.1　在各帧中绘制不同图形

第 7 章　交互式动画基础

ActionScript 是 Flash CS3 中的编程语言，它可以向 Flash 应用程序添加交互性。使用 ActionScript，用户不仅可以动态地控制动画的进行，还可以进行各种运算，从而极大地增强了动画的交互控制功能。

ActionScript 采用的是面向对象的编程思想，它采用事件响应来定义和编写 ActionScript 脚本。ActionScript 有自己的语法结构、变量、函数以及表达式等。ActionScript 语句由多行语句代码组成，每行代码中包含一些指令和运算符。

虽然在 Flash 中，用户不必使用 ActionScript 就可以制作 Flash 动画。但如果创作人员希望在动画中提供与用户的交互性，则可能需要使用 ActionScript。ActionScript 虽然是一种程序语言，但它并不要求用户具有良好的程序设计基础。用户只需要从列表中选择合适的动作，然后再进行必要的设定或者添加简单的代码即可。

本章重点

（1）ActionScript 语法规则。

（2）变量、表达式和函数。

（3）常用命令。

7.1　ActionScript 语法规则

由于 ActionScript 是 Flash 中的编程语言，它有自己的语法规则，下面就来进行具体介绍。

7.1.1　常用术语

下面对一些比较重要的 ActionScript 术语进行介绍。

（1）数据类型。数据类型是指 ActionScript 中包括的信息的种类，如字符串、布尔值、空值、影片剪辑、类、未定义等。

（2）事件。事件是指在动画播放过程中所发生的动作，如常见的鼠标事件、键盘事件等。

（3）常量。常量是指 ActionScript 中其值不可以改变的元素。

（4）类。类用来定义新对象类型的一种数据类型，它以 Class 为关键字。在定义类之前必须要先创建一个构造函数。构造函数是用来定义类的属性和方法的函数。

（5）表达式。表达式由运算符和操作数组成，如在表达式 x+2 中，“x”和“2”是操作数，“+”是运算符。

（6）函数。函数是一个可以被重复使用的代码块，能够传递参数并返回值。

（7）标志符。标志符用来表示对象、函数、属性等的名称，其第一个字符必须是字母。

（8）实例。实例是属于某个类的对象，每个实例都包含该类的所有属性和方法。

（9）关键字。关键字是具有特殊含义的字母，如 var 是用来声明本地变量的关键字。

7.1.2 语法规则

ActionScript 有自己的语法规则，用户必须遵循这些规则才能创建能够正确编译的脚本。

（1）点语法。应用点语法可以访问属于舞台上的对象或实例的属性或方法。点语法表达式以对象或影片剪辑的名称开头，后面跟一个点，最后要以指定的元素结尾。如 catMC._x 就表示引用影片剪辑实例 catMC 在舞台上的 x 轴的位置。

（2）大括号。使用大括号{}将 ActionScript 事件、类定义和函数组合成块，如下面的脚本所示：

```
var numStudents:Number;
if (numStudents = 0) {
  trace("no users found");
}
```

（3）小括号。当定义函数时，通常将参数放在小括号()里面，如下面的代码所示：

```
function myFunction(myName:String, myAge:Number):Void {
  // 此处是代码。
}
```

当调用函数时，需要将传递给该函数的所有参数都放在小括号中，如下面的代码所示：

```
myFunction("Mike", 65, true);
```

（4）分号。ActionScript 中以分号“;”来表示语句结束，如下面的代码所示：

```
var yourNum:Number = 50;
```

当省略分号时，ActionScript 编译器会认为每行代码表示单个语句。但用户最好养成使用分号的习惯，这样可以增强代码的可读性。

（5）注释。注释即是指用户可以使用一种简单易懂的句子对代码进行注解，编译器不会对注释进行求值计算。注释可帮助用户记住重要的编码的含义，并且也有助于他人来阅读自己的代码。所以建议用户最好在编写 ActionScript 时添加注释。如果要添加注释，请在注释前插入“//”符号。

（6）区分大小写。在 Flash CS3 中，对于关键字、类名、变量、方法名等是区分大小写的，也就是说，变量的大小写如果不同就会被视为两个不同的变量。

7.2 变量、表达式和函数

当用户在编写简单的动画程序时，往往通过鼠标在动作工具箱中选择其命令就可以完成代码的编写。但对于复杂的动画而言，就可能会运用到变量、表达式和函数，下面就来简单地介绍这部分内容。

7.2.1 变量

变量是相对常量而言的，即变量的参数值可以改变。变量的主要作用是存储信息，它可以存放数值、字符串、逻辑值以及表达式等信息。

在第一次定义变量时，通常会给它赋一个值，称为初始化变量。对变量进行初始化有助于用户在播放动画时更简单地跟踪变量的值。

（1）变量的类型。根据变量作用范围的不同，可以将其分为以下 3 种类型：

1）全局变量。全局变量对于文档中的每个时间轴和作用域均可见，它可以在所有时间轴中共享。

2）时间轴变量。时间轴变量适用于该时间轴上的任何脚本。

3）本地变量。本地变量仅是在代码的一部分中定义的，它只在声明它们的函数体内起作用。

（2）变量的赋值。变量的赋值方法有两种：直接赋值和用表达式赋值。

1）直接赋值。直接赋值即直接在等号后面指定变量的值，如：

```
Age=50;
Name="Mike";
```

2）用表达式赋值。表达式赋值就是将一个表达式的值赋给一个变量，如：

```
X=random(20);
Y=Y+X;
```

7.2.2 表达式

表达式是代表值的 ActionScript 元件的任意合法组合。表达式可以包含运算符、操作数、值、函数和过程。表达式遵循 ActionScript 的优先级和关联的规则。

表达式可以分为 3 种，分别为数值表达式、逻辑表达式和字符串表达式。

数值表达式：由数值、数值型变量和算数运算符构成。算术运算符如＋，*，/，%，= 等。

逻辑表达式：由数值表达式和逻辑运算符构成，多用于条件语句中。常见的逻辑运算符如 and，or 和 nor。

字符串表达式：由字符串、字符串变量和字符串运算符构成。字符串运算符如 Eq，Ne，Le 等。

7.2.3 函数

函数是一些能够在文件中的任意位置重复使用的代码块。用户可以在 FLA 文件或外部文件中编写自己的函数，然后从文档内的任意位置调用该函数。Flash 中提供的函数比较多，下面介绍几种比较常用的函数。

（1）内置函数。内置函数不属于任何类，有时也称为预定义函数。用户可以直接调用这些函数，内置函数如 trace()，setInterval()，getTimer()等。使用 getTimer()函数，用户可以获取该 SWF 文件已经播放的毫秒数。内置函数的标准格式如下所示：

```
trace("your message");
```

（2）命名函数。只要在当前帧中定义了命名函数，就可以在代码中的任意位置引用该函数。命名函数的标准格式如下所示：

```
function functionName(parameters) {
//函数块
}
```

（3）匿名函数。匿名函数是引用自身的未命名函数，该函数在创建时被引用。在使用事件处理程序时通常会用到匿名函数。在编写匿名函数时，用户需要将函数文本存储在变量中，以便在后面的代码中引用此函数。

（4）构造函数。构造函数的主要作用是初始化类的属性和方法，它是类定义中与类同名的函数。

例如，以下代码就定义了一个 People 类并实现一个构造函数。

```
public function People (uname:String, age:Number) {
    this.__name = uname;
    this.__age =age; }
```

7.3　常用命令

在 Flash CS3 中的 ActionScript 命令很多，记住所有的命令对用户来说是比较困难的，也是不必要的。事实上，用户只需要记住并掌握一些常用命令即可，下面本节就来介绍这些比较常用的命令。

7.3.1　播放命令

播放命令就是指 play，该命令的主要作用是使影片从当前位置开始播放。该命令的格式为 play()，该命令没有任何参数。Play 命令多用于按钮上，将该命令用于按钮上的方法是：

（1）打开一个影片剪辑。

（2）新建图层，将公用库中的一个按钮拖动到舞台上。

（3）在任意帧上按“F6”键插入一个关键帧。

（4）打开“动作”面板，选择动作工具箱中的 **全局函数** → **时间轴控制** → **play** 命令，即可添加该命令，如图 7.3.1 所示。

7.3.2　停止命令

停止命令就是指 stop 命令，其主要作用是停止影片的播放。该命令的格式是 stop()，它也没有参数。当需要添加该命令时，只需要选择动作工具箱中的 **全局函数** → **时间轴控制** → **stop** 命令即可，如图 7.3.2 所示。

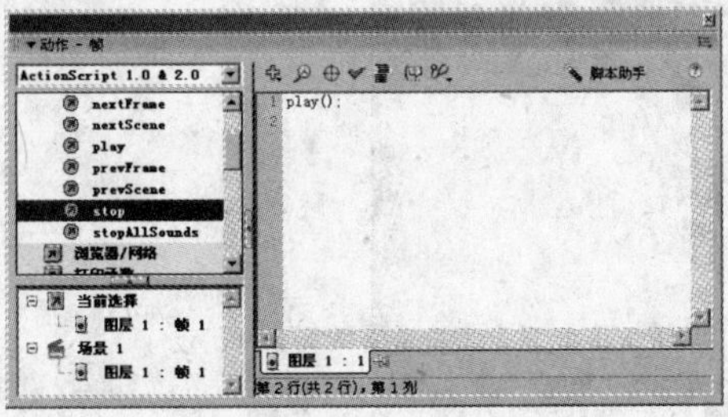

图 7.3.1　添加“play”命令

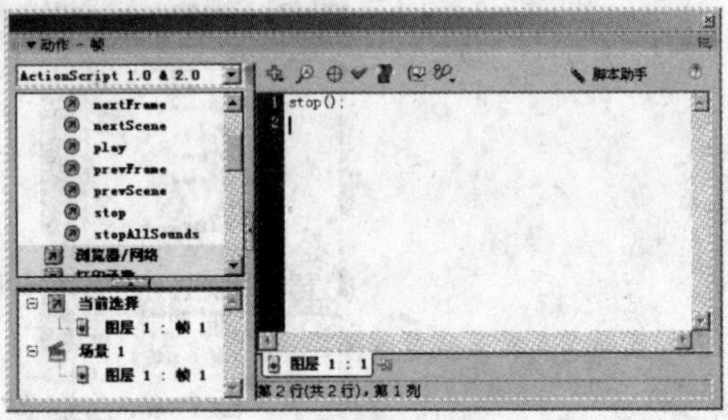

图 7.3.2　添加“stop”命令

7.3.3　跳转命令

跳转命令是指 goto 命令，该命令不受任何条件的约束，可以跳转到任何场景中的任何帧。在 Flash CS3 中，跳转命令有两种基本的模式：

（1）gotoAndplay 命令。该命令用来控制影片从当前帧跳转到指定场景的指定帧。其命令格式如下：

gotoAnd Play("场景"，帧)

其中各参数的含义如下：

场景：跳转到指定场景的名称。

帧：跳转到指定的帧。

（2）gotoAndStop 命令。该命令用来控制影片从当前帧跳转到指定场景的指定帧以后停止播放。其命令格式如下：

gotoAnd Stop("场景"，帧)

其中各参数的含义如下：

场景：跳转到指定场景的名称。

帧：跳转到指定的帧。

当需要向“动作”面板中添加该命令时，只要选择 **全局函数** → **时间轴控制** → **gotoAndPlay** 命令即可，如图 7.3.3 所示。

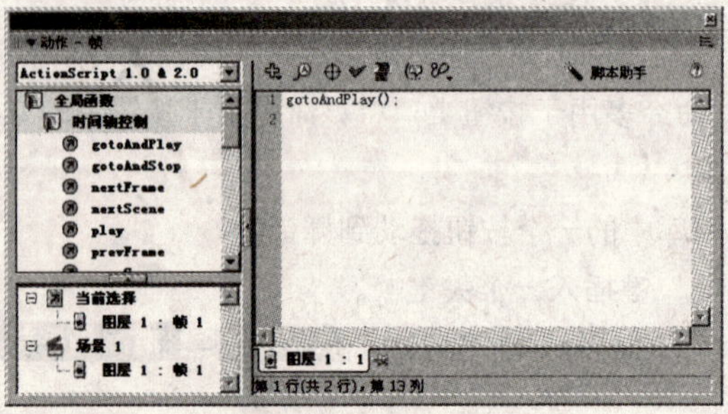

图 7.3.3 添加“gotoAndPlay”命令

7.3.4 stopAllSounds()命令

stopAllSounds()命令主要用于停止当前影片中播放的声音。在“时间轴”面板上选择 **全局函数** → **时间轴控制** → **stopAllSounds** 命令即可，如图 7.3.4 所示。

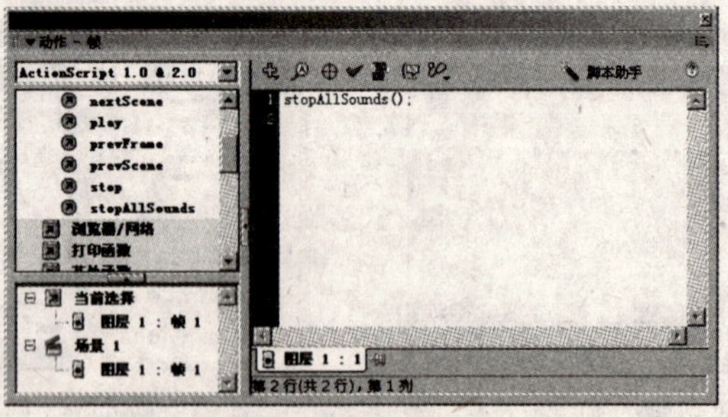

图 7.3.4 添加“stopAllSounds”命令

7.3.5 获取 URL 路径命令

getURL 命令的主要作用是用来获取 URL 路径，使用该命令，可以将指定的 URL 加载到浏览器窗口中。选择 **全局函数** → **浏览器/网络** → **getURL** 命令即可添加该命令。

该命令的语法格式如下：

getURL(url:String,[window:String,[method:String]]):Void

其各项参数的含义如下：

url:String 型：用来获取文档的 url，url 是指加载到浏览器窗口的地址或发送数据对象的地址。它可以是一个相对路径，也可以是一个绝对路径。

window:String 型：指定应将文档加载到的窗口。用户可以输入特定窗口的名称，也可以选择以下选项：

_self：将指定 URL 加载并显示到指定当前窗口中的当前帧。

_blank：将指定 URL 加载并显示到一个新窗口。

_parent：将指定 URL 加载到当前帧的父级。

_top：将指定 URL 加载到当前窗口的顶级帧。

method：该参数为可选参数，用来设置是否传送变量以及传送方式。

7.3.6 FS 命令

FS 就是指 fscommand 命令，该命令能够使 SWF 文件与外部程序如 Visual Basic，Visual C++等进行通信，还可以控制 Flash Player 播放器。该命令的格式如下：

fscommand("命令"," 参数")

其参数的含义是：

命令：是传递给应用程序的一个字符串，或者是传递给 Flash Player 播放器的一个命令。

参数：是传递给应用程序的一个字符串，或者是传递给 Flash Player 播放器的一个值。

选择 全局函数 → 浏览器/网络 → fscommand 命令，即可添加 FS 命令，如图 7.3.5 所示的命令可以控制 Flash Player 播放器为全屏形式。

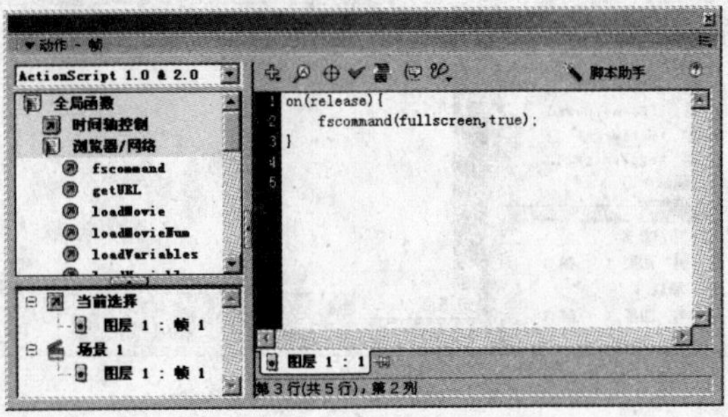

图 7.3.5 添加“FS”命令

7.3.7 加载和卸载命令

加载和卸载命令是指 loadMovie 命令和 unloadMovie 命令。

（1）loadMovie 命令。loadMovie 命令的主要作用如下：

1）将一部新的电影加载到 Flash 电影上并替换原来的内容。

2）在原来电影的基础上加载一部新电影。

3）将已加载的电影的变量发送给 CGI 脚本进行处理。

4）将一组变量加载到时间轴上，使时间轴按照这些变量的结果执行指定的操作。

loadMovie 命令的格式为 loadMovie（url,目标,方法），其参数的含义如下：

url：指定需要加载的文件的路径。

目标：指定要替代的当前电影的影片剪辑的名称。

方法：用来设置是否传送变量。

选择 全局函数 → 浏览器/网络 → loadMovie 命令，即可添加该命令，如图 7.3.6 所示。

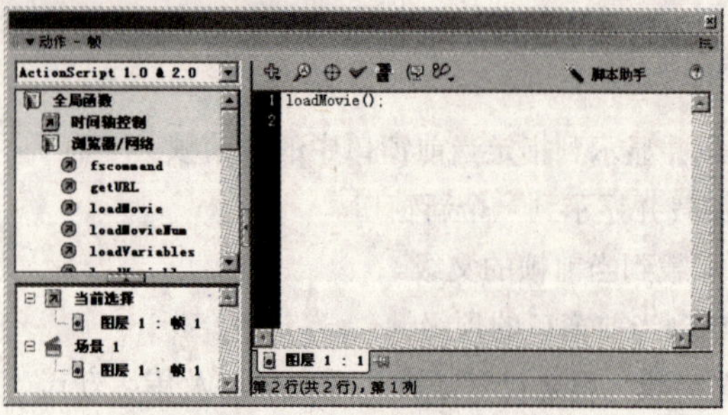

图 7.3.6　添加“loadMovie”命令

（2）unloadMovie 命令。unloadMovie 命令用来卸载外部电影，其格式是 unloaded(目标)。选择 全局函数 → 浏览器/网络 → unloadMovie 命令即可。

7.3.8　tellTarget 命令

tellTarget 命令的主要作用是通知目标对象进行相应的动作。其命令格式为 tellTarget(目标)。选择 否决的 → 动作 → tellTarget 命令，即可添加该命令。如图 7.3.7 所示为通知时间轴上的 table 影片剪辑跳转到第 2 帧开始播放。

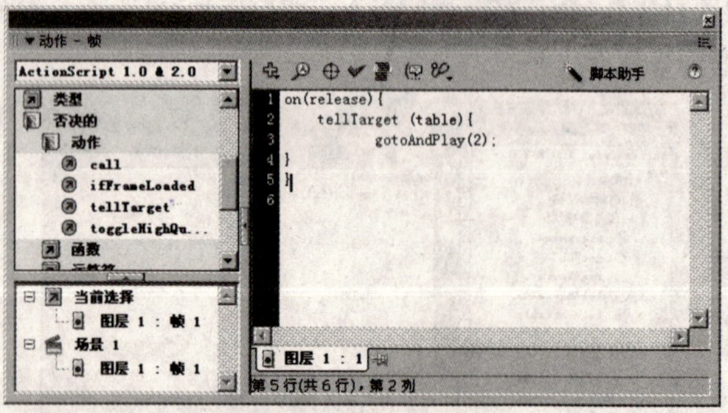

图 7.3.7　添加“tellTarget”命令

7.3.9　on 命令

on 命令是一个按钮事件命令，其语法格式如下：

```
on(mouseEvent:Object){
}
```

其中的 mouseEvent 是一个事件触发器，其含义是鼠标或键盘的动作。当事件发生时，会执行后面的{}中的语句。用户可以为 mouseEvent 指定下面的值：

press：当鼠标指针移动到按钮上，并单击按钮时触发此事件。

release：当鼠标指针移动到按钮上单击后释放鼠标时触发此事件。

rollOut：当鼠标指针移出按钮区域时触发此事件。

rollOver：当鼠标指针移动到按钮的可单击区域时触发此事件。

dragOver：当鼠标指针从按钮上拖过时触发此事件。

7.3.10　setProperty 命令

setProperty 命令为对象属性设置命令，主要用来设置指定对象的各种属性值。其命令格式为 setProperty(目标,属性,值)。其中各项参数的含义如下：

（1）目标。指定对象的名称。

（2）属性。要设定的属性类型。

1）_alpha：设置对象的透明度。

2）_height：设置对象的高度。

3）_highquality：设置对象播放时的画面质量。

4）_name：设置对象的名称。

5）_rotation：设置对象的旋转角度。

6）_soundbuftime：设置声音在开始播放前的下载时间。

7）_visible：设置影片的可见性。

8）_x：设置对象的 x 轴的坐标。

9）_y：设置对象的 y 轴的坐标。

10）_xscale：设置对象在 x 轴方向上的缩放比。

11）_yscale：设置对象在 y 轴方向上的缩放比。

（3）值。设置相应属性的值。

选择 全局函数 → 影片剪辑控制 → setProperty 命令，即可添加该命令，如图 7.3.8 所示为一个名为“moon”的影片剪辑对象设置透明度为 50%。

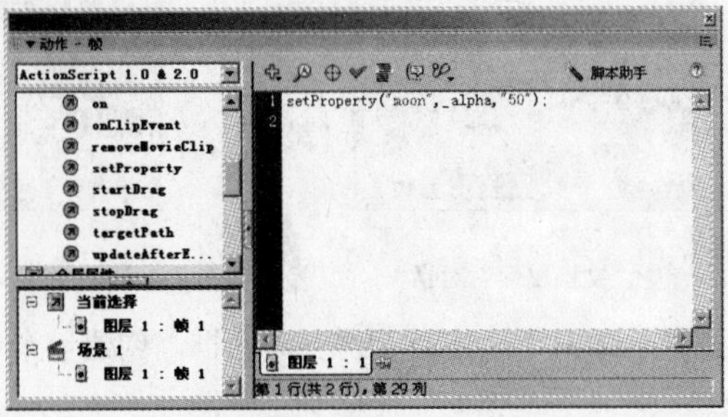

图 7.3.8　添加 setProperty 命令

7.3.11　set variable 命令

set variable 命令主要用于设置对象变量，它首先声明一个变量，然后为其赋值。其命令格式为 set(名称,值)。其参数的含义如下：

名称：要声明变量的名称。

值：赋给所声明的变量的具体数值。

选择 语句 → 变量 → set variable 命令即可添加该命令，如图 7.3.9 所示为向变量“ab”赋值，该值是一个名为“dog”的影片剪辑对象的 x 轴坐标值。

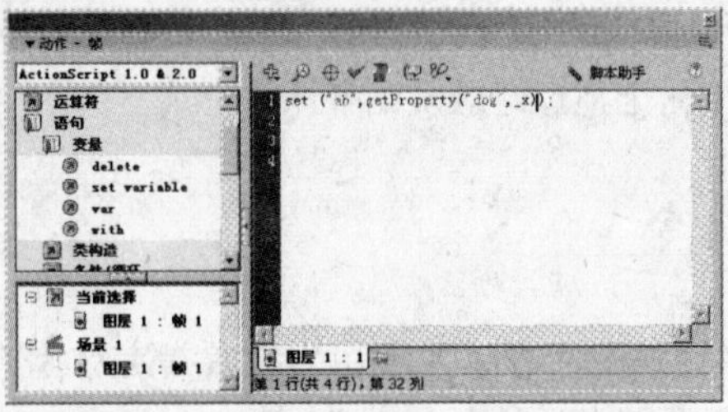

图 7.3.9　添加 set variable 命令

7.4　典型实例——图片浏览器

本节将制作一个利用按钮来切换画面的动画，动画的整个过程为：当动画播放时，画面中首先出现一幅图片和一个按钮，当单击该按钮时显示第二幅图片。继续单击按钮，显示第三幅图片。再次单击按钮时，返回到第一幅图片，如此不断地重复。

（1）选择 文件(F) → 新建(N)... Ctrl+N 命令，弹出“新建文档”对话框，选择“常规”选项卡中的 Flash 文件(ActionScript 3.0) 选项，单击 确定 按钮，新建一个文档。

（2）选择 修改(M) → 文档(D)... Ctrl+J 命令，弹出“文档属性”对话框，如图 7.4.1 所示，设置“尺寸”为“500 px×400 px”，“背景颜色”为“#FFCC00”，单击 确定 按钮。

（3）选择 窗口(W) → 公用库(B) → 按钮 命令，打开如图 7.4.2 所示的“按钮库”面板，从该面板中选择一个按钮，然后将其拖动并放置到舞台的右下角，如图 7.4.3 所示。

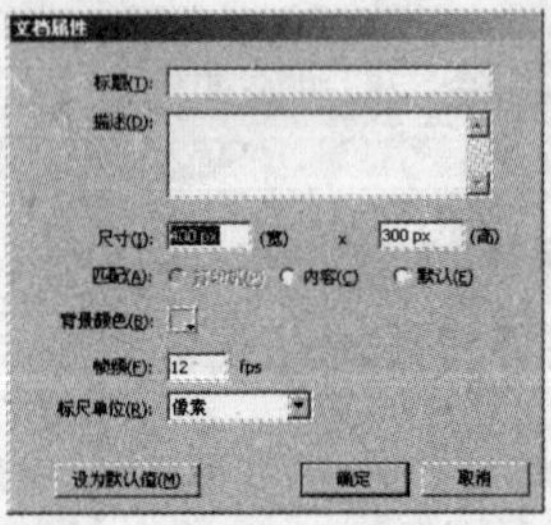

图 7.4.1　“文档属性”对话框

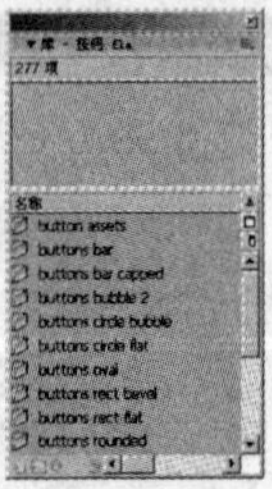

图 7.4.2　“按钮库”面板

（4）按“Ctrl+F8”快捷键，弹出“创建新元件”对话框，创建一个名为“图片”的影片剪辑元件，如图 7.4.4 所示。

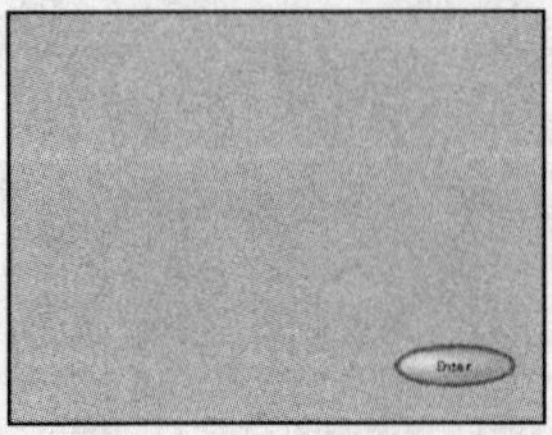

图 7.4.3　拖动按钮到舞台上

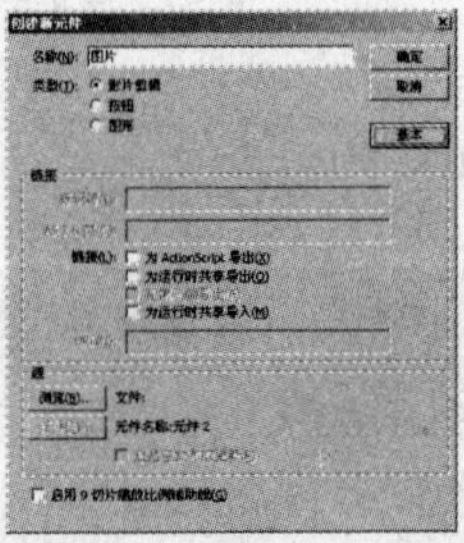

图 7.4.4　“创建新元件”对话框

（5）选择 文件(F) → 导入(I) → 导入到库(L)... 命令，弹出“导入到库”对话框，如图 7.4.5 所示。选择 3 张图片，分别将其导入到“库”面板中。

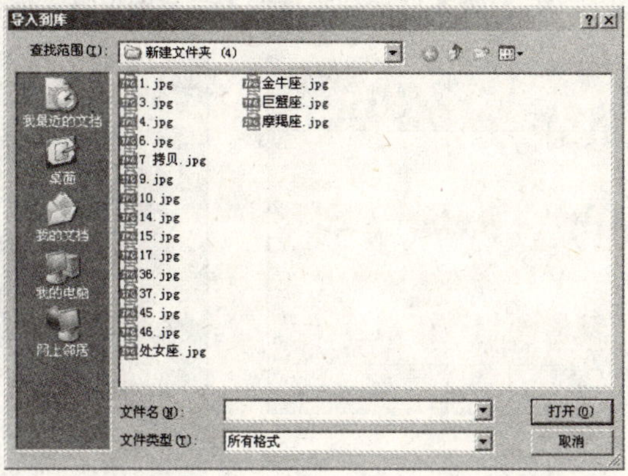

图 7.4.5　“导入到库”对话框

（6）单击影片剪辑元件编辑区的第 1 帧，将图片 1 拖动到舞台上，调整好大小后将其放置到舞台的中心位置，如图 7.4.6 所示。

（7）单击第 2 帧，按“F6”键插入关键帧，将图片 1 删除，并将图片 2 拖动到舞台上，将其调整为图片 1 的大小，并将其放置到舞台的中心，如图 7.4.7 所示。

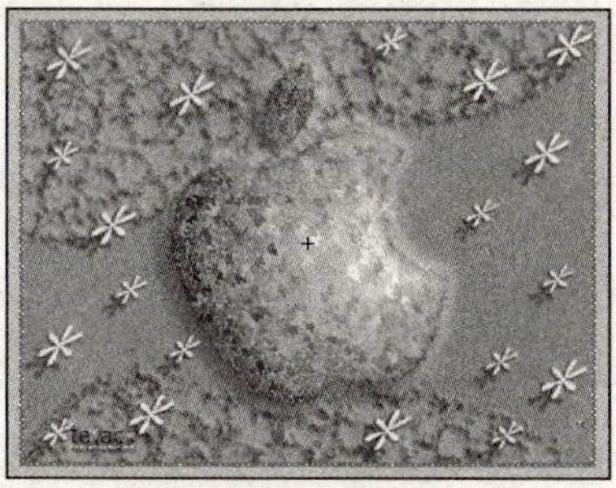

图 7.4.6　第 1 张图片

图 7.4.7　第 2 张图片

（8）继续按照同样的方法导入第 3 张图片，如图 7.4.8 所示。

（9）单击“时间轴”面板的第 1 帧，然后按“F9”键打开“动作”面板，输入 stop()命令，如图 7.4.9 所示。

（10）按照同样的方法分别在第 2 帧和第 3 帧处添加 stop()命令。

（11）用鼠标右键单击“时间轴”面板上的第 4 帧，在弹出的快捷菜单中选择 插入空白关键帧 命令。然后为其添加 gotoAndPlay(1)命令，如图 7.4.10 所示。

图 7.4.8　第 3 张图片

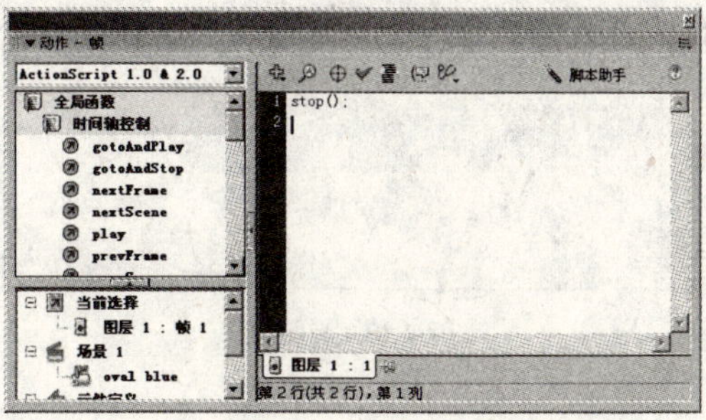

图 7.4.9　第 1 帧动作语句

（12）按“Ctrl+E”快捷键返回到主场景。

（13）单击“时间轴”面板上的“插入图层”按钮，插入一个新图层。

（14）将“库”面板中的影片剪辑元件拖动到舞台上合适的位置，如图 7.4.11 所示。

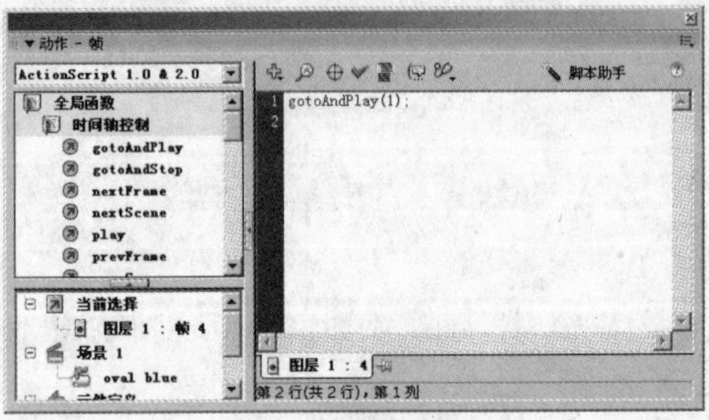

图 7.4.10　第 4 帧的动作语句

图 7.4.11　拖动影片剪辑元件到舞台上

（15）选中影片剪辑实例，在其“属性”面板中将其命名为“picture”，如图 7.4.12 所示。

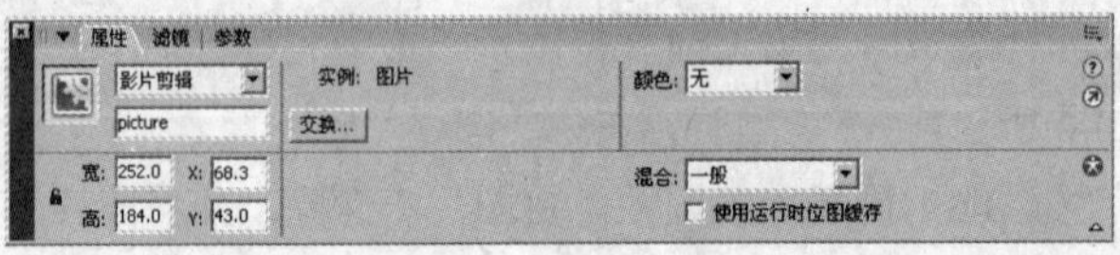

图 7.4.12　“属性”面板

（16）选中舞台上的按钮实例，在“动作”面板中添加以下代码：

```
on(press){
tellTarget(picture){
nextFrame();
}
}
```

此段代码的作用是当单击按钮时，影片剪辑实例播放下一帧内容。

（17）至此，该动画就制作完成了，按“Ctrl+Enter”快捷键进行测试，效果如图 7.4.13 所示。当单击按钮后会切换到下一幅画面，如图 7.4.14 所示。再次单击，切换到第 3 幅画面。当继续单击时返回到第 1 幅画面，如此重复。

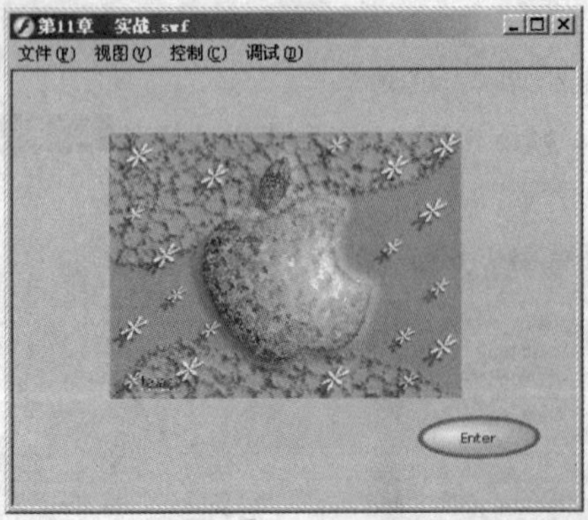

图 7.4.13　画面 1

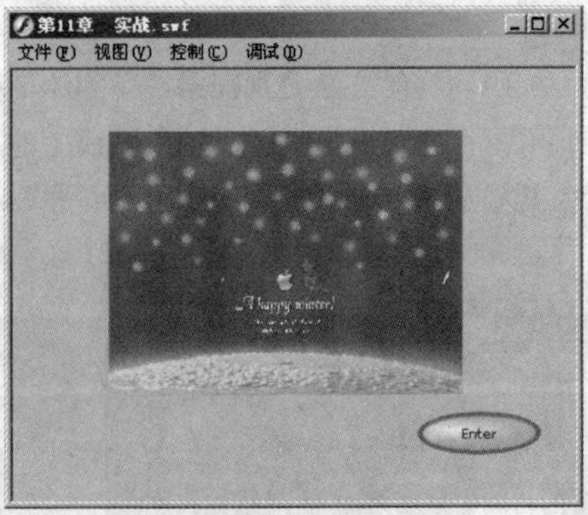

图 7.4.14　画面 2

小　结

本章主要介绍了 Flash 中的编程语言 ActionScript 的一些知识，包括 ActionScript 基础、ActionScript 语法规则、常用命令等。通过本章的学习，读者应该对 Flash 中的动作脚本语言有比较全面的了解，并能够使用其中的一些简单命令制作动画。

过关练习七

一、基础题

1．ActionScript 中文直译为“__________”。

2．__________是 ActionScript 脚本语言的灵魂和编程的核心，用于控制在动画播放过程中相应的程序流程和播放状态。

3．命名标识符需要遵循一定的命名规则，即：作为名字的第一个字符必须是__________、下划线或美元符号三者中的一个，第二个字符以后必须是字母、数字、下划线或美元符号。

4．在 ActionScript 中，只有__________是区分大小写的，对于其他的 ActionScript 代码，可以使用小写也可以使用大写。

5．字符串是由__________、数字、标点等组成的字符序列，在 ActionScript 中，应用字符串时要将其放在单引号或双引号中。

6．在 ActionScript 中可以被应用并用作各种操作的数据有多种类型，（　）等都可以作为 ActionScript 的数据类型。

A．String（字符串）　　　B．Number（数字）

C．true 或 false（布尔运算值）　　　D．Falsh CS3 中的各种对象及电影片段

7．可以添加 ActionScript 的地方有（　）。

A．帧　　　B．按钮

C．片段（Movie Clip）　　　D．时间轴面板

二、上机操作题

制作一个可以通过单击按钮来控制动画和声音播放与停止的动画，如题图 7.1 所示。

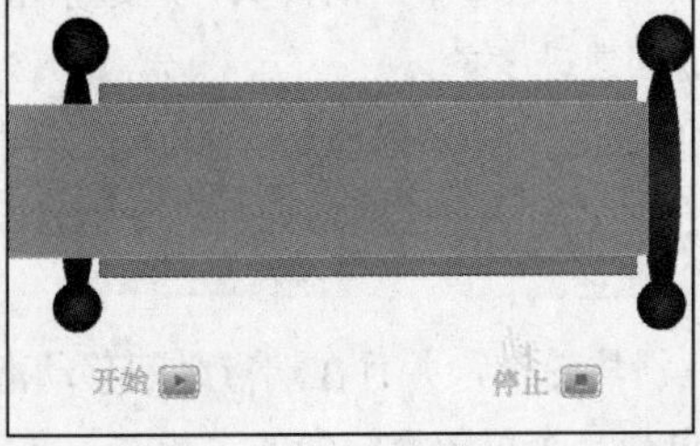

题图 7.1　控制播放动画

第8章　组　件

组件是供用户在动画中重复使用的复杂元素，它实际上也是一段影片剪辑，用户不需要了解或编写动作脚本就可以在动画中直接应用。本章将介绍组件的分类以及常用组件的添加方法。

本章重点

（1）组件概览。

（2）常用组件。

（3）添加组件。

（4）处理编译剪辑元件。

8.1　组件概览

组件是带有参数的影片剪辑，用户可以通过设置参数修改其外观和行为。在 Flash CS3 中，组件分为用户界面组件和视频播放组件两种类型。

8.1.1　用户界面组件

利用用户界面组件，用户可以与应用程序进行交互操作。用户界面组件包括以下 17 种：

（1）Button 组件：用于创建按钮。

（2）CheckBox 组件：用于创建复选框。

（3）ColorPicker 组件：用于显示包含一个或多个样本的列表，用户可以从中选择颜色。

（4）ComboBox 组件：用于创建下拉菜单。

（5）DataGrid 组件：用于显示载入到组件中的数据。

（6）Label 组件：用于创建一个不可编辑的单行文本字段。

（7）List 组件：用于创建下拉列表。

（8）NumericStepper 组件：用于创建可单击的箭头，通过单击可增加或减少数值。

（9）ProgressBar 组件：用于创建进度条。

（10）RadioButton 组件：用于创建一组单选按钮。

（11）ScrollPane 组件：用于创建滚动窗格，从而在一个可滚动区域中显示影片剪辑、JPEG 图像或动画。

（12）Slider 组件：用于创建滑块轨道，并且在端点之间移动滑块来选择值。

（13）TextArea 组件：用于创建一个可随意编辑的多行文本字段。

（14）TextInput 组件：用于创建一个可随意编辑的单行文本字段。

（15）TileList 组件：用于创建呈行和列分布的网格，通常用来以“平铺”格式设置并显示图像。

（16）UILoader 组件：用于在固定窗口加载内容。

（17）UIScrollBar 组件：用于创建滚动条。

8.1.2　视频组件

利用媒体组件，用户可以在应用程序中控制和显示媒体流。媒体组件包括以下 14 种：

（1）FLVp 组件：用于创建一个 Flash 播放器。

（2）FLVPlaybackCaptioning 组件：用于添加字幕。

（3）BackButton 组件：用于在 Flash 播放中创建一个“上一个视频”按钮。

（4）BufferingBar 组件：用于创建一个缓冲条。

（5）CaptionButton 组件：用于控制添加字幕组件。

（6）ForwardButton 组件：用于创建一个“下一个视频”按钮。

（7）FullScreenButton 组件：用于创建一个全屏幕按钮。

（8）MuteButton 组件：用于创建一个静音按钮。

（9）PauseButton 组件：用于创建一个暂停按钮。

（10）PlayButton 组件：用于创建一个开始播放按钮。

（11）PlayPauseButton 组件：用于创建一个开始暂停按钮。

（12）SeekBar 组件：用于创建一个进度条。

（13）StopButton 组件：用于创建一个暂停按钮。

（14）VloumeBar 组件：用于创建一个音量控制按钮。

8.2　添加组件

在 Flash CS3 中，通常使用组件面板和库面板来添加组件，下面分别对其做简单介绍。

8.2.1　使用组件面板添加组件

所有的组件都放在组件面板中，可以选择 窗口(W) → 组件(X) Ctrl+F7 命令或者按“Ctrl+F7”快捷键打开组件面板（见图 8.2.1），然后直接从组件面板中拖动组件到工作区中或者在组件面板中用鼠标双击组件进行添加。

8.2.2　使用库面板添加组件

当用户将组件添加到 Flash 文档中以后，该组件将在库面板中显示为编译剪辑元件（见图 8.2.2），用户可以从库面板中拖动其到工作区中，以创建该组件的若干实例。

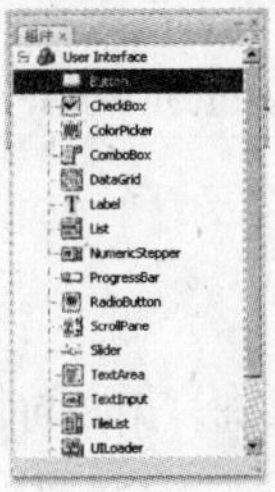

图 8.2.1　组件面板

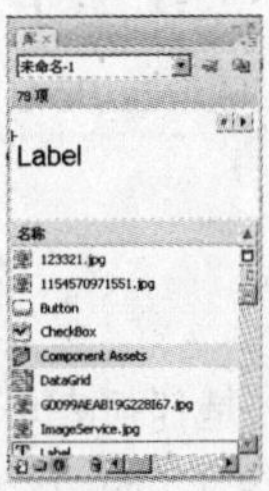

图 8.2.2　库面板

8.2.3 设置组件参数

用户可以通过两种方式来设置组件参数：

（1）选择 窗口(W) → 组件(X) Ctrl+F7 命令或者按“Ctrl+F7”快捷键打开组件面板（见图 8.2.3），双击选择组件，然后在“组件属性”面板的参数项设置属性的各个参数，如图 8.2.4 所示。

（2）选择 窗口(W) → 组件(X) Ctrl+F7 命令或者按“Ctrl+F7”快捷键打开组件面板，双击选择组件，然后选择 窗口(W) → 组件检查器(R) Shift+F7 命令或者按“Shift+F7”快捷键打开组件检查器面板来设置属性的各个参数，如图 8.2.5 所示。

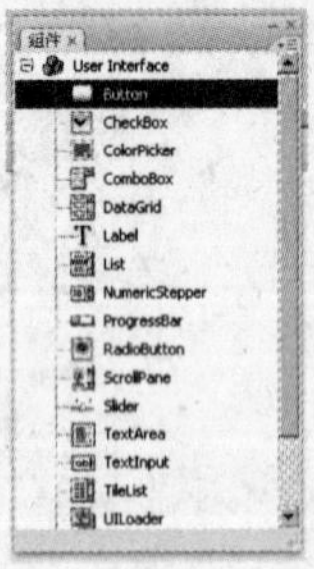

图 8.2.3 “组件”面板

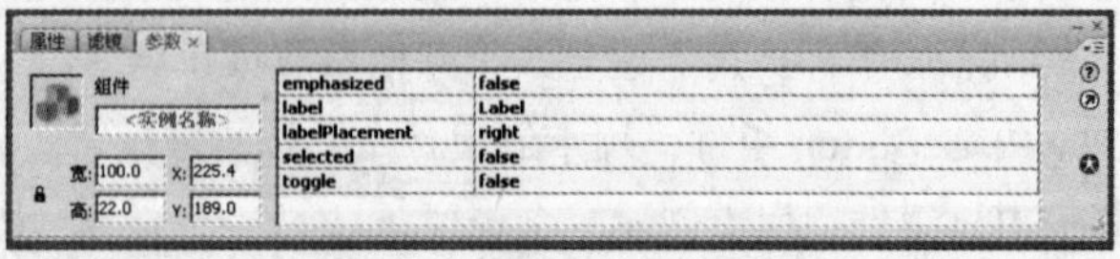

图 8.2.4 “组件属性”面板

图 8.2.5 “组件检查器”面板

8.3 常用组件

下面对 Button，CheckBox，ComboBox，List，RadioButton 和 ScrollPane 常用组件进行详细介绍。

8.3.1 Button 组件

Button 组件用于创建按钮，是任何表单或 Web 的基础。用户可以通过属性面板或组件检查器面板设置其参数，如图 8.3.1 和图 8.3.2 所示。

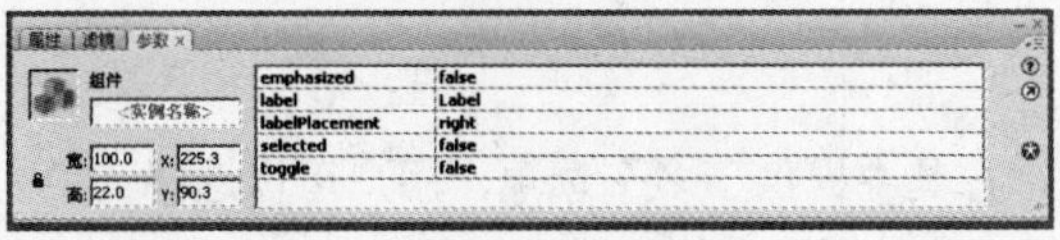

图 8.3.1　Button 组件的属性面板

图 8.3.2　Button 组件的组件检查器面板

对其组件检查器面板中的重要参数说明如下：

（1）emphasized：获取或设置一个布尔值，指示当按钮处于弹起状态时，Button 组件周围是否绘有边框。

（2）enabled：获取或设置一个值，指示组件能否接受用户输入。可以选中（true）按钮或取消选中（false），默认是 false。

（3）label：获取或设置一个值，指示组件能否接受用户输入。

（4）labelPlacement：确定按钮上的标签文本相对于图标的方向，该参数可以是 left，right，top 或 bottom，默认值是 right。

（5）selected：如果切换参数的值是 true，则该参数指定是按下（true）按钮还是释放（false）按钮，默认值为 false。

（6）toggle：将按钮转变为切换开关。如果值为 true，则按钮在按下后保持按下状态，直到再次按下时才返回到弹起状态，默认值为 false。

（7）visible：获取一个值，显示按钮是否可见，可以选中（true）按钮或取消选中（false），默认是 true。

8.3.2　CheckBox 组件

CheckBox 组件用于创建复选框。每当需要收集一组非相互排斥的 true 或 false 值时，都可以使用复选框。用户可以通过属性面板或组件检查器面板设置其参数，如图 8.3.3 和图 8.3.4 所示。

图 8.3.3　CheckBox 组件的属性面板

图 8.3.4　CheckBox 组件的组件检查器面板

对其属性面板中的重要参数说明如下：

（1）label：设置复选框上的文本值，默认值为 defaultValue。

（2）labelPlacement：确定复选框上的标签文本相对于图标的方向，该参数可以是 left，right，top 或 bottom，默认值是 right。

（3）selected：将复选框的初始值设置为选中（true）或取消选中（false）状态。

8.3.3 ComboBox 组件

ComboBox 组件用于创建下拉菜单，在其中提供了多个选项，用户可以选择其中的一个或者多个。用户可以通过属性面板或组件检查器面板设置其参数，如图 8.3.5 和图 8.3.6 所示。

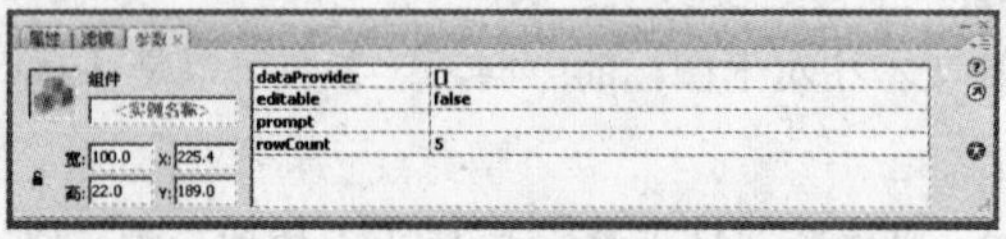

图 8.3.5 ComboBox 组件的属性面板

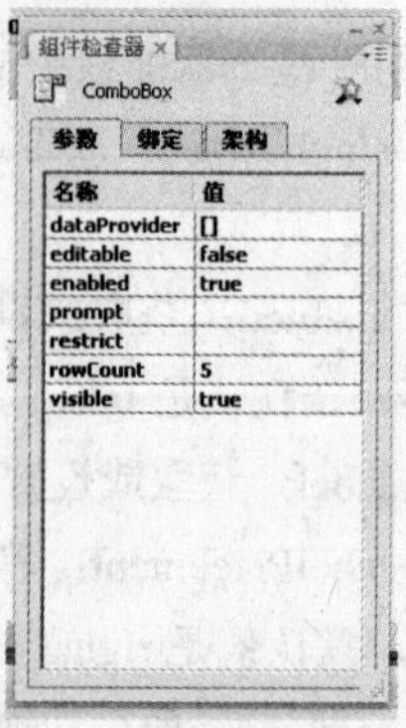

图 8.3.6 ComboBox 组件的组件检查器面板

对其属性面板中的重要参数说明如下：

（1）dataprovider：获取或设置要查看的项目列表的数据模型。

（2）editable：确定 ComboBox 组件是可编辑的。可以选中（true）按钮或取消选中（false），默认是 false。

（3）prompt：获取或设置对 ComboBox 组件的提示。

（4）rowCount：设置在不使用滚动条的情况下一次最多可以显示的项目数，默认值为 5。

8.3.4 List 组件

List 组件用于创建下拉列表，在其中可以显示图形，也可以包含其他组件。用户可以通过属性面板或组件检查器面板设置其参数，如图 8.3.7 和图 8.3.8 所示。

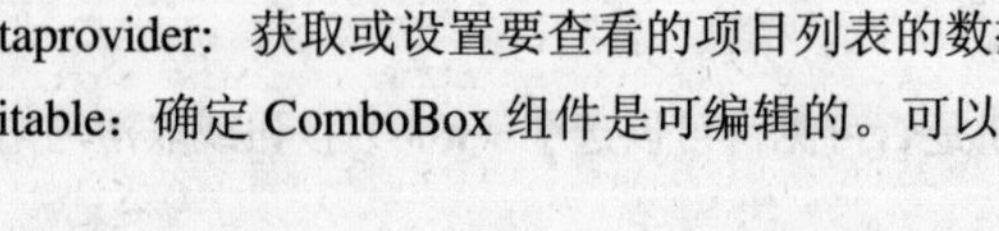

图 8.3.7 List 组件的属性面板

图 8.3.8 List 组件的组件检查器面板

对其组件检查器面板中的重要参数说明如下：

（1）dataprovider：获取或设置要查看的项目列表的数据模型，默认值为[ ]，即为空数组。

（2）horizontalLineScrollSize：获取或设置一个值，该值描述当单击滚动箭头时要在水平方向上滚动的内容量，默认值是 4。

（3）horizontalPageScrollSize：获取或设置按滚动条轨道时水平滚动条上滚动滑块移动的像素数，默认值是 0。

（4）horizontalScrollBar：获取对水平滚动条的引用。有打开（off），关闭（on）和自动（auto），默认是 auto。

（5）verticalLineScrollSize：获取或设置一个值，该值描述当单击滚动箭头时要在垂直方向上滚动多少像素，默认值是 4。

（6）verticalPageScrollSize：获取或设置按滚动条轨道时垂直滚动条上滚动滑块要移动的像素数，默认值是 0。

（7）verticalScrollBar：获取对垂直滚动条的引用。有打开（off），关闭（on）和自动（auto），默认是 auto。

8.3.5　RadioButton 组件

RadioButton 组件用于创建一组单选按钮，即在任何时候都只能有一个组成员被选中。用户可以通过属性面板或组件检查器面板设置其参数，如图 8.3.9 和图 8.3.10 所示。

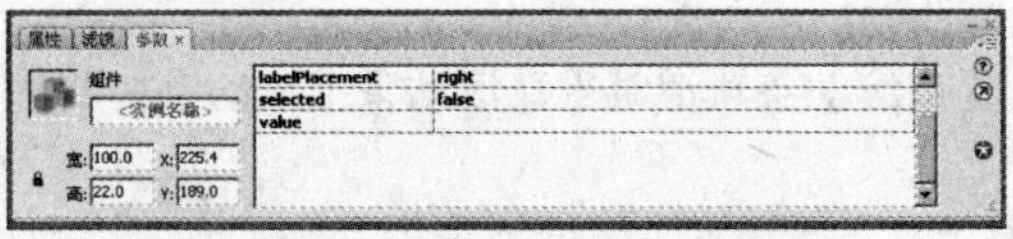

图 8.3.9　RadioButton 组件的属性面板

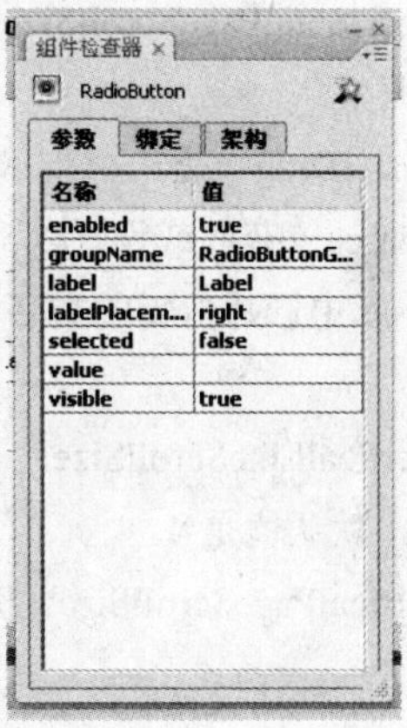

图 8.3.10　RadioButton 组件的组件检查器面板

对其组件检查器面板中的重要参数说明如下：

（1）groupName：是单选按钮的组名称，默认值为 radioGroup。

（2）label：设置按钮上的文本值，默认值为 Radio Button。

（3）labelPlacement：确定按钮上的标签文本相对于图标的方向，该参数可以是 left，right，top 或 bottom，默认值是 right。

（4）selected：设置单选按钮的初始值是否被选中。被选中的单选按钮会显示一个圆点。一个组内只有一个单选按钮可以有被选中的值（true）；如果组内有多个单选按钮被设置为 true，则会选中最后的单选按钮，默认值为 false。

（5）value：与单选按钮关联的用户定义值。

8.3.6 ScrollPane 组件

ScrollPane 组件用于创建滚动窗格，从而在一个可滚动区域中显示影片剪辑、JPEG 图像或动画。用户可以通过属性面板或组件检查器面板设置其参数，如图 8.3.11 和图 8.3.12 所示。

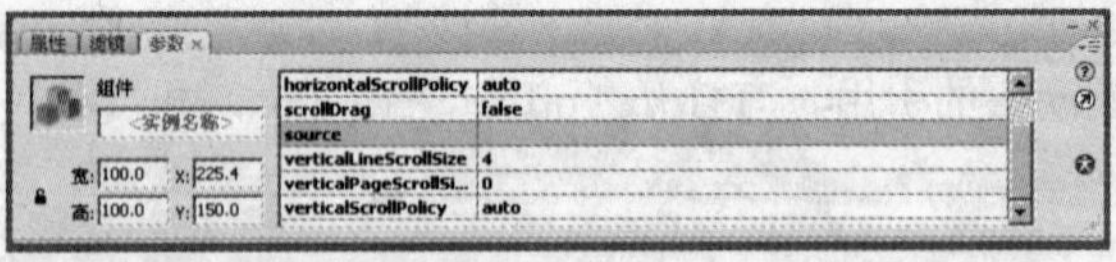

图 8.3.11 ScrollPane 组件的属性面板

图 8.3.12 ScrollPane 组件的组件检查器面板

对其组件检查器面板中的重要参数说明如下：

（1）horizontalLineScrollSize：获取或设置一个值，该值描述当单击滚动箭头时要在水平方向上滚动的内容量，默认值是 4。

（2）horizontalPageScrollSize：获取或设置按滚动条轨道时水平滚动条上滚动滑块要移动的像素数，默认值是 0。

（3）scrollDrag：是一个布尔值，它决定用户是否在滚动窗格中滚动内容，默认值为 false。

（4）source：获取或设置以下内容：绝对或相对 URL（该 URL 标识要加载的 SWF 或图像文件的位置），库中影片剪辑的类名称，对显示对象的引用或者与组件位于同一层上的影片剪辑的实例名称。

（5）verticalLineScrollSize：获取或设置一个值，该值描述当单击滚动箭头时要在垂直方向上滚动多少像素，默认值是 4。

（6）verticalPageScrollSize：获取或设置按滚动条轨道时垂直滚动条上滚动滑块要移动的像素数，默认值是 0。

8.4 处理编译剪辑元件

编译剪辑元件与常规影片剪辑元件相比，其显示和发布的速度更快，用户可以将常规影片剪辑元件转换为编译剪辑元件或者导出为 SWC 文件。

8.4.1 将常规影片剪辑转换为编译剪辑

选中库面板中的影片剪辑，单击鼠标右键，在弹出的快捷菜单中选择 转换为编译剪辑 命令，可将常规影片剪辑元件转换为编译剪辑元件，如图 8.4.1 所示。

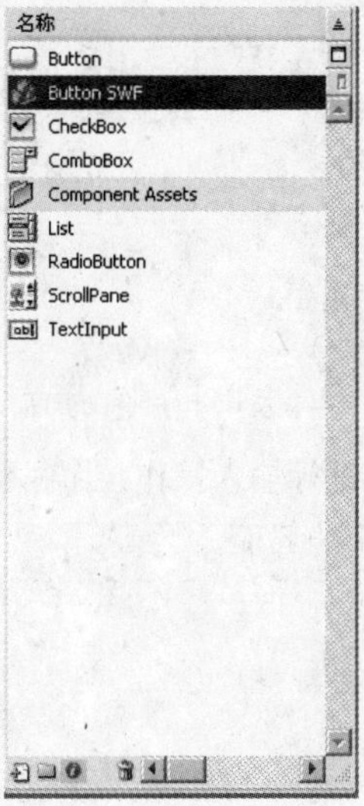

图 8.4.1 转换为编译剪辑元件

8.4.2 导出 SWC 文件

选中库面板中的影片剪辑，单击鼠标右键，在弹出的快捷菜单中选择 导出 SWC 文件... 命令，弹出如图 8.4.2 所示的“导出文件”对话框，在“文件名”下拉列表中为文件命名，然后单击 保存(S) 按钮进行保存。

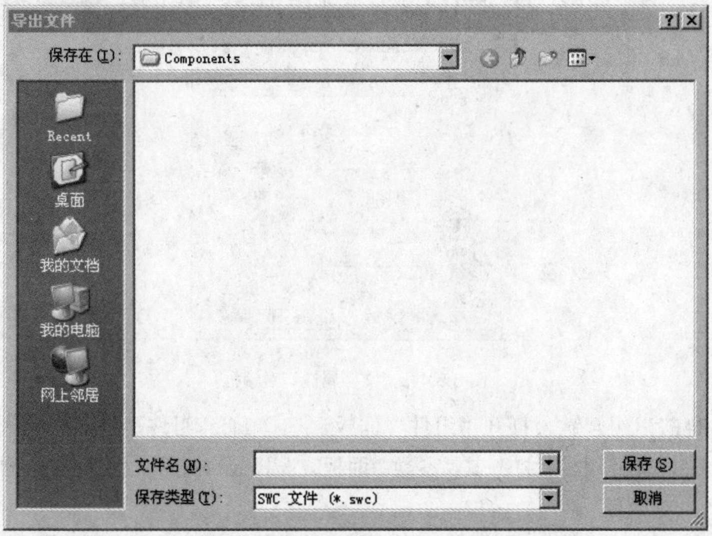

图 8.4.2 “导出文件”对话框

8.5 典型实例——登录界面

下面制作“登录界面”，以巩固本章所学内容，最终效果如图 8.5.1 所示。

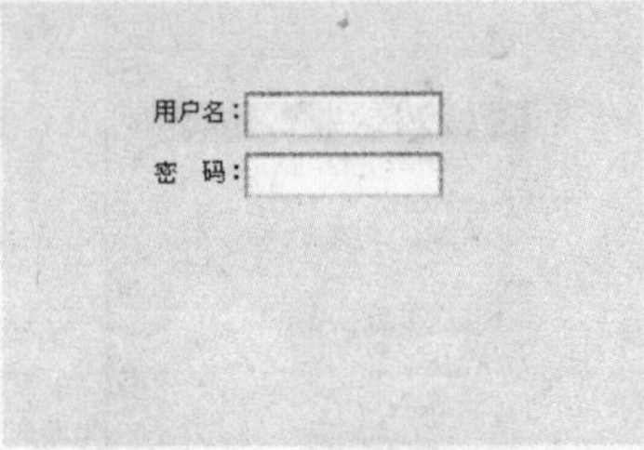

图 8.5.1　用户登录界面

用户需要在用户名和密码文本框中进行输入操作，当输入结果正确时，按回车键后打开如图 8.5.2 所示的界面。否则，打开如图 8.5.3 所示的界面。

图 8.5.2　密码正确时的界面

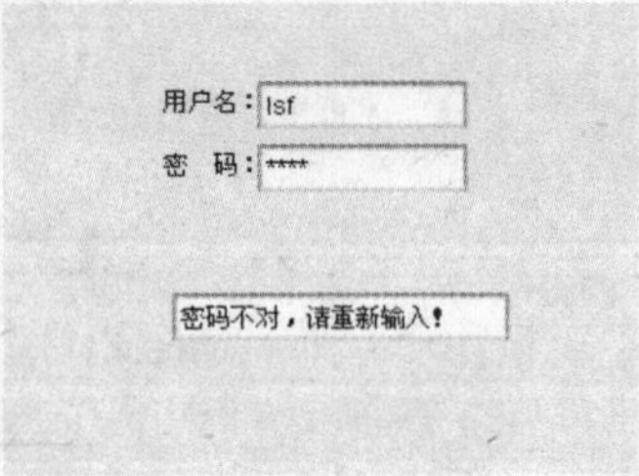

图 8.5.3　密码错误时的界面

（1）选择 文件(F) → 新建(N)... Ctrl+N 命令，弹出“新建文档”对话框，选择“常规”选项卡中的 Flash 文件(ActionScript 2.0) 选项，单击 确定 按钮，新建一个文档。

（2）选择 修改(M) → 文档(D)... Ctrl+J 命令，弹出“文档属性”对话框，设置“尺寸”为“500 px×400 px”，“背景颜色”为“#FFCC00”，（见图 8.5.4），单击 确定 按钮，

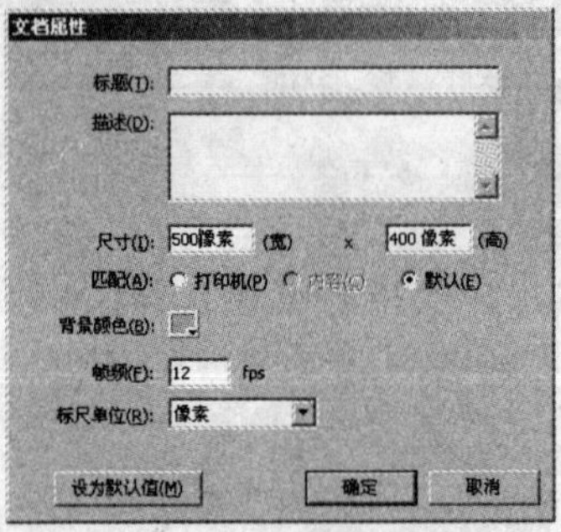

图 8.5.4　“文档属性”对话框

（3）按“Ctrl+F7”组合键，打开“组件”面板，选择 label 组件，将其拖动到舞台上两次。

（4）选中上面的 label 组件，打开其“参数”面板。选择 text 选项，在其文本框中输入“用户名”，如图 8.5.5 所示。

图 8.5.5　“参数”面板

（5）按照同样的方法，设置第二个 Label 组件，这时的“参数”面板如图 8.5.6 所示。设置完成后如图 8.5.7 所示。

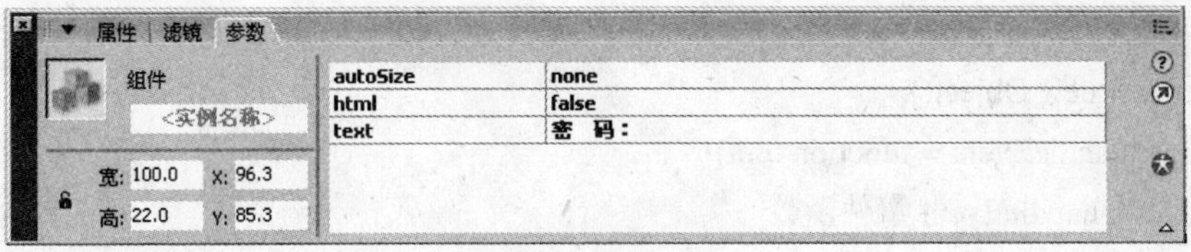

图 8.5.6　“参数”面板

（6）将“组件”面板中的 textInput 组件拖动到舞台上 3 次，并放置到如图 8.5.8 所示的位置。

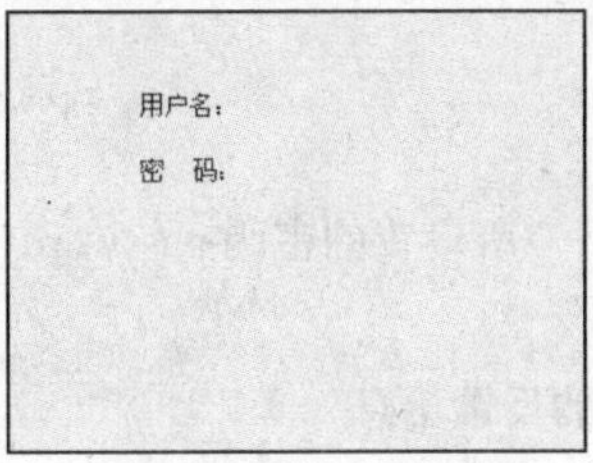

图 8.5.7　两个 label 组件

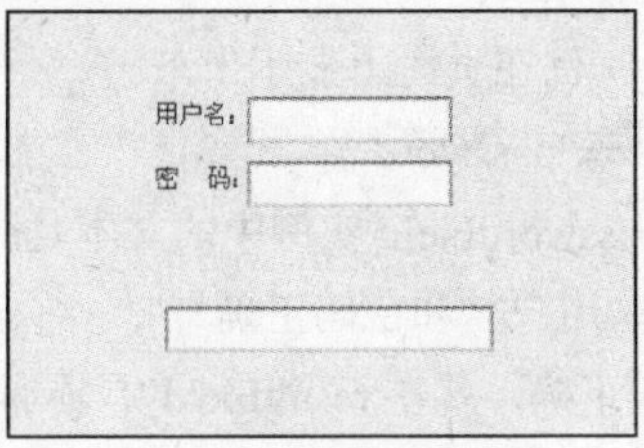

图 8.5.8　添加 3 个 textInput 组件

（7）选中密码后面的 textInput 组件，在其“参数”面板中输入名称“passwordField”。然后单击 password 选项，在其右侧的下拉列表中选择 true，如图 8.5.9 所示。

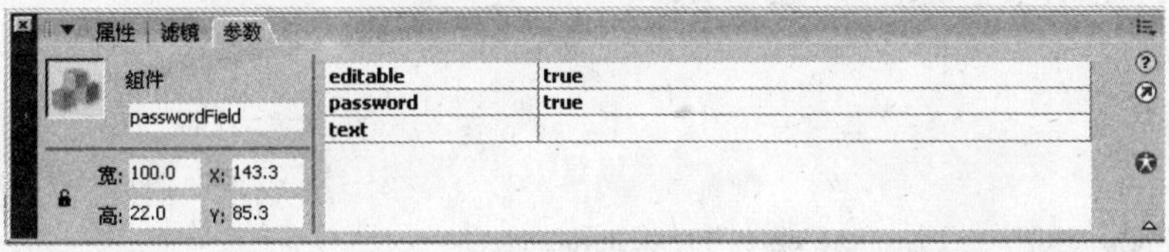

图 8.5.9　设置参数

（8）选中最下面的 textInput 组件，打开其“参数”面板，输入其名称“resultField”，如图 8.5.10 所示。

图 8.5.10　设置参数

（9）按“Alt+F7”组合键，打开“组件检查器”面板，在该面板中选择 visible 选项，在其下拉列表中选择 false，如图 8.5.11 所示，表示开始时该组件不可见。

图 8.5.11　“组件检查器”面板

（10）单击“时间轴”面板的第 1 帧，按“F9”键打开“动作”面板，然后在其中输入以下代码：

```
textListener = new Object();
textListener.handleEvent = function (ent){
//定义对象的 handleEvent 事件函数
if (ent.type == "enter"){
//判断事件类型是不是按下 Enter 键
resultField.visible=true;
//让 resultField 实例在页面上显示出来
if(ent.target.text=="password"){
//判断输入到 passwordField 实例中的文本是否是用户所设置的密码 password
resultField.text="用户名和密码正确！";
//如果密码输入正确，就在 resultField 中显示正确的反馈信息
}
else{
//如果密码错误，就在 resultField 实例中显示错误的反馈信息
resultField.text="密码不对，请重新输入！";
}
}
}
passwordField.addEventListener("enter", textListener);
```

（11）至此，该用户登录界面就制作完成了，按“Ctrl+Enter”组合键进行测试即可。

小　结

本章主要介绍了组件的使用，包括组件的类型、组件的添加以及几种常用组件。通过本章的学习，读者应该学会创建简单的组件实例。

过关练习八

一、基础题

1．__________是带有参数的影片剪辑，用户可以通过设置参数修改其外观和行为。

2．__________组件用于创建按钮，是任何表单或 Web 的基础。

3．___________是带有参数的影片剪辑，用户可以通过设置参数来修改它的外观和行为。

4．要向 Flash 文档中添加组件，只要在___________中选中组件，然后将其拖动到舞台上即可。

5．ScrollPane 组件用于创建滚动窗格，使用它可以在一个可滚动区域中显示（　）。

A．影片剪辑　　　　B．JPEG 图像

C．其他组件　　　　D．动画

6．用于打开“组件”面板的快捷键是（　　）。

A．Ctrl+F5　　B．Ctrl+F6

C．Ctrl+F7　　D．Ctrl+L

7．编译剪辑元件与常规影片剪辑元件相比有什么特点？

二、上机操作题

1．制作一个 Button 组件实例。

2．制作一个 RadioButton 组件实例，效果如题图 8.1 所示。

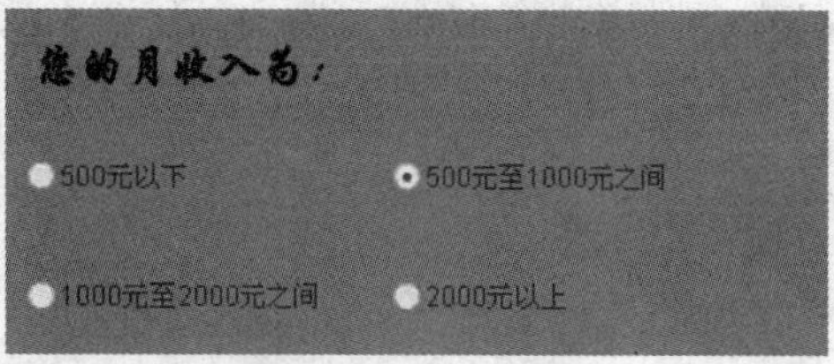

题图 8.1　效果图

3．使用 CheckBox 组件，创建如题图 8.2 所示的效果。

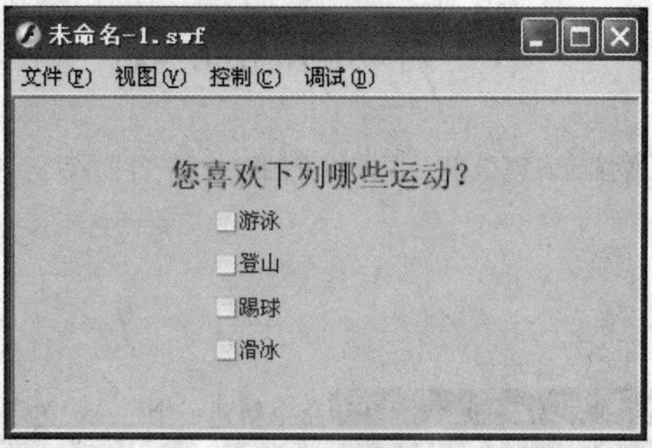

题图 8.2　效果图

第9章　声音与视频

在 Flash CS3 中，用户可以把声音当做一个元件（类似于图形、影片剪辑或按钮元件），从而方便地将它们添加到动画中，或者根据需要随时调用，以增强动画的交互性。本章将介绍如何向 Flash 动画中添加声音或视频。

本章重点

（1）为动画添加声音。

（2）为按钮添加声音。

（3）添加视频。

9.1　为动画添加声音

为动画添加声音可以增强其表现效果，本节将介绍添加声音的方法。

9.1.1　导入声音

导入声音的操作步骤如下：

（1）选择 文件(F) → 新建(N)... Ctrl+N 命令新建一个 Flash 文档。

（2）选择 文件(F) → 导入(I) → 导入到舞台(I)... Ctrl+R 命令，弹出“导入”对话框，如图 9.1.1 所示。

图 9.1.1　“导入”对话框

（3）在该对话框中选择需要的声音文件，单击 打开(O) 按钮，声音文件将以元件的形式显示在库面板中，如图 9.1.2 所示。

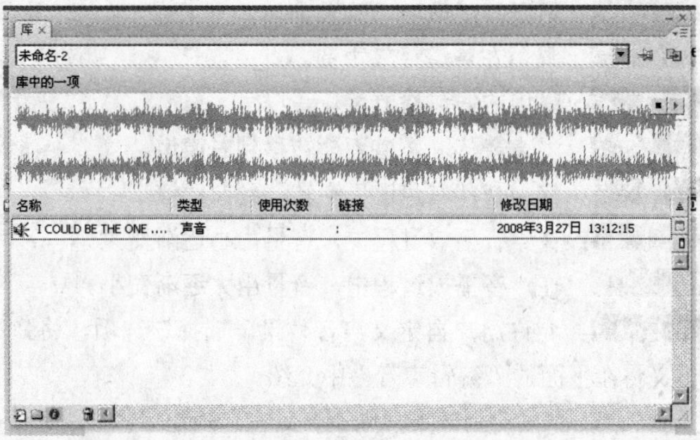

图 9.1.2　库面板中的声音文件

9.1.2　将声音添加到时间轴中

将声音导入到 Flash 后，将声音添加到时间轴中的操作步骤如下：

（1）更改新图层的名称为“声音”。

（2）选中“声音”层的第 1 帧，在属性面板的“声音”下拉列表中选择所导入的声音文件，然后在第 20 帧单击鼠标右键选择插入帧。此时在时间轴中将出现波形，如图 9.1.3 所示。

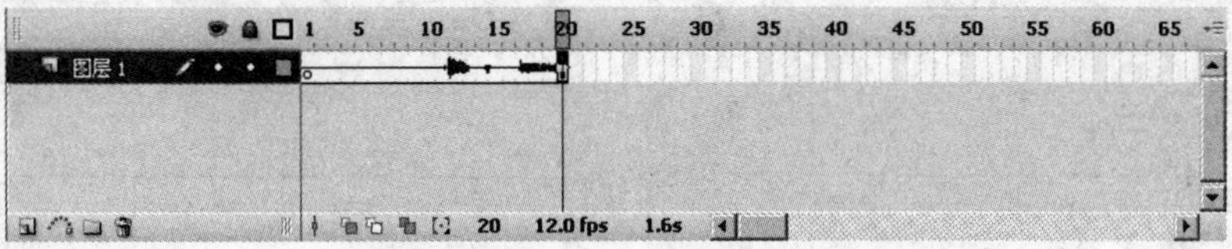

图 9.1.3　选择声音文件

（3）按“Ctrl+Enter”键，测试动画效果，则在播放动画时，同时播放声音。

9.1.3　设置声音效果

在 Flash CS3 中，可以为声音添加左声道、右声道、淡入或淡出等效果，操作步骤如下：

（1）选中“声音”层的任意一帧。

（2）在属性面板的“效果”下拉列表中选择一种声音效果，例如选择 左声道 选项，如图 9.1.4 所示。

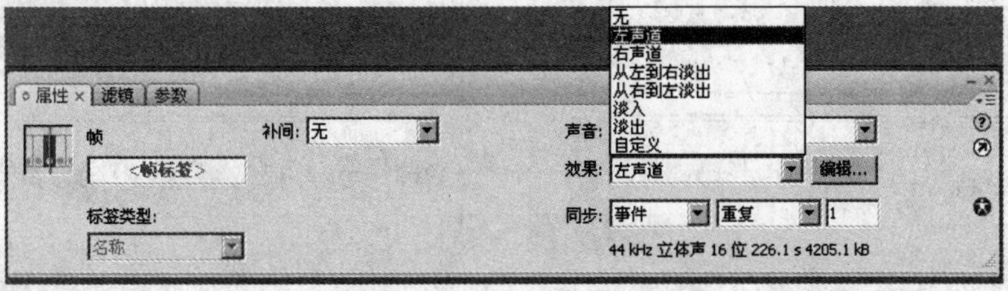

图 9.1.4　选择“左声道”选项

对下拉列表中的各选项说明如下：

无：不添加任何声音效果。

左声道：只用左声道播放声音。

右声道：只用右声道播放声音。

从左到右淡出：将声音从左声道逐渐转移到右声道。

从右到左淡出：将声音从右声道逐渐转移到左声道。

淡入：在声音播放过程中，音量由小逐渐变大。

淡出：在声音播放过程中，音量由大逐渐变小。

自定义：允许用户自定义声音效果。选择该选项，将弹出“编辑封套”对话框，对于其中各项的含义将在下面的“编辑声音”中介绍。

（3）按“Ctrl+Enter”键，测试动画效果，则声音只在左声道中播放。

9.1.4 编辑声音

在 Flash CS3 中，用户可以手工编辑正在使用的声音，操作步骤如下：

（1）选中“声音”层的任意一帧。

（2）单击属性面板中的编辑...按钮，弹出“编辑封套”对话框，如图 9.1.5 所示。

（3）如果要切换时间单位，可以单击“秒”按钮或“帧”按钮，如图 9.1.6 所示。

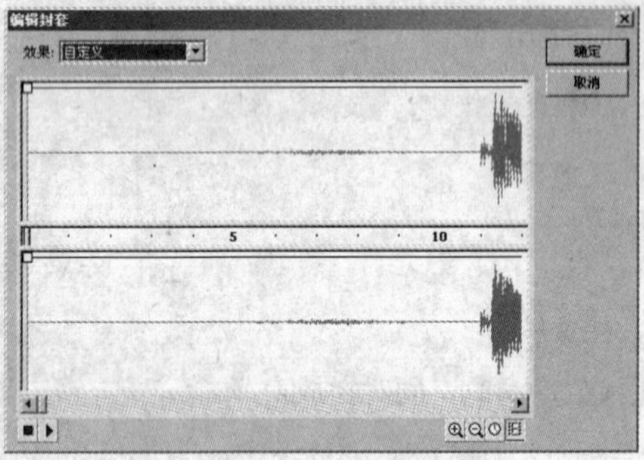

图 9.1.5 “编辑封套”对话框

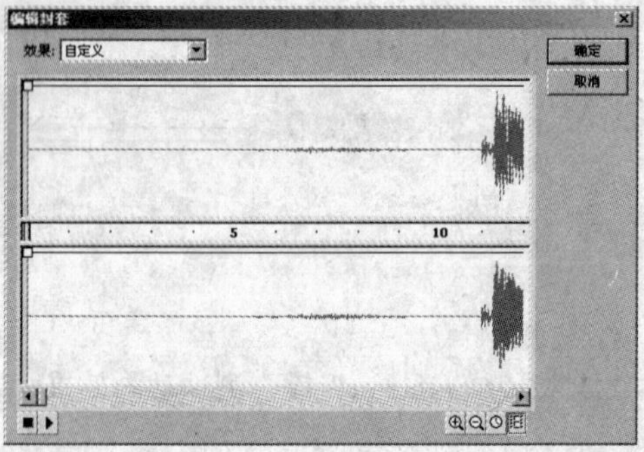

图 9.1.6 时间单位为“帧”时的“编辑封套”对话框

（4）为了方便编辑，单击“放大”按钮或“缩小”按钮，更改波形显示，如图 9.1.7 所示。

（5）如果要缩短声音的长度，可以向右拖动声音开始滑块或者向左拖动声音结束滑块，如图 9.1.8 所示。

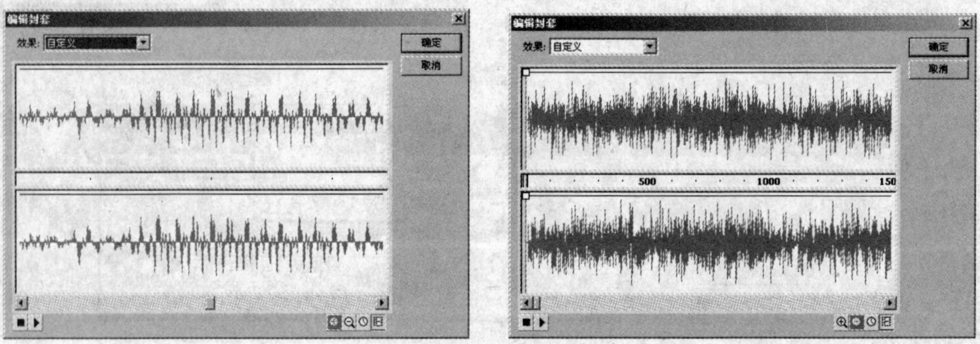

放大显示波形　　　　缩小显示波形

图 9.1.7 更改声音波形的显示

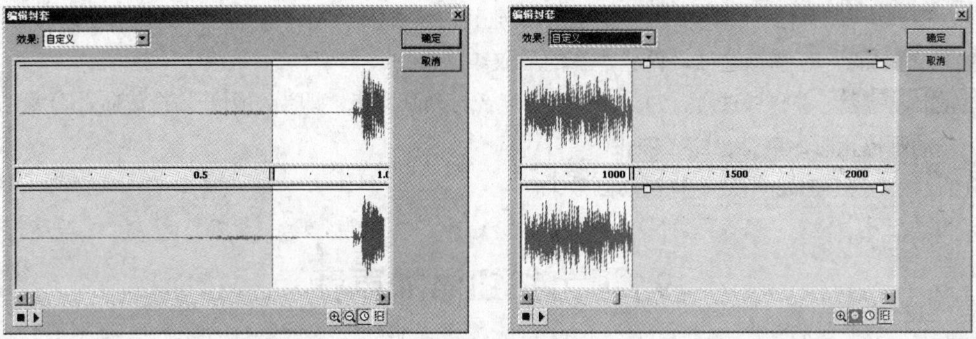

向右拖动声音开始滑块　　向左拖动声音结束滑块

图 9.1.8　缩短声音的长度

（6）如果要调整音量，可以添加控制手柄并将其拖动至适当位置，如图 9.1.9 所示。

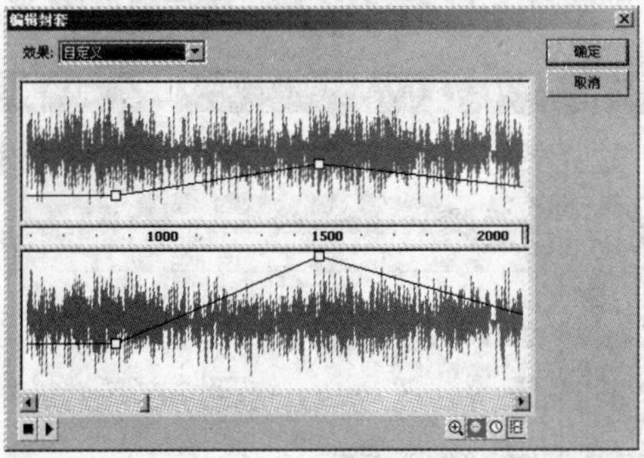

图 9.1.9　调整音量

9.1.5　设置声音的同步方式

为声音设置同步方式的操作步骤如下：

（1）选中“声音”层的任意一帧。

（2）在属性面板的“同步”下拉列表中选择一种适合同步方式，例如选择开始选项，如图 9.1.10 所示。

图 9.1.10　选择“开始”选项

对下拉列表中的各选项说明如下：

事件：选择该选项，使声音与某个事件同步发生。当动画播放到某个关键帧时，附加到该关键帧中的声音开始播放，如果事件声音长于动画，即使动画播放结束，事件声音也会继续播放。事件声音适用于背景音乐等不需要同步的声音。

开始：选择该选项，当动画播放到导入声音的关键帧时，声音开始播放，如果在播放过程中再次遇到声音，将继续播放该声音，而不播放其他声音。

停止：选择该选项，停止声音的播放。

数据流：选择该选项，Flash 将强制声音与动画同步，即当动画开始播放时，声音也随之播放；当动画停止时，声音也随之停止。

（3）按“Ctrl+Enter”键，测试动画效果。

9.2 为按钮添加声音

用户可以为按钮添加声音，从而增强交互性。下面通过一个具体实例来介绍为按钮添加声音的方法，操作步骤如下：

（1）选择 文件(F) → 新建(N)... Ctrl+N 命令，创建一个新的动画文件，其首帧被自动设为关键帧。

（2）选择 文件(F) → 导入(I) → 导入到库(L)... 命令，弹出如图 9.2.1 所示的“导入到库”对话框，选择要导入的声音文件，单击 打开(O) 按钮完成导入。

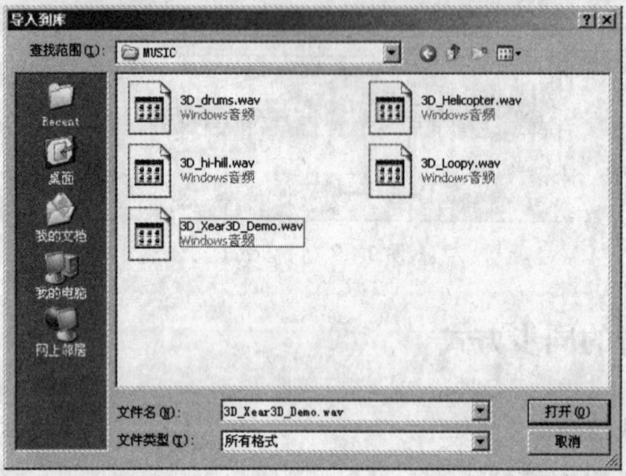

图 9.2.1 “导入到库”对话框

（3）选择 窗口(W) → 公用库(B) → 按钮 命令，打开按钮公用库，从中拖动一个系统预置按钮到工作区中，如图 9.2.2 所示。

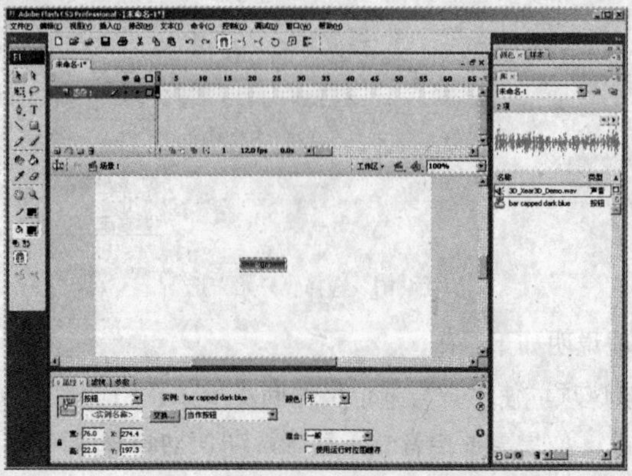

图 9.2.2 拖入按钮

（4）选中工作区中的按钮，双击鼠标左键，进入其编辑窗口，如图 9.2.3 所示。

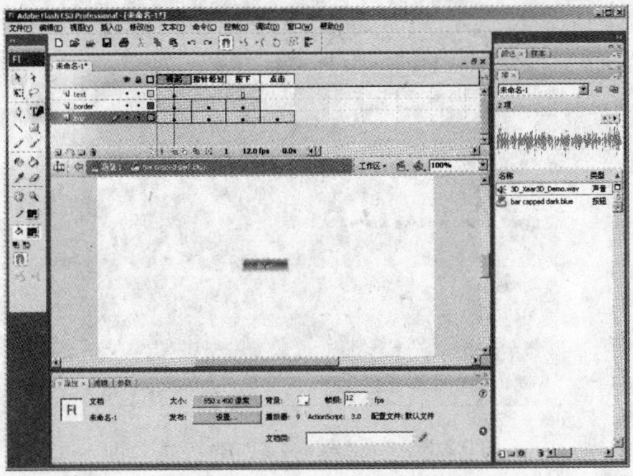

图 9.2.3　进入按钮的编辑窗口

（5）单击时间轴面板中的“插入图层”按钮，插入一个名为“sound”的图层。

（6）选中“sound”层的 按下 帧，单击鼠标右键，在弹出的快捷菜单中选择 插入关键帧 命令插入一个关键帧，并从库面板中拖动声音元件到该关键帧中，如图 9.2.4 所示。

（7）单击 场景 1 图标，返回到主场景。

（8）按“Ctrl+Enter”键，测试动画效果。

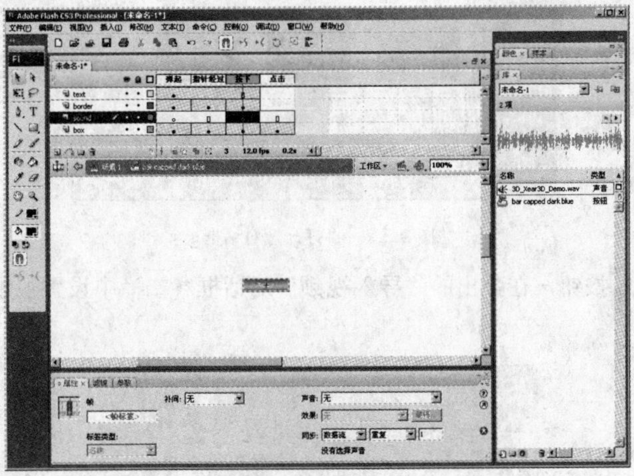

图 9.2.4　拖入声音

9.3　添加视频

Flash CS3 的视频导入功能较 Flash 8 有了很大的改进，它支持更多的视频格式，对导入视频的编辑功能也更加强大，导入视频的操作步骤如下：

（1）选择 文件(F) → 新建(N)... Ctrl+N 命令，创建一个新的动画文件，其首帧被自动设为关键帧。

（2）选择 文件(F) → 导入视频... 命令，弹出“导入视频”对话框（一），如图 9.3.1 所示。

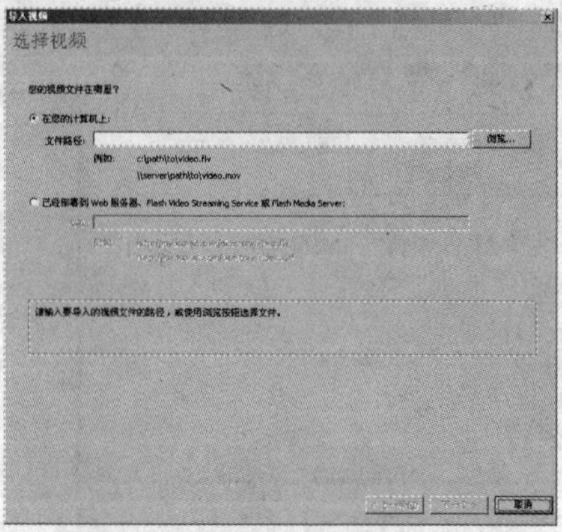

图 9.3.1 “导入视频”对话框（一）

（3）单击 浏览... 按钮，弹出如图 9.3.2 所示的“打开”对话框，选择要导入的视频文件，单击 打开(O) 按钮，返回到“导入视频”对话框（一）。

图 9.3.2 “打开”对话框

（4）单击 下一个 > 按钮，在弹出的“导入视频”对话框（二）中设置视频文件的部署方法，如图 9.3.3 所示。

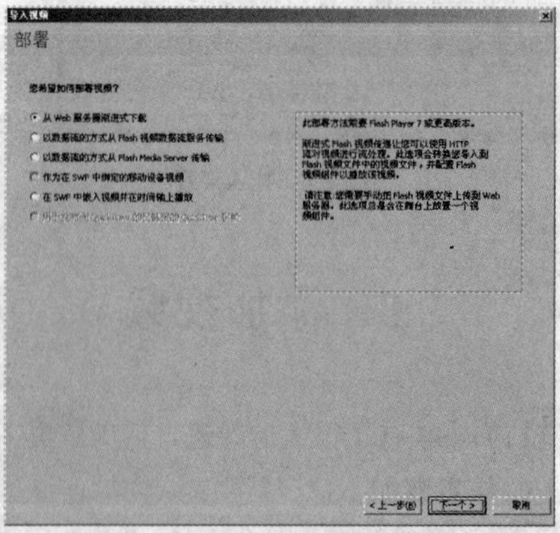

图 9.3.3 “导入视频”对话框（二）

（5）单击 下一个 > 按钮，在弹出的“导入视频”对话框（三）中设置编码配置文件，以及选择视频播放的品质，如图 9.3.4 所示。

（6）单击下一个 >按钮，在弹出的“导入视频”对话框（四）中设置视频外观，如图 9.3.5 所示。

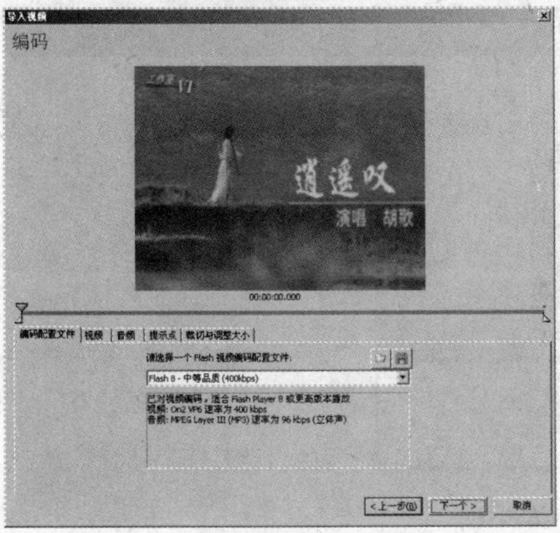

图 9.3.4　“导入视频”对话框（三）

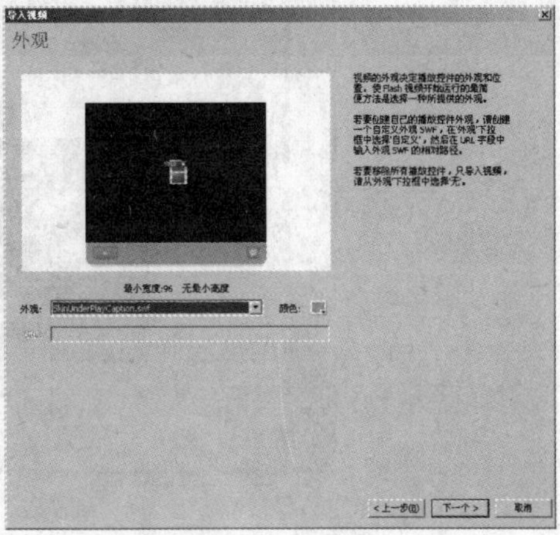

图 9.3.5　“导入视频”对话框（四）

（7）单击下一个 >按钮，在弹出的“导入视频”对话框（五）中显示视频文件的保存选项，如图 9.3.6 所示。

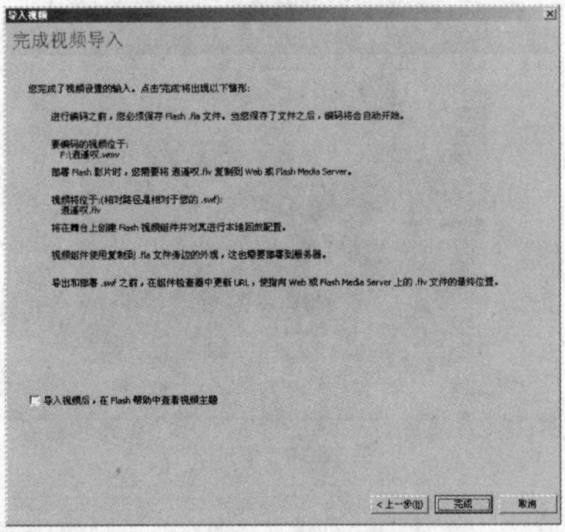

图 9.3.6　“导入视频”对话框（五）

（8）单击完成按钮，弹出“Flash 视频编码进度”提示框，提示导入进程，如图 9.3.7 所示。

（9）当 Flash 视频编码进度完成，会弹出一个“正在加载 FLV 尺寸”对话框，如图 9.3.8 所示。

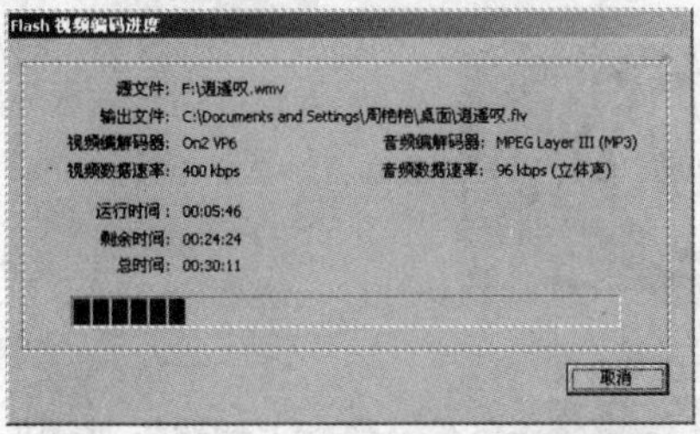

图 9.3.7　“Flash 视频编码进度”提示框　　　图 9.3.8　“正在加载 FLV 尺寸”提示框

（10）稍等片刻，则完成视频文件的导入，如图 9.3.9 所示。

（11）按“Ctrl+Enter”键测试动画，最终效果如图 9.3.10 所示。

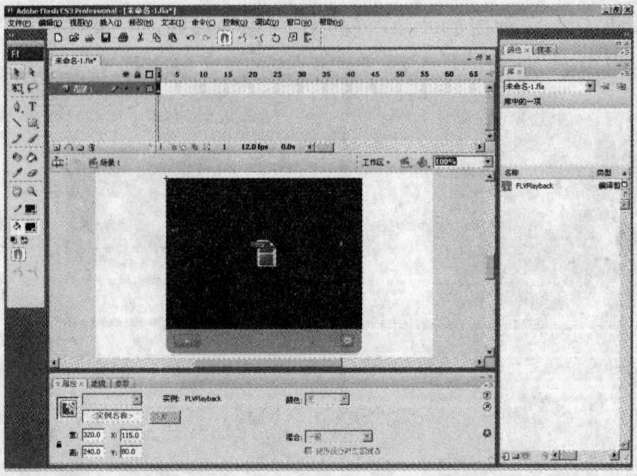

图 9.3.9　导入视频文件

图 9.3.10　效果图

9.4　典型实例——声音按钮

下面制作“声音按钮”，以巩固本章所学内容，最终效果如图 9.4.1 所示。

图 9.4.1　最终效果图

（1）选择 文件(F) → 新建(N)... Ctrl+N 命令，弹出“新建”对话框，选择“常规”选项卡中的 Flash 文件(ActionScript 3.0) 选项，单击 确定 按钮，新建一个 Flash 文档。

（2）选择 修改(M) → 文档(D)... Ctrl+J 命令，弹出“文档属性”对话框，设置“尺寸”为“550 px×400 px”，“背景颜色”为“黑色”（见图 9.4.2），单击 确定 按钮。

（3）选择 窗口(W) → 公用库(B) → 按钮 命令，打开系统自带的“按钮”库，如图 9.4.3 所示。

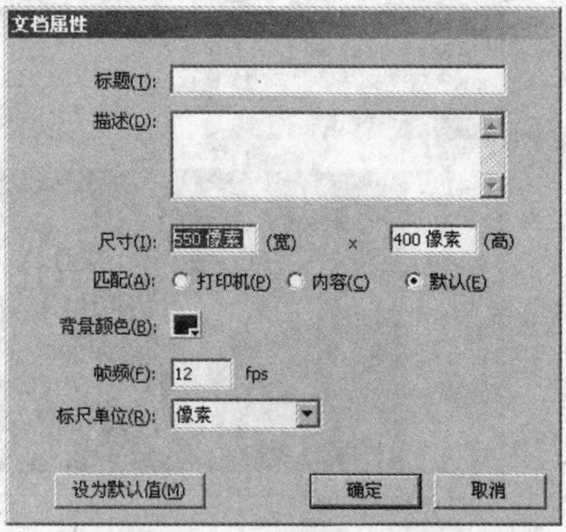

图 9.4.2 “文档属性”对话框

图 9.4.3 系统自带的“按钮”库

（4）从库面板中拖动 flat blue forward 元件到工作区中，如图 9.4.4 所示。

（5）选中“flat blue forward”实例，双击鼠标左键，进入其编辑窗口，如图 9.4.5 所示。

图 9.4.4 拖动“flat blue forward”元件到工作区中

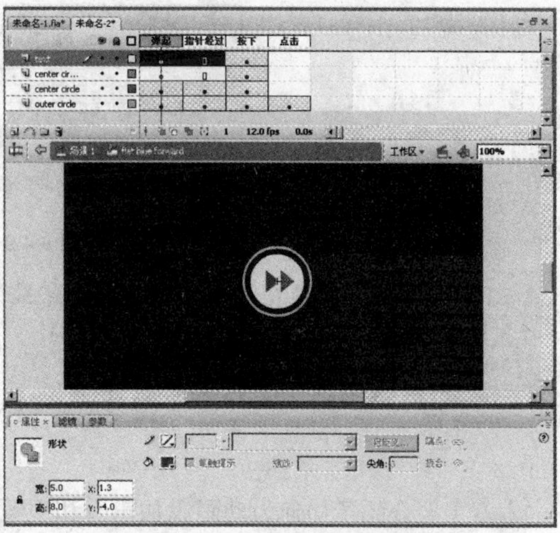

图 9.4.5 “flat blue forward”实例的编辑窗口

（6）单击时间轴面板中的“插入图层”按钮，插入一个名为“声音”的图层，并将其拖动到所有层的下面，如图 9.4.6 所示。

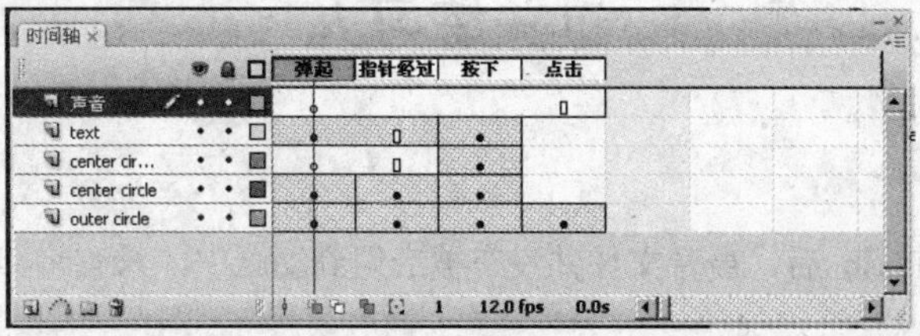

图 9.4.6 插入并移动图层

（7）选择 文件(F) → 导入(I) → 导入到库(L)… 命令，弹出“导入到库”对话框，在该对话框中选择一个声音文件（见图 9.4.7），单击 打开(O) 按钮将其导入。

（8）选中“声音”图层的 按下 帧，按“F6”键插入关键帧，如图 9.4.8 所示。

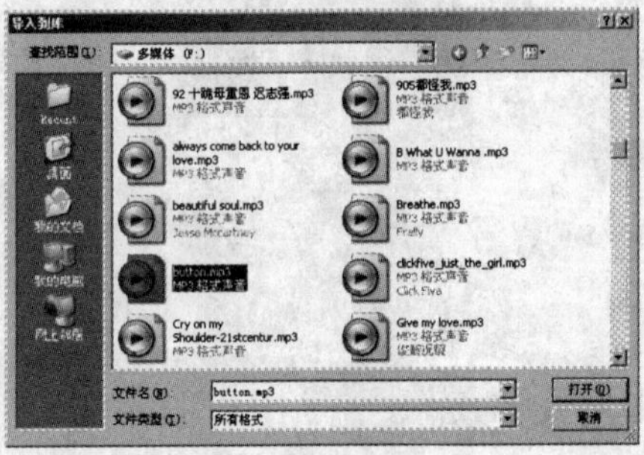

图 9.4.7 “导入到库”对话框

图 9.4.8 插入关键帧

（9）在属性面板中的“声音”下拉列表中选择导入的声音，为“声音”层添加声音，则在该层中将显示声音的波形，如图 9.4.9 所示。

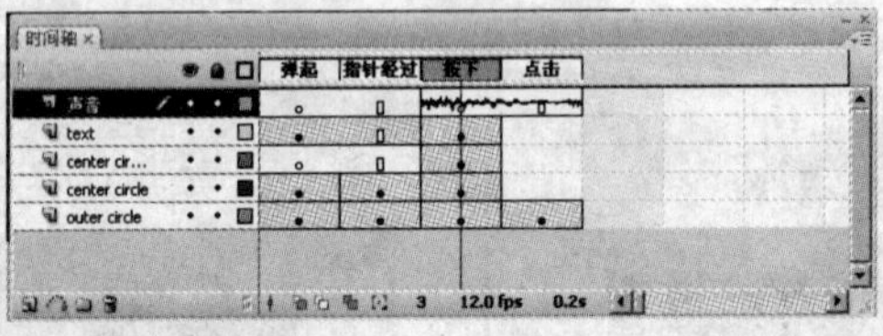

图 9.4.9 导入的声音

（10）按“Ctrl+S”快捷键保存文件，最终效果如图 9.4.1 所示。

小 结

本章主要介绍了如何为动画添加声音和视频，包括导入声音、添加声音到 Flash 文件中以及编辑声音和制作 Flash 视频。通过本章的学习，用户应该学会导入声音和视频与编辑声音的方法，并能制作出声情并茂的动画效果。

过关练习九

一、基础题

1．将声音导入到 Flash 后，声音文件并没有被应用到动画中，只有将其添加到__________中才可以发挥作用。

2．声音的同步方式包括（ ）。

A．时间　　　　B．开始

C．停止　　　　D．数据流

3．在“编辑封套”对话框中，如果要切换时间单位，可以单击（ ）。

A．“秒”按钮　　B．“放大”按钮

C．“帧”按钮　　D．“缩小”按钮

4．声音封套用来设置（　）。

A．声音的大小　　B．设置声音的播放时间

C．控制左右声道的声音　　D．改变声音格式

5．在为动画中添加声音时，可以将其放置在何处？

6．在“编辑封套”对话框中，如果要缩短声音的长度，应该如何进行操作？

二、上机操作题

1．导入一个声音文件到 Flash 动画中。

2．为 Flash 动画添加背景音乐。

3．制作一个“从左至右淡入淡出”的声音效果按钮。

（1）绘制按钮各帧图形效果，如题图 9.1 所示。

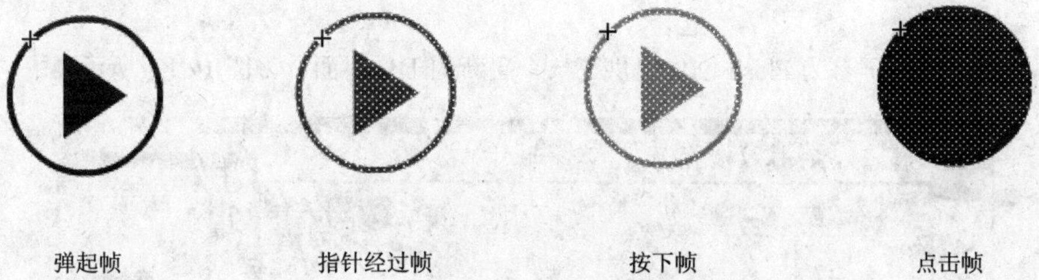

题图 9.1　绘制按钮各帧

（2）导入背景音乐。选择 文件(F) → 导入(I) → 导入到舞台(I)... Ctrl+R 命令，导入一个 MP3 声音文件。从库面板中拖曳声音图标到工作区中，即将声音导入到工作区中。

（3）设置背景音乐为“从左至右淡入淡出”效果。

第 10 章　屏幕与模板

在 Flash CS3 中，用户可以使用屏幕与模板轻松地创建复杂的动画，例如创建幻灯片演示文稿、广告和基于表单的应用程序等。本章将介绍屏幕与模板的使用方法。

本章重点

（1）使用屏幕。

（2）使用模板。

10.1　使用屏幕

在 Flash CS3 中，屏幕为 Flash 创作提供了一个崭新的工作界面，如图 10.1.1 所示。

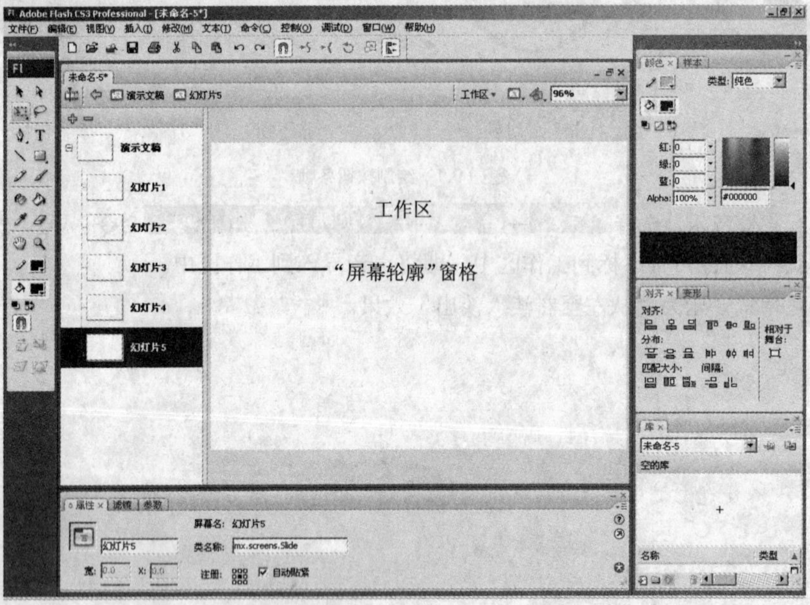

图 10.1.1　幻灯片屏幕的默认工作界面

其中，左侧的“屏幕轮廓”窗格用来显示当前文档中每个屏幕的缩略图，单击任意缩略图，即可在工作区中显示相应的屏幕。当一个屏幕被嵌入到另一个屏幕中时，前者被称为子屏幕（如“幻灯片 1”），后者被称为父屏幕（如“演示文稿”），并且子屏幕将包含父屏幕中的所有内容。一个屏幕可以拥有多个嵌套屏幕，这些嵌套屏幕被称为兄弟屏幕，如图 10.1.1 中的“幻灯片 1”～“幻灯片 5”。

通过选择 窗口(W) → 其它面板(R) → ✔ 屏幕(C) 命令，可以隐藏“屏幕轮廓”窗格（见图 10.1.2），再次选择此命令则可将其显示。另外，在基于屏幕的文档中，时间轴面板在默认状态下是关闭的，如果要使用时间轴为所创建的演示文稿或应用程序添加特殊效果，可以选择 窗口(W) → 时间轴(M) Ctrl+Alt+T 命令将其打开，如图 10.1.3 所示。

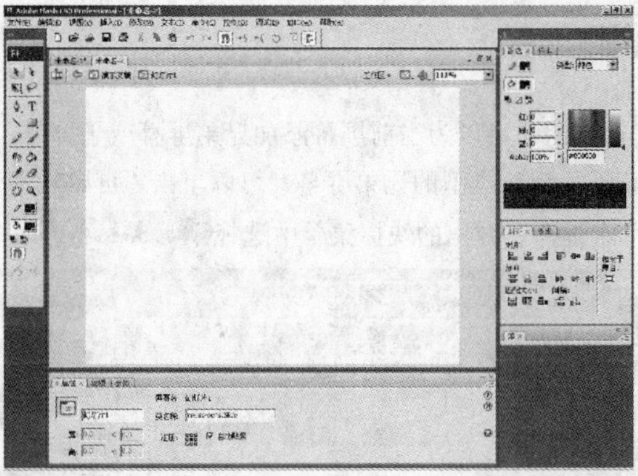

图 10.1.2 隐藏“屏幕轮廓”窗格

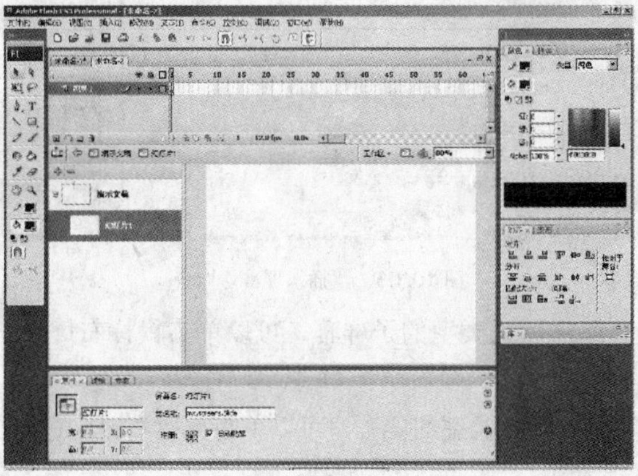

图 10.1.3 打开时间轴面板的幻灯片屏幕

10.1.1 创建基于屏幕的文档

在 Flash CS3 中，如何创建基于屏幕的文档的方法，下面将进行介绍。

选择 文件(F) → 新建(N)... Ctrl+N 命令，弹出“新建文档”对话框，在“类型”选项区中选择文档的屏幕类型，例如选择 Flash 幻灯片演示文稿 选项（见图 10.1.4），然后单击 确定 按钮即可新建 Flash 幻灯片演示文稿。

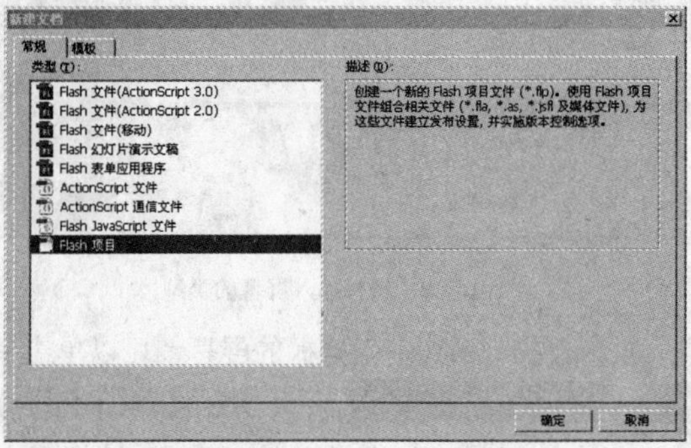

图 10.1.4 “新建文档”对话框

10.1.2　添加或删除屏幕

通过“屏幕轮廓”窗格，用户可以为当前屏幕添加兄弟屏幕或子屏幕，也可以删除当前屏幕。

（1）若要为当前屏幕添加默认类型的兄弟屏幕，可以单击“屏幕轮廓”窗格中的“插入屏幕”按钮 ，也可以单击鼠标右键，在弹出的快捷菜单中选择 插入屏幕(I) 命令，如图 10.1.5 所示。

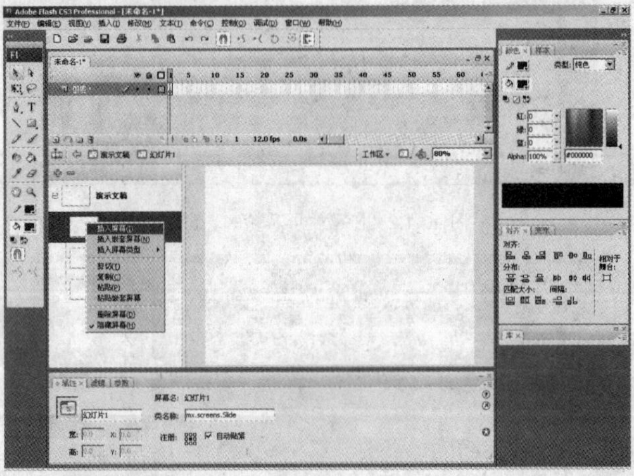

图 10.1.5　“插入屏幕”命令

（2）若要为当前屏幕添加默认类型的子屏幕，可以单击鼠标右键，在弹出的快捷菜单中选择 插入嵌套屏幕(N) 命令。

（3）若要为当前屏幕添加指定类型的屏幕，可以单击鼠标右键，在弹出的快捷菜单中选择插入屏幕的类型，如图 10.1.6 所示。

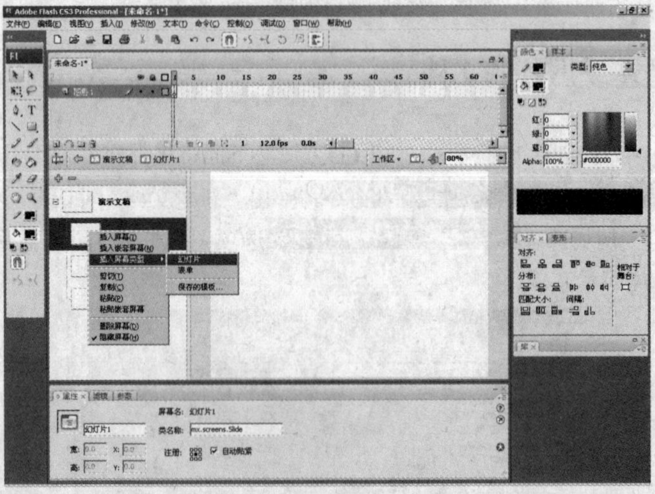

图 10.1.6　选择插入屏幕的类型

（4）若要为当前屏幕添加一个或一系列基于模板的屏幕，可以单击鼠标右键，在弹出的快捷菜单中选择 插入屏幕类型 → 保存的模板... 命令，弹出如图 10.1.7 所示的“从模板插入屏幕”对话框，在“类别”选项区中选择一种模板的类型，在“模板”选项区中选择一个模板，然后单击 确定 按钮。

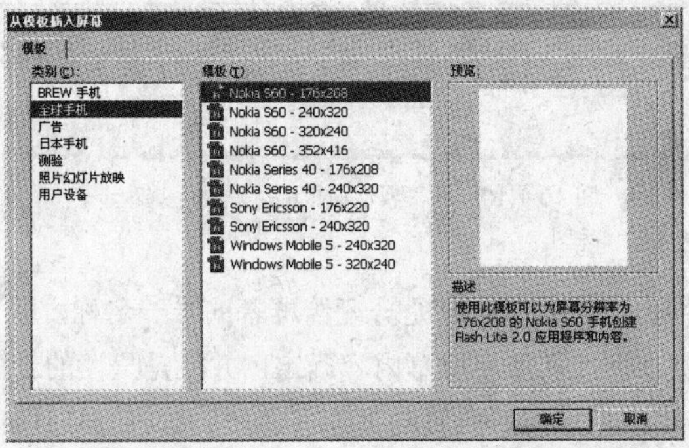

图 10.1.7　“从模板插入屏幕”对话框

（5）若要删除某屏幕，首先要将其选中，然后单击“屏幕轮廓”窗格中的“删除屏幕”按钮 ，或者单击鼠标右键，在弹出的快捷菜单中选择 删除屏幕(D) 命令。

10.1.3　重命名屏幕

默认情况下，Flash 将按照创建顺序为屏幕命名“幻灯片 1”、“幻灯片 2”、“幻灯片 3”……。其实，创建顺序不一定与屏幕在“屏幕轮廓”窗格中的顺序一致，如先创建“幻灯片 1”和“幻灯片 2”两个兄弟屏幕，然后为“幻灯片 1”创建一个子屏幕，则该子屏幕为“幻灯片 3”，它们在“屏幕轮廓”窗格中的顺序如图 10.1.8 所示。

Flash CS3 将屏幕名称当成实例名称（见图 10.1.9），在动作脚本中可使用该名称来控制屏幕，所以屏幕名称在文档中必须是唯一的。

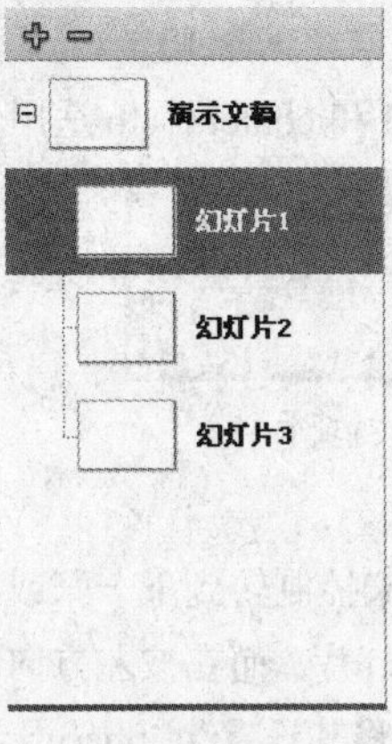

图 10.1.8　“屏幕轮廓”窗格

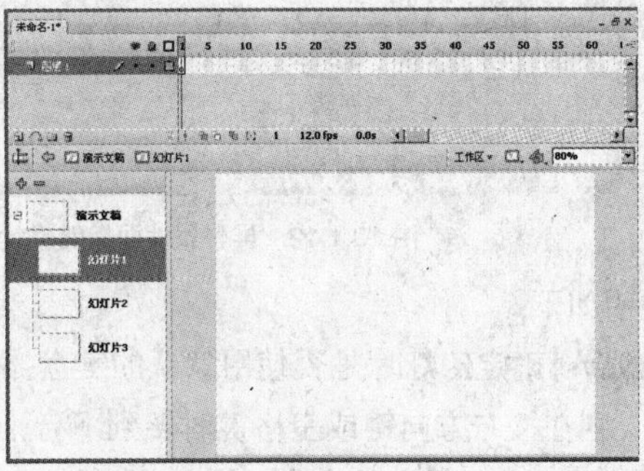

图 10.1.9　屏幕名称与实例名称

用户可以重命名屏幕，当更改了屏幕名称时，实例名称将随之更新；同样，当更改了实例名称时，屏幕名称也将随之更新。要重命名屏幕，只需在“屏幕轮廓”窗格中用鼠标双击屏幕的名称，然后在出现的文本框中输入新的名称即可。

10.1.4　设置屏幕的属性和参数

屏幕属性面板有“属性”、“滤镜”和“参数”三个选项卡，默认状态下打开的是“属性”选项卡，如图 10.1.10 所示。

图 10.1.10　屏幕属性面板的“属性”选项卡

对其中各项说明如下：

（1）“实例名称”文本框“幻灯片”：它是分配给屏幕的唯一名称，用于在动作脚本中控制屏幕。

（2）“宽”和“高”文本框：其值由屏幕内容确定，并且是只读的。

（3）“类名称”文本框：用于指定屏幕所属的类。默认情况下，将幻灯片屏幕指定为 mx.screens.Slide 类，而将表单屏幕指定为 mx.screens.Form 类。

（4）“注册”网格：用于指示屏幕注册点相对于其内容的位置。默认情况下，幻灯片屏幕的注册点位于其中心，而表单屏幕的注册点位于其左上角。用户可以通过单击注册网格中的某个点来改变所选屏幕的注册点。

（5）自动贴紧复选框：选中该复选框，注册点将相对于屏幕内容移动，而屏幕本身并不移动。

单击“滤镜”标签，打开屏幕属性面板的“滤镜”选项卡（见图 10.1.11），在工作区中选择文本、影片剪辑或者按钮，然后单击“添加滤镜”按钮，在弹出的快捷菜单中选择所需选项即可为其添加滤镜效果。

图 10.1.11　屏幕属性面板的“滤镜”选项卡

单击“参数”标签，将打开屏幕属性面板的“参数”选项卡（见图 10.1.12），在该选项卡中提供了 5 种参数，它们均适用于幻灯片屏幕，而只有参数 autoLoad 和 contentPath 适用于表单屏幕。

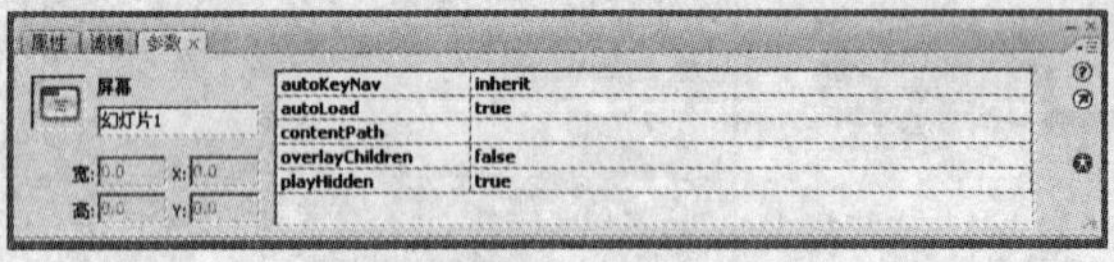

图 10.1.12　屏幕属性面板的“参数”选项卡

对其中各项说明如下：

（1）autoKeyNav：确定幻灯片是否使用默认的键盘操作来控制转到下一张或上一张幻灯片。如果将其设置为 true，则在按右方向键或空格键时转到下一张幻灯片，而在按左方向键时转到上一张幻灯片；如果将其设置为 false，则不采用默认的键盘操作；如果将其设置为 inherit，则幻灯片将继承其父项的 autoKeyNav 设置。

（2）autoLoad：设置加载内容的方式。如果将其设置为 true，则自动加载内容；如果将其设置为 false，则等到调用 Loader.load()方法时才加载内容。

（3）contentPath：指定要加载内容的路径。

（4）overlayChildren：用于指定在播放期间子屏幕是否在父屏幕上相互覆盖。如果将其设置为 true，则子屏幕将相互覆盖；如果将其设置为 false，则在子屏幕 2 出现时，子屏幕 1 不再显示。

（5）playHidden：设置幻灯片在显示之后并且处于隐藏状态时是否继续播放。如果将其设置为 true，则幻灯片将继续播放；如果将其设置为 false，则停止播放。

10.1.5　为屏幕添加内容

用户可以直接在屏幕中创建矢量图或文本，如图 10.1.13 所示，也可以导入矢量图、位图、视频或声音，如图 10.1.14 所示，其操作方法与在不包含屏幕的 Flash 文档中一样，这里就不再赘述。

图 10.1.13　直接创建屏幕内容

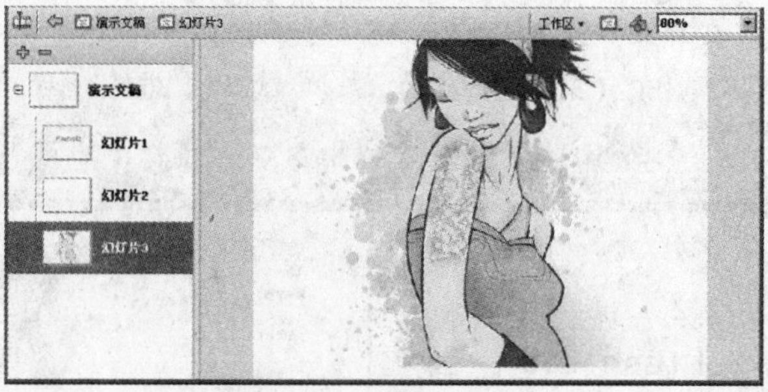

图 10.1.14　导入矢量图

10.1.6　添加导航

幻灯片演示文稿包含自动嵌入到文档中的导航，用户可以使用左、右方向键在幻灯片之间任意转换，但这种按键式导航不太直观，为了解决这个问题，用户可以为导航添加一些文本或按钮。这些按钮可以自行绘制，也可以使用系统自带的“按钮”库中的按钮。下面介绍如何使用系统自带的“按钮”库中的按钮添加导航，操作步骤如下：

（1）选择 窗口(W) → 公用库(B) → 按钮 命令，打开系统自带的“按钮”库，如图 10.1.15 所示。

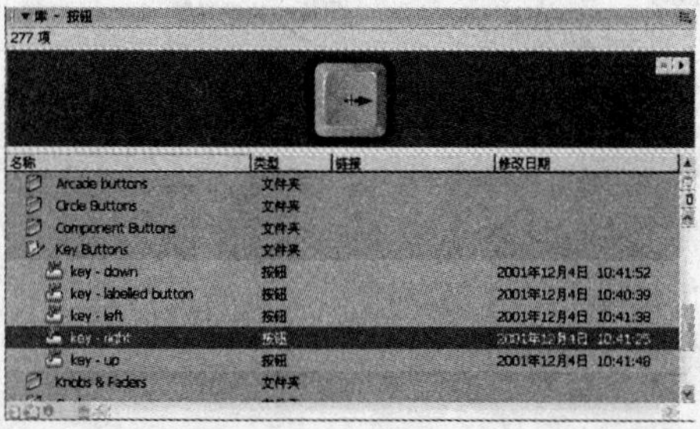

图 10.1.15　系统自带的“按钮”库

（2）分别从 classic buttons → Key Buttons 文件夹中拖动 key - left 元件和 key - right 元件到“演示文稿”屏幕中，如图 10.1.16 所示。

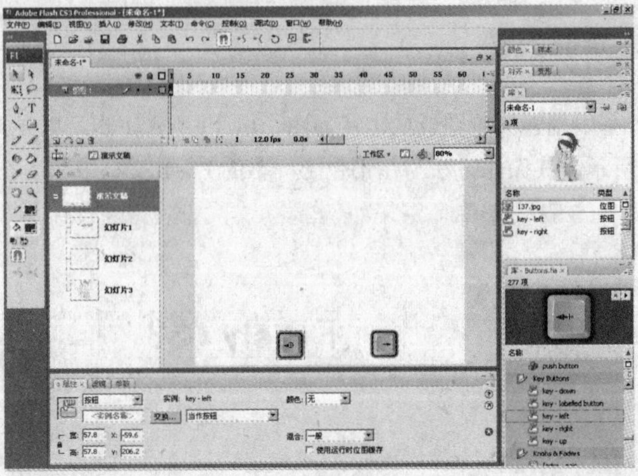

图 10.1.16　拖动“key-left”和“key-right”元件到“演示文稿”屏幕中

注意　子屏幕将包含父屏幕中的所有内容，故“幻灯片 1”和“幻灯片 2”将包含“key-left”和“key-right”（见图 10.1.17），而“幻灯片 1”的子屏幕“幻灯片 3”也将包含其父屏幕中的内容，如图 10.1.18 所示。

“幻灯片 1”包含其父屏幕“演示文稿”中的内容

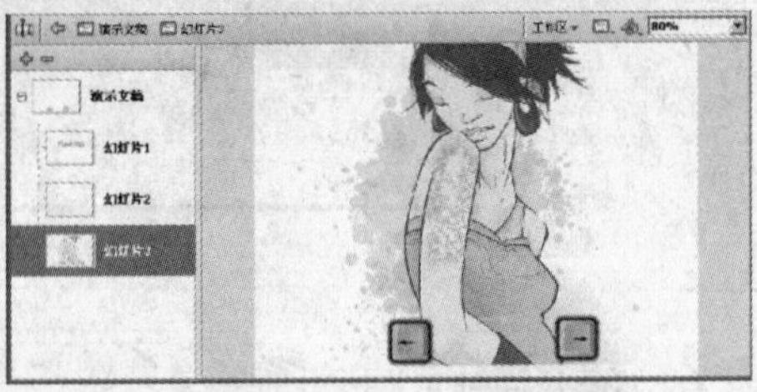

“幻灯片 2”包含其父屏幕“演示文稿”中的内容

图 10.1.17　子屏幕包含父屏幕中的所有内容

图 10.1.18　子屏幕的子屏幕也包含其父屏幕中的所有内容

（3）为了在不同屏幕间进行导航，需要将“转到下一幻灯片”和“转到前一幻灯片”行为添加至两个导航按钮中。选择 窗口(W) → 行为(B)　Shift+F3 命令，打开行为面板，如图 10.1.19 所示。

（4）选中“key-left”实例，单击行为面板中的“添加行为”按钮，在弹出的下拉菜单中选择 屏幕 → 转到前一幻灯片 命令。

图 10.1.19　行为面板

（5）选中“key-right”实例，单击行为面板中的“添加行为”按钮，在弹出的下拉菜单中选择 屏幕 → 转到下一幻灯片 命令。

（6）按“Ctrl+Enter”键，测试动画效果，如图 10.1.20 所示。

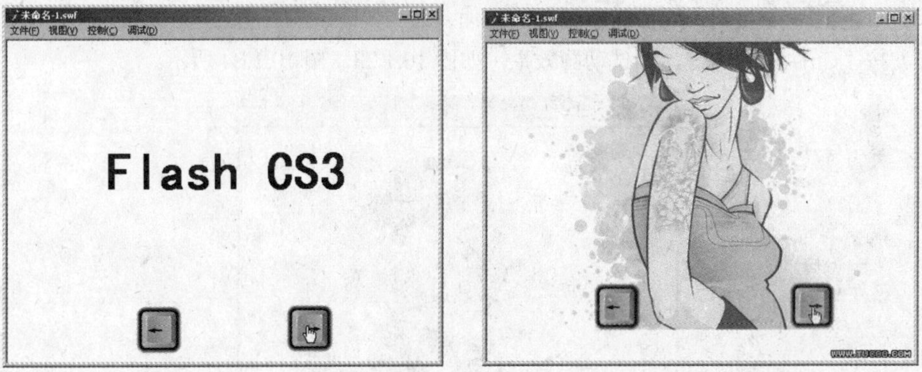

将鼠标指针移至“key-right”按钮上　　　　单击“key-right”按钮转到下一个幻灯片

图 10.1.20　导航效果图

10.1.7　添加转变

为屏幕添加导航仅使屏幕具有了翻页功能，用户还可以为屏幕添加转变效果，使屏幕之间产生动画过渡。其操作步骤如下：

（1）选中要添加转变的屏幕，例如“幻灯片 2”。

（2）单击行为面板中的“添加行为”按钮，在弹出的下拉菜单中选择 屏幕 → 转变 命令，弹出“转变”对话框，如图 10.1.21 所示。

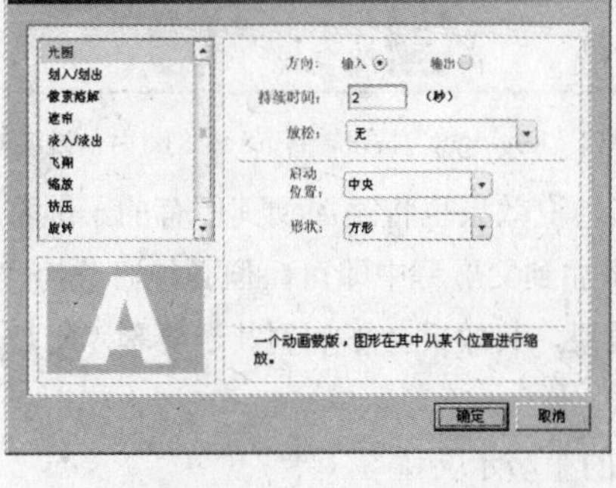

图 10.1.21　“转变”对话框

（3）在该对话框的列表框中选择一种转变方式并设置其参数。这里选择“遮帘”选项，参数采用默认设置，如图 10.1.22 所示。

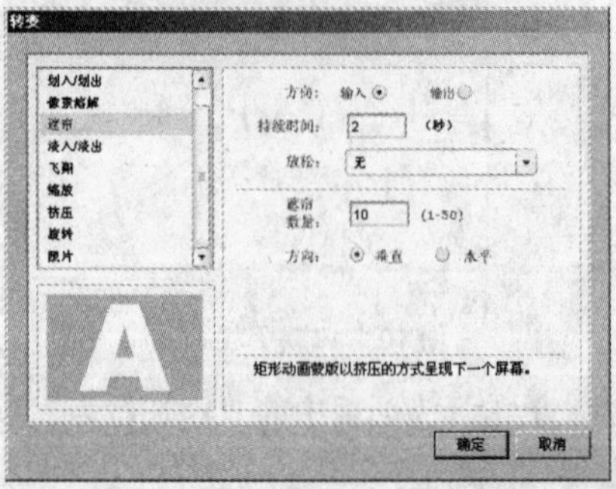

图 10.1.22　选择“遮帘”选项时的“转变”对话框

（4）单击 确定 按钮，完成转变效果的添加。

（5）按“Ctrl+Enter”键，测试动画效果，如图 10.1.23，图 10.1.24 所示。

图 10.1.23　将鼠标指针移至“key-right”按钮上转变效果图

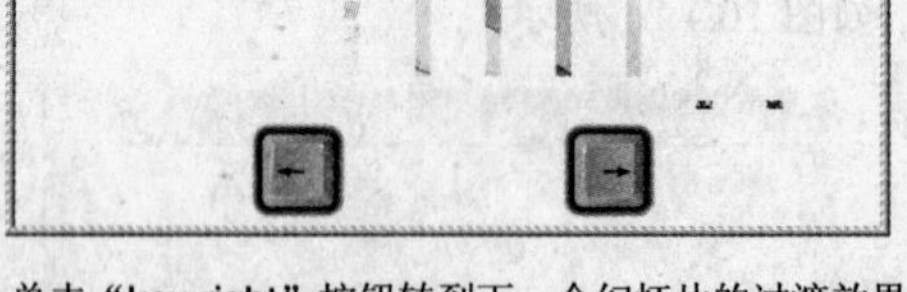

图 10.1.24　单击“key-right”按钮转到下一个幻灯片的过渡效果转变效果图

若要为父屏幕添加转变，其转变效果也将添加到其所有的子屏幕中。这就意味着无须为每个屏幕添加转变，而只需将转变效果添加到父屏幕中即可，但必须修改为实现转变效果而添加的动作脚本。例如为“演示文稿”添加遮帘效果，其效果会影响到其子屏幕“幻灯片 1”和“幻灯片 2”，其操作步骤如下：

（1）选中要添加遮帘效果的“演示文稿”。

（2）单击行为面板中的“添加行为”按钮，在弹出的下拉菜单中选择 屏幕 → 转变 命令，弹出“转变”对话框，如图 10.1.21 所示。

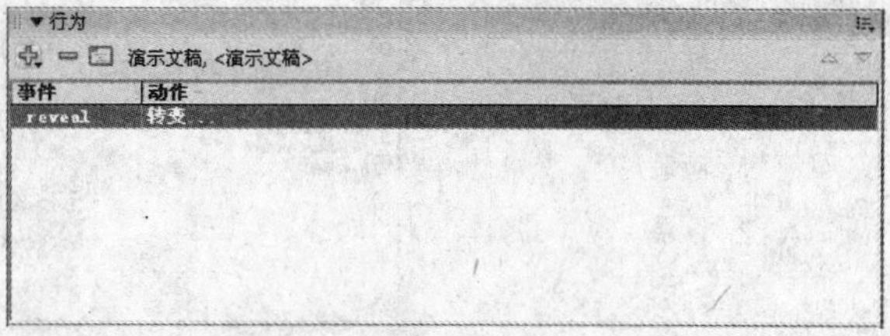

图 10.1.25 行为面板

（3）在该对话框的列表框中选择“遮帘”选项，参数采用默认设置，单击 确定 按钮，完成转变效果的添加，此时的行为面板如图 10.1.25 所示。

（4）在该面板中单击“事件”选项区中的 **reveal** 选项，它将变为 reveal 下拉列表框，在其下拉列表中选择“revealChild”选项。

（5）按“Ctrl+Enter”键，测试动画效果，如图 10.1.26，图 10.1.27 所示。

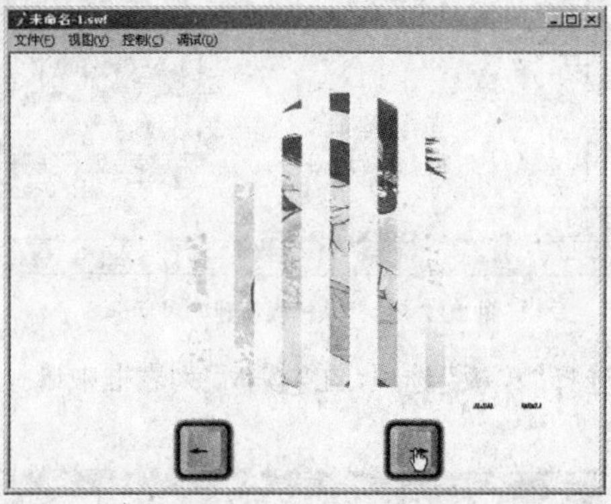

图 10.1.26 单击“key-right”按钮前动画效果图

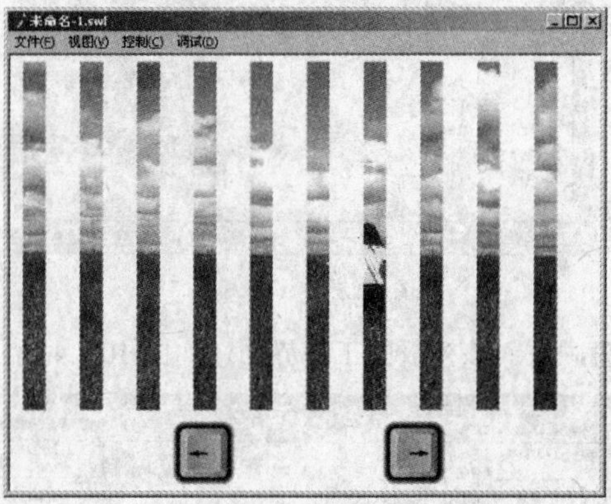

图 10.1.27 单击“key-right”按钮后动画效果图

10.2 使用模板

Flash CS3 附带了多个帮助用户简化工作的模板，下面以演示文稿模板为例介绍模板的使用方法，操作步骤如下：

（1）选择 文件(F) → 新建(N)... Ctrl+N 命令，弹出“新建文档”对话框（见图 10.2.1），单击“模板”标签，弹出“从模板新建”对话框，如图 10.2.2 所示。

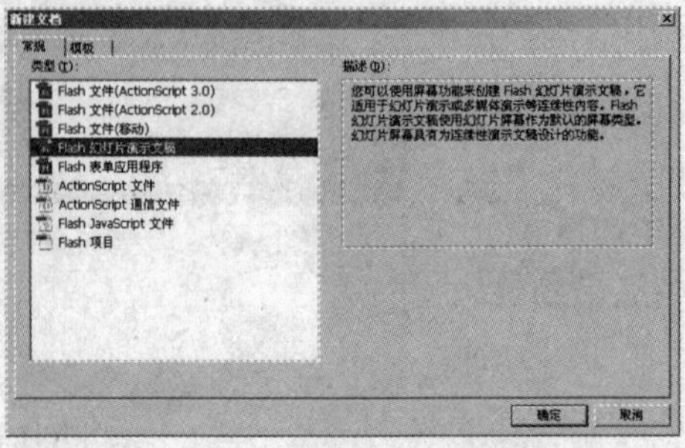

图 10.2.1　“新建文档”对话框

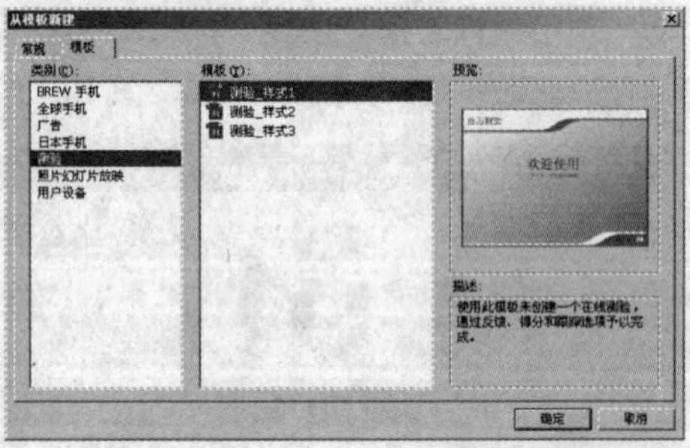

图 10.2.2　“从模板新建”对话框

（2）在“类别”列表框中选择“模板”选项，在“模板”列表框中选择模板的类型，例如选择 测验 选项，如图 10.2.3 所示。

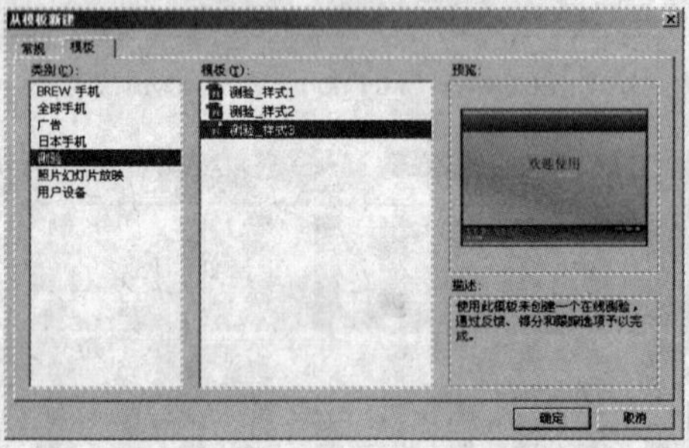

图 10.2.3　选择模板

（3）单击 确定 按钮，进入该模板的工作界面，如图 10.2.4 所示。

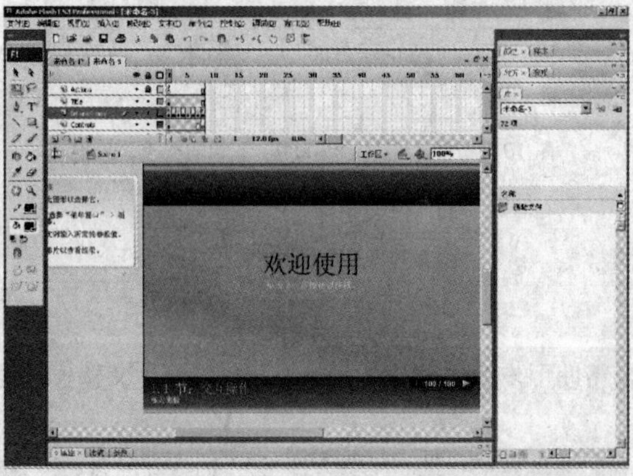

图 10.2.4　“科技视频演示文稿”模板的工作界面

（4）将不需要进行编辑的层锁定，这里锁定除“Action”和“Background”外的所有图层（见图 10.2.5），即本例只对这两层进行编辑操作，而不涉及其他图层。

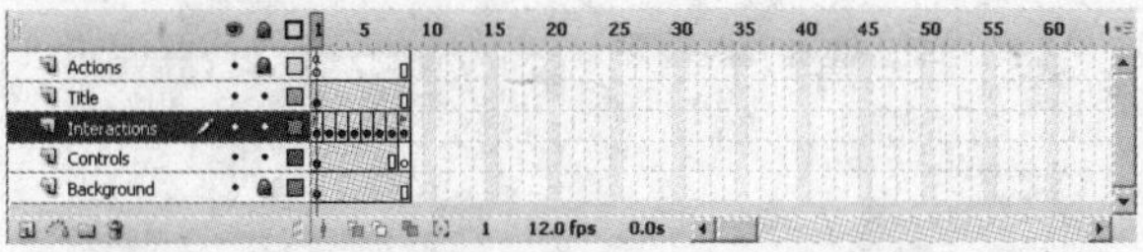

图 10.2.5　锁定除“Action”和“Background”外的所有图层

（5）选中第 1 帧，工作区内容如图 10.2.6 所示。

（6）选择工具箱中的文本工具，编辑其内容如图 10.2.7 所示。

图 10.2.6　第 1 帧中的内容

图 10.2.7　编辑第 1 帧的内容

（7）选中第 2 帧，工作区内容如图 10.2.8 所示。

（8）选择工具箱中的文本工具，编辑其内容如图 10.2.9 所示。

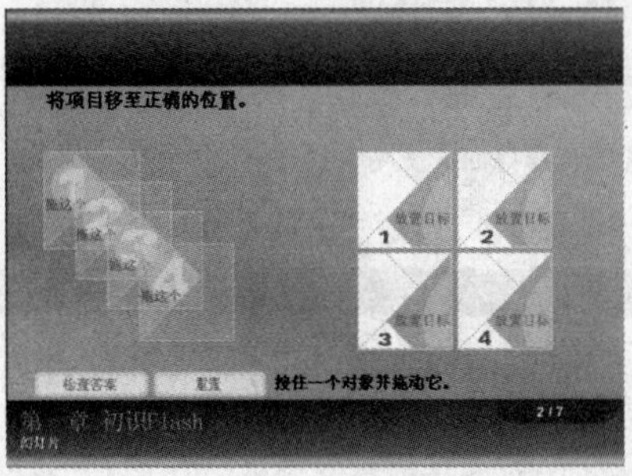

图 10.2.8　第 2 帧中的内容

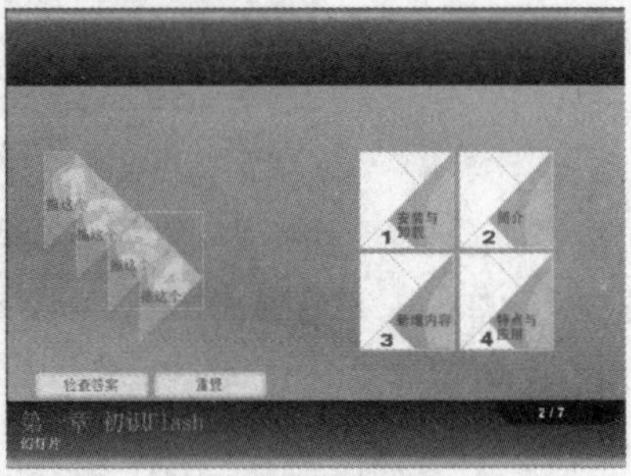

图 10.2.9　编辑第 2 帧的内容

（9）用同样的方法编辑其他各帧的内容，这里就不再赘述。

（10）按“Ctrl+Enter”键，测试动画效果。

10.3　典型实例——卡通幻灯片

下面制作“卡通幻灯片”，以巩固本章所学内容，最终效果如图 10.3.1 所示。

图 10.3.1　最终效果图

（1）选择 文件(F) → 新建(N)... Ctrl+N 命令，弹出“新建文档”对话框，如图 10.3.2 所示。

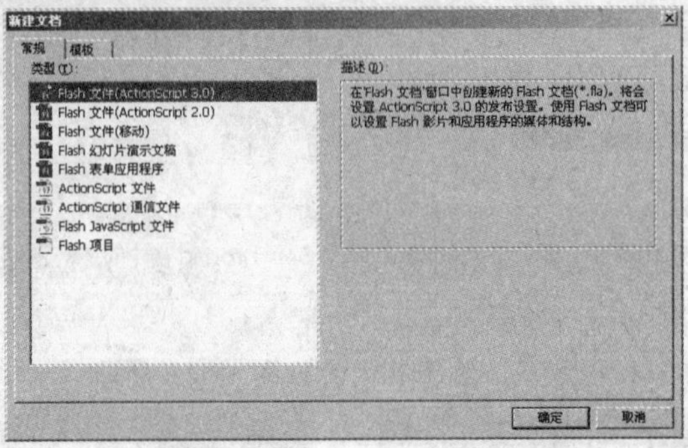

图 10.3.2 “新建文档”对话框

（2）在“类型”选项区中选择 Flash 幻灯片演示文稿 选项，单击 确定 按钮，进入幻灯片的工作界面，如图 10.3.3 所示。

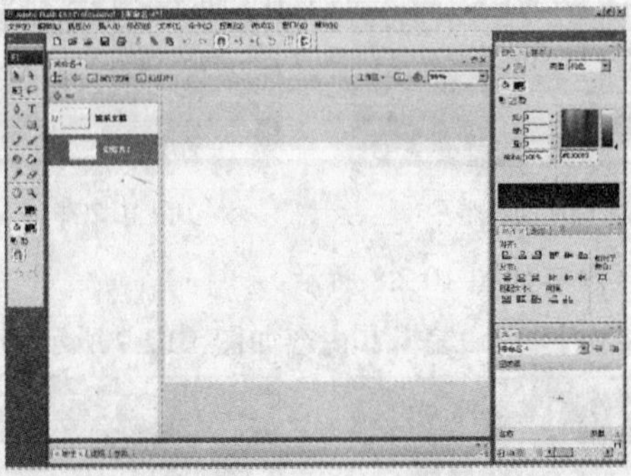

图 10.3.3 幻灯片的工作界面

（3）单击“屏幕轮廓”窗格中的“插入屏幕”按钮，插入“幻灯片 2”。

（4）选中“幻灯片 1”，选择 文件(F) → 导入(I) → 导入到舞台(I)... Ctrl+R 命令，在弹出的“导入”对话框中选择一张卡通图片（见图 10.3.4），单击 打开(O) 按钮导入该图片，如图 10.3.5 所示。

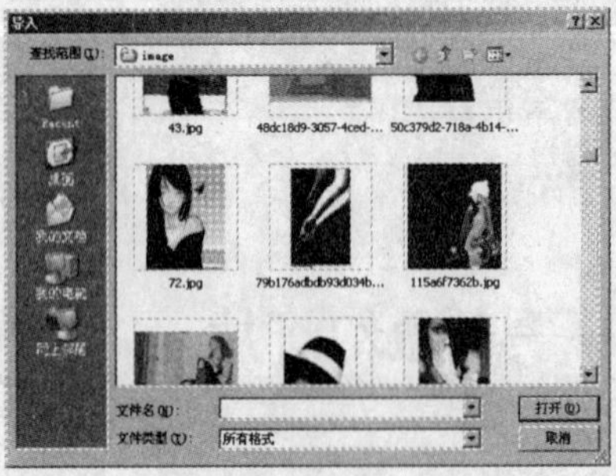

图 10.3.4 “导入”对话框

图 10.3.5 在“幻灯片 1”中导入卡通图片

（5）重复第（4）步的操作，在“幻灯片 2”中导入另一张卡通图片，如图 10.3.6 所示。

（6）选择 窗口(W) → 行为(B) Shift+F3 命令，打开行为面板，如图 10.3.7 所示。

（7）选中“幻灯片 1”，单击行为面板中的“添加行为”按钮，在弹出的下拉菜单中选择 屏幕 → 转到下一幻灯片 命令。

（8）选中“幻灯片 2”，单击行为面板中的“添加行为”按钮，在弹出的下拉菜单中选择

屏幕 ▸ → 转到下一幻灯片 命令。

图 10.3.6　在“幻灯片 2”中导入另一张卡通图片

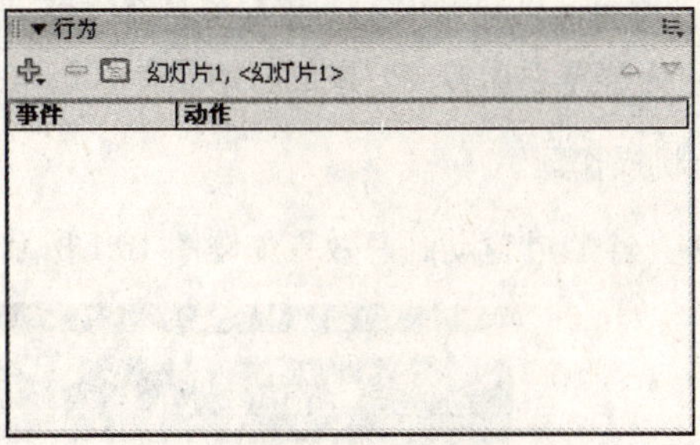

图 10.3.7　行为面板

（9）选中“幻灯片 1”，单击行为面板中的“添加行为”按钮，在弹出的下拉菜单中选择 屏幕 ▸ → 转变 命令，弹出“转变”对话框，如图 10.3.8 所示。

（10）在该对话框的列表框中选择“遮帘”选项，并选中“水平”单选按钮（见图 10.3.9），单击 确定 按钮，为“幻灯片 1”添加转变效果。

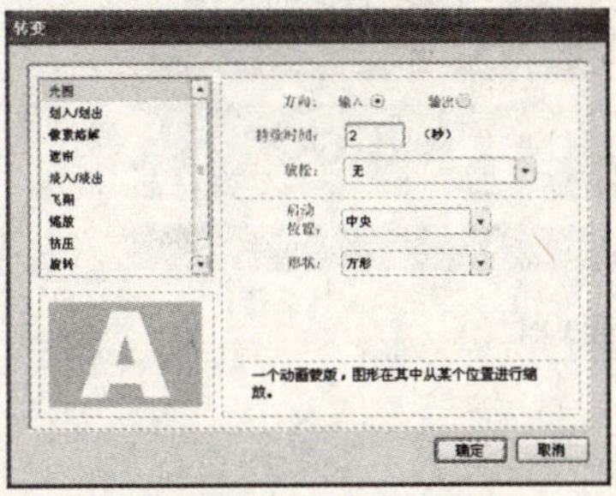

图 10.3.8　“转变”对话框

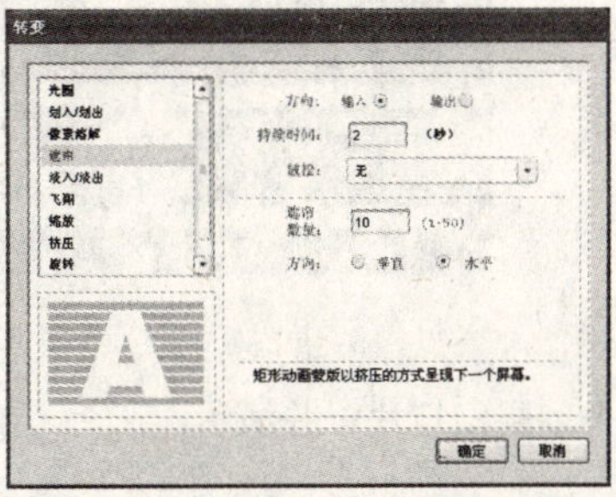

图 10.3.9　为“幻灯片 1”添加转变效果

（11）重复第（9）步和第（10）步的操作，为“幻灯片 2”添加转变效果。

（12）按“Ctrl+S”键保存文件，最终效果如图 10.3.1 所示。

小　结

本章主要介绍了屏幕与模板，包括使用幻灯片，使用模板。通过本章的学习，用户应该学会创建简单的幻灯片并能具体应用。

过关练习十

一、基础题

1．当一个屏幕被嵌入到另一个屏幕中时，前者被称为__________屏幕，后者被称为父屏幕。

2．一个屏幕可以拥有多个嵌套屏幕，这些嵌套屏幕被称为__________屏幕。

3．关于屏幕，下列说法正确的是（　）。

A．子屏幕将包含父屏幕中的所有内容

B．在基于屏幕的文档中，默认时间轴面板是关闭的

C．默认情况下，Flash 按照创建顺序为屏幕命名“幻灯片 1”、“幻灯片 2”、“幻灯片 3”……

D．屏幕的创建顺序不一定与屏幕在“屏幕轮廓”窗格中的顺序一致

4．用户为屏幕添加转变效果的目的是什么？

二、上机操作题

1．创建一个百叶窗动画，效果如题图 10.1 所示。

题图 10.1　效果图

2．创建一个多层幻灯片，并演示。

第 11 章　动画的测试与发布

用户在完成 Flash 动画的制作之后，需要将其转换为能够脱离制作环境而应用于各个领域的文件，即要进行动画的测试与发布，本章将对其方法进行介绍。

本章重点

（1）优化动画。

（2）模拟网络条件测试动画。

（3）设置动画发布选项。

11.1　优化动画

Flash 在将动画导出为.swf 格式的文件时，已经进行了部分的优化工作。在优化过程中 Flash 会自动检查动画中相同的图形并将多余的去掉，把嵌套的组对象变为单一的组对象。此外，用户可以使用以下方法对动画进行优化处理。

（1）将多次出现在动画中的元素转换为元件。

（2）在可以实现同样效果的情况下，使用渐变动画代替逐帧动画。

（3）图中尽量使用实线，若图中线条太多，可选择 修改(M) → 形状(P) → 优化(O)... Ctrl+Alt+Shift+C 命令，减少图形中的线条。

（4）减少文本中使用的字体和样式。

（5）推荐使用 MP3 格式的声音。

（6）避免用位图制作动画，通常将位图设为背景图像或者静止元素。

（7）将动画中变化与不变化的元素放在不同的层中。

（8）对绘制的图形进行组合操作。

（9）尽量少用图形透明度，因为半透明对象会使动画在播放过程中出现不流畅的现象。

11.2　模拟网络条件测试动画

使用带宽显示图可以根据所设置调制解调器的传输速率，将动画中每一帧的传输数据进行比较，并用图表显示出来。模拟网络条件进行动画下载性能测试的操作步骤如下：

（1）选择 控制(O) → 测试影片(M) Ctrl+Enter 或 测试场景(S) Ctrl+Alt+Enter 命令，将当前动画或场景输出为.swf 格式的文件，在测试窗口中打开并播放，效果如图 11.2.1 所示。

（2）从 视图(V) → 下载设置(D) 命令下的子命令中选择调制解调器的速度，以决定 Flash 的模拟下载速度，如图 11.2.2 所示。

（3）选择 视图(V) → 带宽设置(B) Ctrl+B 命令，打开带宽视图查看动画的下载性能，如图 11.2.3 所示。

图 11.2.1 在测试窗口中播放动画

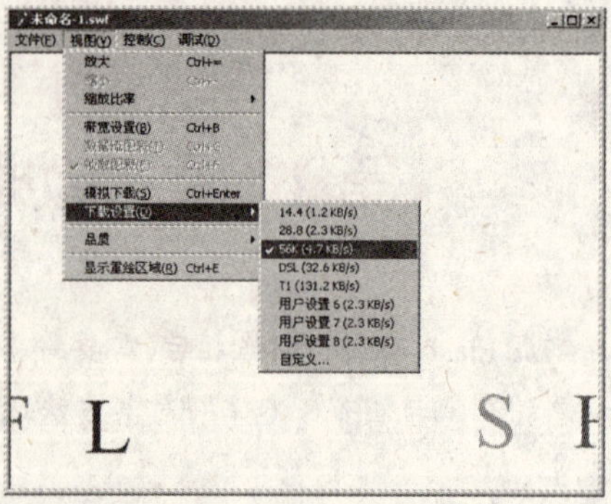

图 11.2.2 选择下载速度

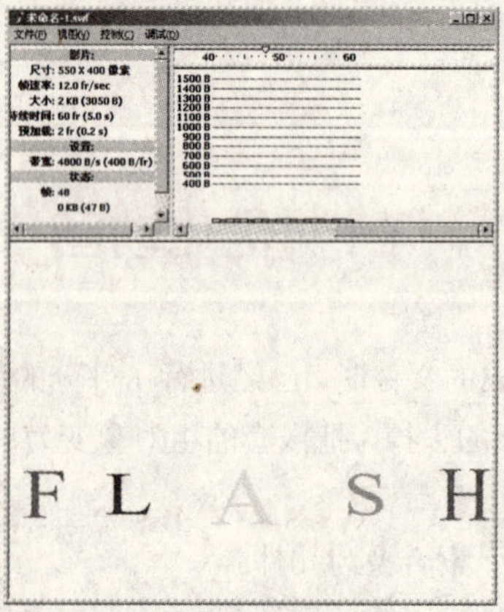

图 11.2.3 带宽视图

在传输数据图中，每个交错的浅色和深色的方块表示动画的一个帧。方块的大小表示该帧所含数据量的多少。若方块超出了红线，表示该帧中的数据量超出了一般限制，则动画必然会在此停留等待数据的下载。在流式传输模式下，播放指针的移动表示当前帧的载入。

（4）单击右侧图表中的色块（即某帧），使动画停留在该帧处，图表左侧的数据表示该帧的下载性能，包括动画的尺寸、帧速率、文件容量、播放时间和预载时间等。

（5）选择 视图(V) → ✔ 帧数图表(F) Ctrl+F 命令，使每帧单独显示，以便于查看每帧的数据大小，如图 11.2.4 所示。

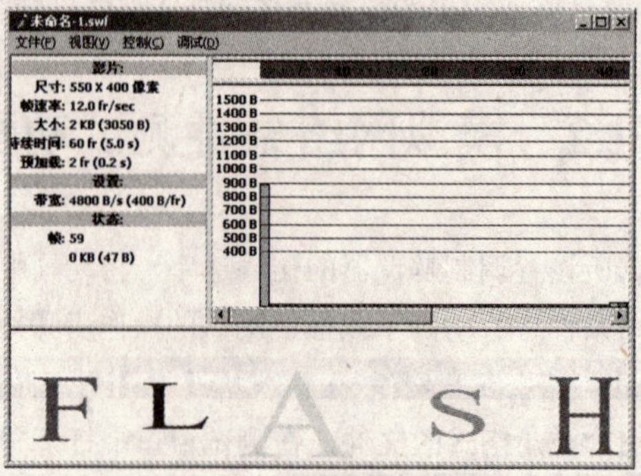

图 11.2.4 帧数图表

（6）关闭测试窗口，返回到创作环境。

11.3　设置动画发布选项

选择 文件(F) → 发布设置(G)... Ctrl+Shift+F12 命令，弹出“发布设置”对话框，在该对话框中可以对发布选项进行设置，如图 11.3.1 所示。

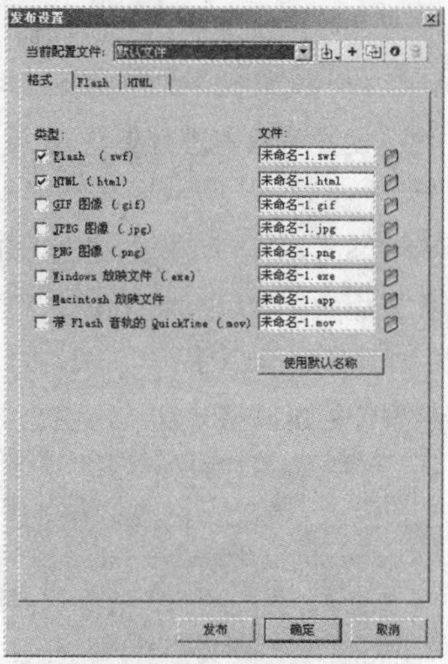

图 11.3.1　“发布设置”对话框

1.“格式”选项卡

在“格式”选项卡的“类型”选项区中，用户可以选择一种或多种文件发布格式。当一些格式被选择后，对话框会显示相应选项卡用来设置该格式文件的选项，例如选中“GIF 图像”复选框，对话框会显示“GIF”选项卡用来设置 GIF 格式的文件，如图 11.3.2 所示。

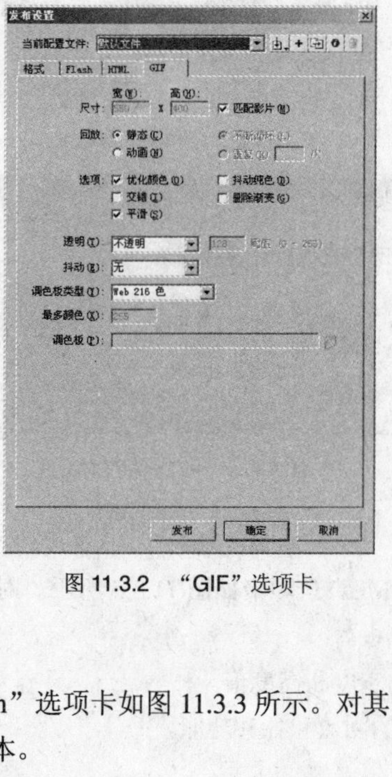

图 11.3.2　“GIF”选项卡

2.“Flash”选项卡

“发布设置”对话框的“Flash”选项卡如图 11.3.3 所示。对其中各项说明如下：

（1）版本：设置播放器的版本。

（2）加载顺序：设置文件加载时的顺序。

（3）ActionScript 版本：设置动作脚本的版本。

（4）生成大小报告：生成一个记录最终输出动画的各部分大小的文件。

（5）防止导入：防止发布的动画文件被别人下载到 Flash 程序中进行编辑。

（6）省略 trace 动作：从导出的 Flash 动画中删除跟踪作用，防止别人偷窥用户的源代码。

（7）允许调试：允许导出的 Flash 动画在播放时运行调试器调试 Flash 动画。

（8）压缩影片：压缩 SWF 文件以减小文件大小来缩短下载时间。

（9）针对 Flash Player r r65 优化：设置对版本进行更新。

（10）密码：设置密码保护。

（11）JPEG 品质：将动画中的所有位图保存为 JPEG 压缩文件并设置压缩率。

（12）音频流：设置输出的流式音频的压缩格式和传输速度。单击其后的设置按钮，弹出“声音设置”对话框，设置声音的属性，如图 11.3.4 所示。

（13）音频事件：设置输出音频事件的压缩格式和传输速率。

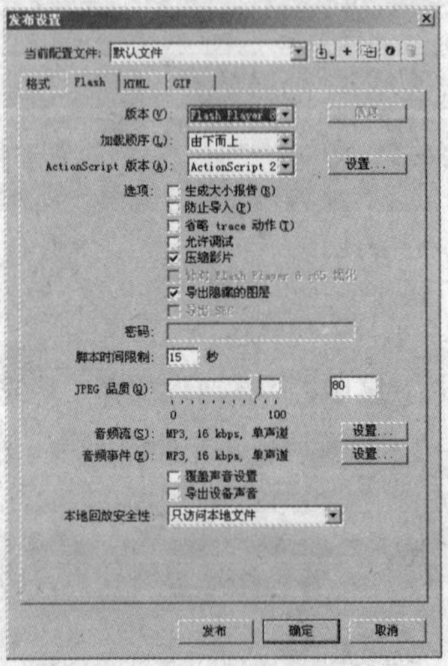

图 11.3.3 “Flash”选项卡

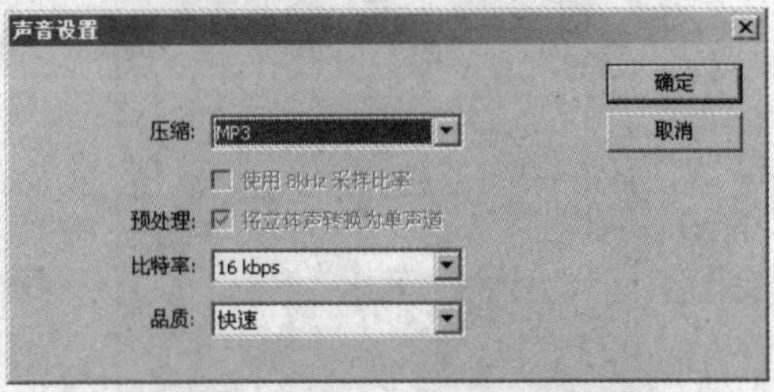

图 11.3.4 “声音设置”对话框

3.“HTML”选项卡

“发布设置”对话框的“HTML”选项卡如图 11.3.5 所示。对其中各项说明如下：

（1）模板：设置所使用的模板。

（2）尺寸：设置嵌入动画的宽度和高度值。

（3）回放：控制 SWF 文件的回放和各种功能。

（4）品质：设置显示效果，决定反锯齿性能水平。

（5）窗口模式：可以利用 IE 的透明显示、绝对定位及分层功能。该项只适用于安装有 Flash ActiveX 的 IE 浏览器。

（6）HTML 对齐：设置动画窗口在浏览器窗口中的位置。

（7）缩放：设置动画在指定高度和宽度范围内缩放。

（8）Flash 对齐：定义动画在动画窗口中的位置以及以窗口大小裁剪动画。

（9）显示警告消息：设置是否要警示 HTML 标签代码中所出现的错误。

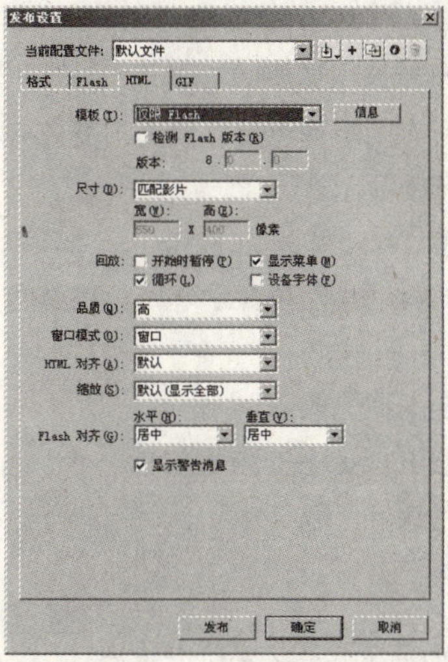

图 11.3.5　“HTML”选项卡

4. GIF 发布设置

标准 GIF 文件适用于输出简单压缩的位图。它提供了一个导出绘图和简单动画以便在 Web 页上使用的简单方法。GIF 动画为输出短小的动画提供了简便的方式。Flash 将 GIF 动画进行优先处理，并保存为逐帧变化的动画。GIF 格式文件的“发布设置”对话框如图 11.3.6 所示。

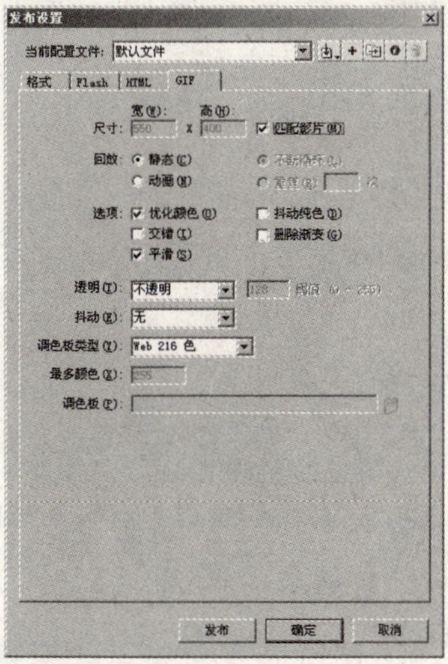

图 11.3.6　GIF 格式文件的“发布设置”对话框

对其中各项的功能说明如下：

（1）“尺寸”：设置输出 GIF 位图的大小。

（2）“回放”：设置 Flash 是创建静止图片还是动画图片。

1）“静态”单选按钮：选中该单选按钮输出静止 GIF 图片。

2）“动画”单选按钮：选中该单选按钮输出动画 GIF 图片。选中◉重复(R)单选按钮还可设置循环播放的次数；选中◉不断循环(L)单选按钮，可以使动画循环播放。

（3）“选项”：设置 GIF 位图的显示属性。

1）“优化颜色”：在不影响图像质量前提下，通过优化色彩使 GIF 文件减少 1 000～1 500 字节。

2）“抖动纯色”：对实色、渐变色和图像使用抖动功能。

3）“交错”：使 GIF 图像在浏览器中边下载边显示。

4）“删除渐变”：将动画中所有的渐变色都转换为渐变色中的第一种实色。

5）“平滑”：设置输出位图平滑显示。

（4）“透明”：设置动画透明度。

（5）“抖动”：设置抖动方式。抖动功能可显示一定范围颜色相近的像素，以模拟当前调色板中没有的颜色。

（6）“调色板类型”：为图像定义调色板。

（7）“最多颜色”：设置用在 GIF 图像中的颜色数量。

（8）“调色板”：自定义的调色板。

5．JPEG 发布设置

利用 JPEG 格式可将图像输出为高压缩率、24 位的位图。一般 GIF 适用于输出线条图形，而 JPEG 更适用于输出含有渐变色（渐变不受有限的调色板限制）和位图的图像。JPEG 格式文件的“发布设置”对话框如图 11.3.7 所示。

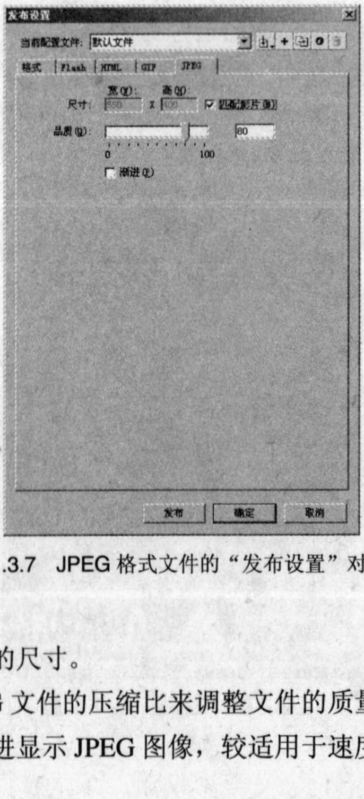

图 11.3.7　JPEG 格式文件的“发布设置”对话框

对其中各项的功能说明如下：

（1）“尺寸”：设置输出位图的尺寸。

（2）“品质”：通过设置 JPEG 文件的压缩比来调整文件的质量。

（3）“渐进”：在浏览器上渐进显示 JPEG 图像，较适用于速度较慢的网络。

6. PNG 发布设置

PNG 格式压缩性能、颜色容量和透明性方面比 GIF 格式更好，也是 Adobe Fireworks 的基本文件格式。PNG 格式文件的“发布设置”对话框如图 11.3.8 所示。

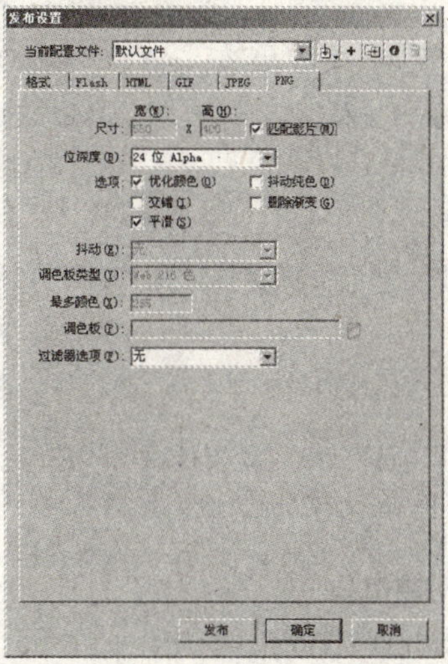

图 11.3.8　PNG 格式文件的“发布设置”对话框

对其中各项的功能说明如下：

（1）“尺寸”：设置输出图像的尺寸大小。

（2）“位深度”：设置导出的图像颜色。

（3）“选项”：为输出的 PNG 图像设置显示属性范围。

（4）“过滤器选项”：通过设置 PNG 文件格式的过滤方式使图形压缩效果更好。

小　结

本章主要介绍了动画的发布与导出，这是非常关键的一步，它将直接影响到作品能否正常传播。通过本章的学习，用户应该掌握如何将动画以不同的格式发布与导出。

过关练习十一

一、基础题

1. 使用_________可以根据所设置调制解调器的传输速率，将动画中每一帧的传输数据进行比较，并用图表显示出来。

2. 在传输数据图中，每个交错的浅色和深色的方块表示动画的一个__________。

3. 选择（　）命令下的子命令可以设置调制解调器的速度。

A. 

B. 

C. 

D. 

4. 当将 Flash 动画发布为（　）格式时没有发布选项。

A．GIF 文件　　B．Windows 的放映文件

C．JPEG 文件　　D．Macintosh 的放映文件

5．“发布”命令的快捷键是（　）。

A．F12　　B．Shift+F12

C．Enter　　D．Ctrl+F12

6．在默认情况下，只能将 Flash 动画发布为（　　）格式的文档。

A．swf　　B．html

C．gif　　D．jpeg

7．在 Flash MX 2004 中还可以创建可执行文件，即（　）文件。

A．FLA　　B．SWF

C．EXE　　D．PNG

8．在传输数据图中，若方块超出了红线，表示什么含义？

二、上机操作题

1．制作一个动画，以 GIF 格式输出。

2．将一段 SWF 动画转换为可执行文件。

3．打开一个 Flash 文档，然后以 swf 和 avi 两种类型进行导出。

4．将一段 SWF 动画转换为可执行文件。

（1）打开一个 SWF 动画。

（2）选择 文件(F)→创建播放器(R)... 命令，弹出“另存为”对话框。

（3）输入文件名保存，即将 SWF 文件保存为可执行文件。

第 12 章　行业应用实例

为了更好地了解并掌握 Flash CS3，本章准备了一些具有代表性的实例。所举实例由浅入深地贯穿本书的知识点，相信通过本章实例的学习，读者能够掌握该软件的强大功能。

本章重点

（1）网页设计导航页。

（2）海报设计可爱动物展示。

（3）二维动画图片的缓冲。

（4）二维动画音波效果。

（5）教学光盘片头动画。

（6）教学光盘片尾动画。

（7）电子杂志设计。

实例 1　网页设计——导航页

创作目的

本例制作网站导航页效果，如图 12.1.1 所示。

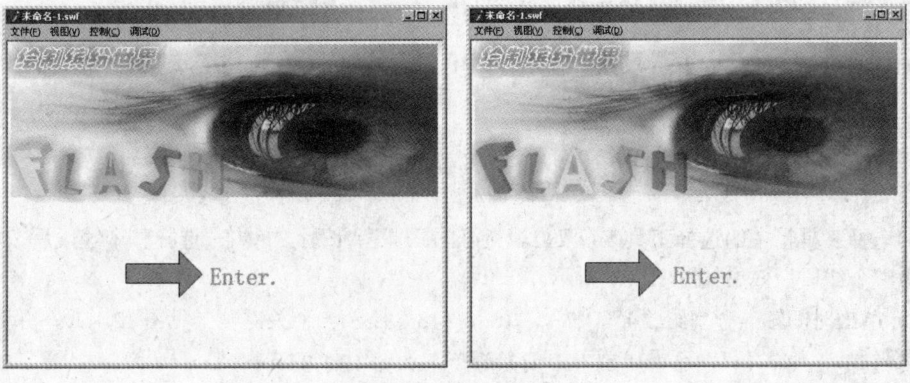

图 12.1.1　效果图

创作步骤

（1）选择 文件(F) → 新建(N)... Ctrl+N 命令，弹出“新建”对话框，选择“常规”选项卡中的 Flash 文件(ActionScript 3.0) 选项，单击 确定 按钮，新建一个 Flash 文档。

（2）选择 修改(M) → 文档(D)... Ctrl+J 命令，弹出“文档属性”对话框，设置“尺寸”为“550 px×400 px”，“背景颜色”为“白色”（见图 12.1.2），单击 确定 按钮。

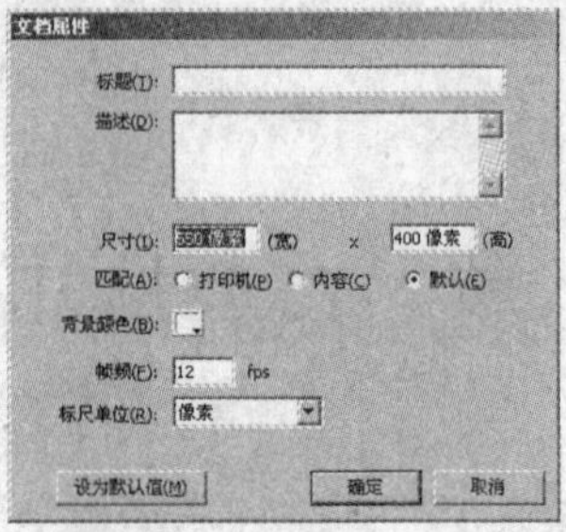

图 12.1.2 “文档属性”对话框

（3）选择 插入(I) → 新建元件(N)... Ctrl+F8 命令，弹出“创建新元件”对话框，，在“名称”文本框中输入“F”，在“类型”选项区中选中“影片剪辑”单选按钮，单击 确定 按钮，进入该原件的编辑窗口，如图 12.1.3 所示。

图 12.1.3 “创建新元件”对话框

（4）选择工具箱中的线条工具，在属性面板中设置笔触颜色为“黑”，填充颜色为“无”，在舞台中绘制一个字母“F”，如图 12.1.4 所示。

（5）选择工具箱中的填充颜色工具，选择好颜色后，选择颜料桶工具给立体“F”表面绘制成“浅绿色”，有阴影的地方绘制成“深绿色”，颜色逐层递进，如图 12.1.5 所示。

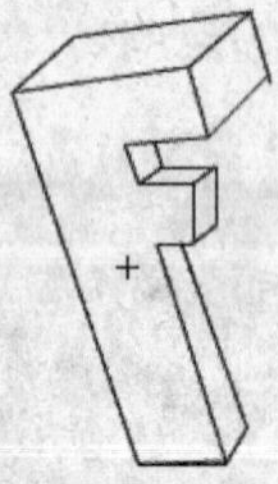

图 12.1.4 绘制圆形轮廓

图 12.1.5 填充颜色

（6）选择工具箱中的选择工具，双击填充好的立体字“F”上的线条，选择整个线段后按“Delete”键，删除整个线段后效果如图 12.1.6 所示。

（7）单击时间轴，分别给“4”，“7”，“10”，“13”插入一个关键帧（见图 12.1.7），并分别用颜料桶工具填充“蓝”、“咖啡”、“黄”、“紫”颜色，如图 12.1.8 所示。

图 12.1.6 立体字母“F”

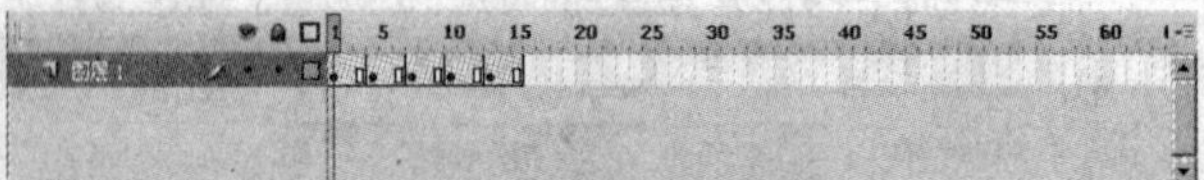

图 12.1.7 插入关键帧

图 12.1.8　各个帧对应的颜色

（8）重复步骤（3）～（7）的操作，分别绘制出影片剪辑“L”，“A”，“S”，“H”，如图 12.1.9 所示。

图 12.1.9　创建其他字母元件

（9）单击 场景 1 图标，返回到主场景。

（10）选择 文件(F) → 导入(I) → 导入到舞台(I)... Ctrl+R 命令，弹出“导入”对话框，选择一副图片为背景，如图 12.1.10 所示。

（11）选择工具箱中的变形工具，调整背景图片的大小。分别将影片剪辑元件“F”，“L”，“A”，“S”，“H”放在合适的位置，如图 12.1.11 所示。

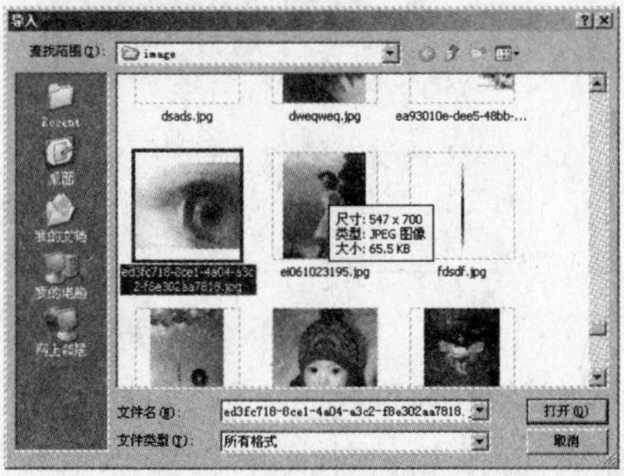

图 12.1.10　导入图片

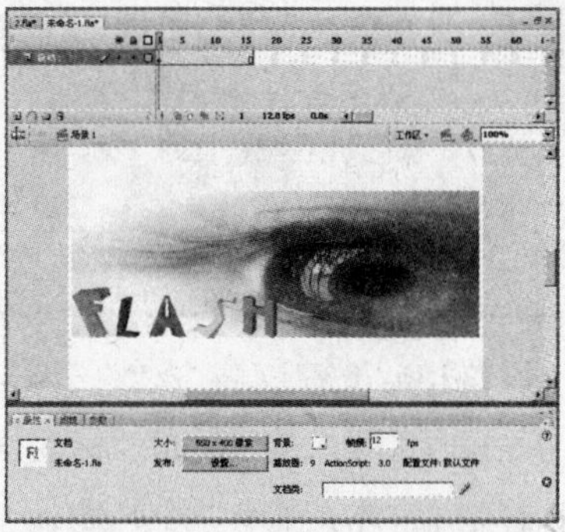

图 12.1.11　元件放入舞台并调整位置

（12）选择工具箱中的选择工具，单击元件“F”，打开属性面板，将“颜色”下拉列表中的“无”改为“Alpha”并设置其透明度为“50%”。其他字母元件设置相同的属性，如图 12.1.12 所示。

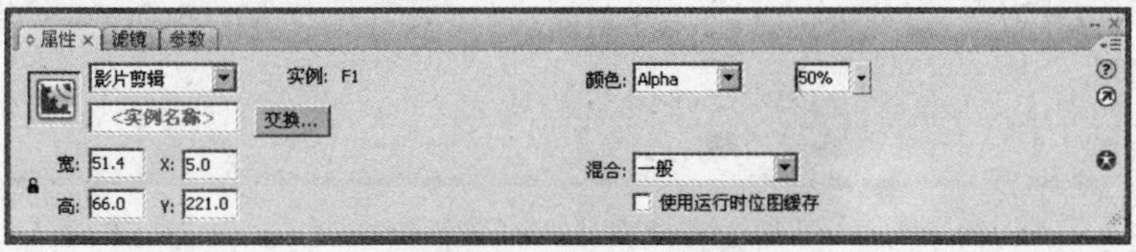

图 12.1.12　设置元件透明度

（13）单击属性面板中的“滤镜”标签，打开“滤镜”选项卡，如图 12.1.13 所示。

图 12.1.13　“滤镜”选项卡

（14）选择元件“F”，单击“添加滤镜”按钮，在弹出的快捷菜单中选择“发光”命令，属性面板如图 12.1.14 所示。

图 12.1.14　“发光”滤镜属性面板

（15）设置“模糊 X”和“模糊 Y”的值为“25”，颜色选项为元件“F”填充颜色“深绿色”，重复步骤（12）～（14）的操作，为其他字母元件设置相同的属性，效果如图 12.1.15 所示。

（16）选择工具箱中的文本工具，在属性面板中设置字体为“华文彩云”，字体大小为“30”，文本颜色为“黑色”，并单击“切换粗体”按钮和“切换斜体”按钮，然后在舞台的合适位置输入“绘制缤纷世界”，如图 12.1.16 所示。

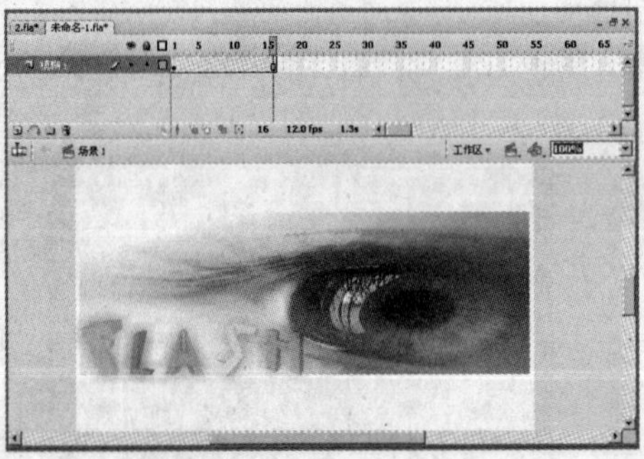

图 12.1.15　各字母元件“发光”效果

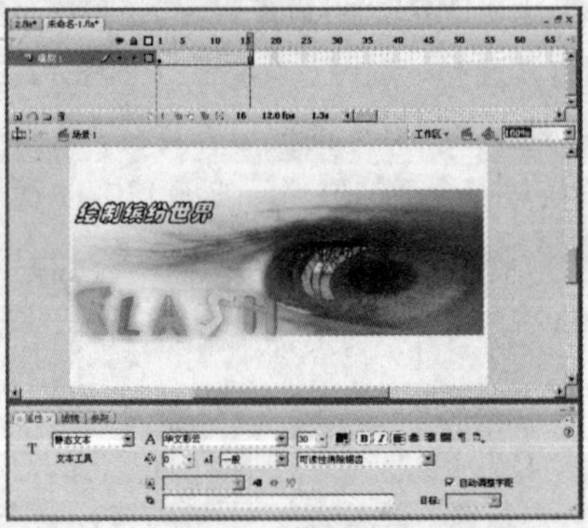

图 12.1.16　设置文本

（17）单击属性面板中的“滤镜”标签，打开“滤镜”选项卡。

（18）选择整个文本，单击“添加滤镜”按钮，在弹出的快捷菜单中选择“发光”命令，设置“模糊 X”和“模糊 Y”的值为“25”，选中“挖空”复选框，设置颜色选项为“黑色”，如图 12.1.17 所示。

图 12.1.17　设置“发光”滤镜属性面板

（19）选择 插入(I) → 新建元件(N)... Ctrl+F8 命令，弹出“创建新元件”对话框，在“名称”文本框中输入“Enter”，在“类型”选项区中选中“影片剪辑”单选按钮，进入元件编辑区，如图 12.1.18 所示。

（20）选择工具箱中的文本工具 T，在属性面板中设置字体为“Times New Roman”，字体大小为“30”，文本颜色为“灰色”，并单击“切换粗体”按钮 B，然后在舞台的中心位置输入“Enter”，如图 12.1.19 所示。

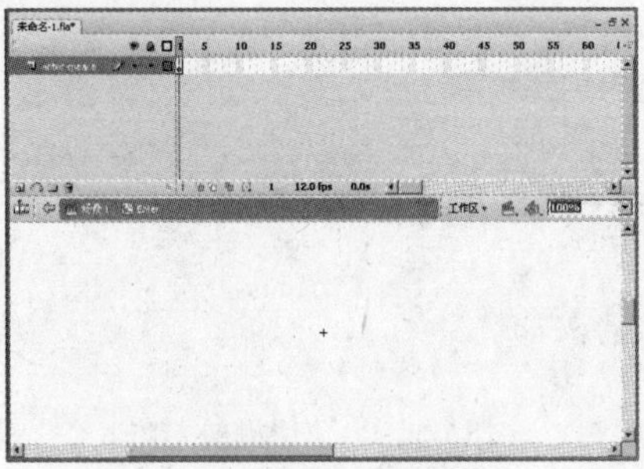

图 12.1.18　进入元件编辑区

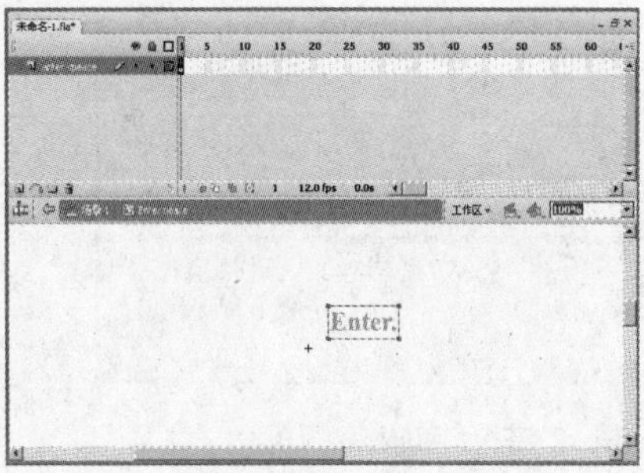

图 12.1.19　输入文本

（21）选择该层，单击第 10 帧按“F6”键插入一个关键帧（见图 12.1.20），选择 窗口(W) → 動作(A) F9 命令打开动作面板，如图 12.1.21 所示。

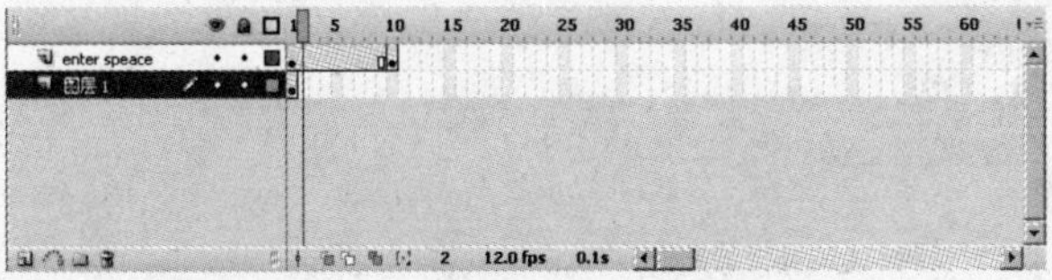

图 12.1.20　插入关键帧

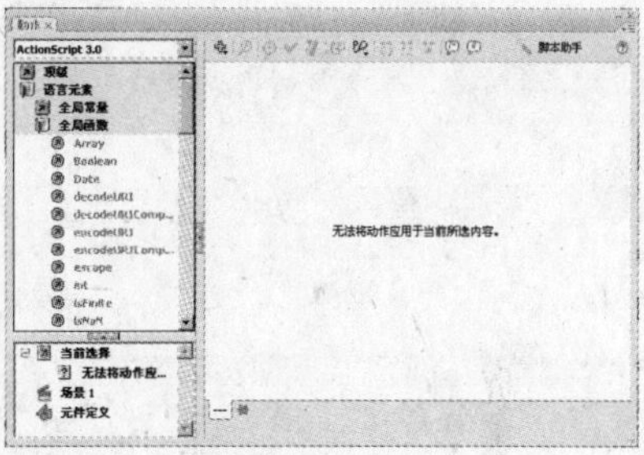

图 12.1.21　动作面板

（22）在动作面板中写入语句“gotoAndPlay(1);”。

（23）单击时间轴面板中的“插入图层”按钮，插入一个名为“箭头”的层并绘制一个箭头，如图 12.1.22 所示。

（24）选择“箭头”层的第 5 帧和第 10 帧按“F6”键分别插入一个关键帧，如图 12.1.23 所示。

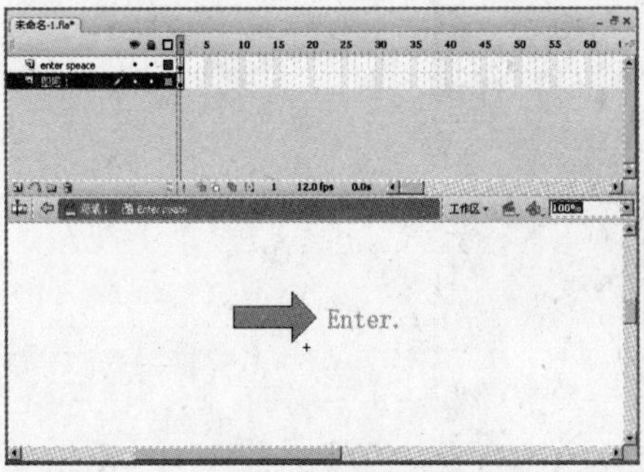

图 12.1.22　绘制箭头

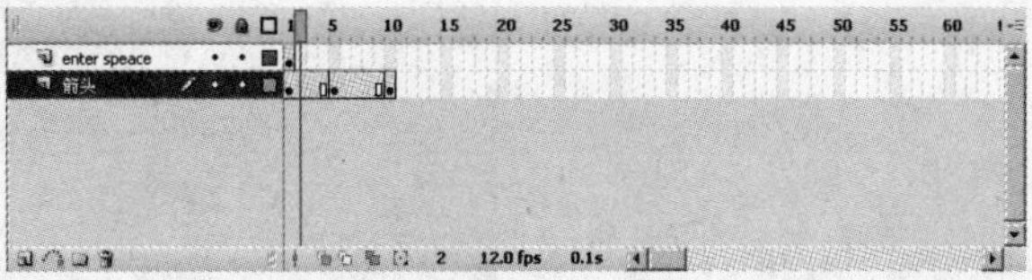

图 12.1.23　插入关键帧

（25）选择第 5 帧，将箭头向右水平移动 5 个坐标（见图 12.1.24），选择第 1 帧～第 5 帧中间任意一帧，单击鼠标右键选择 创建补间动画 ，如图 12.1.25 所示。

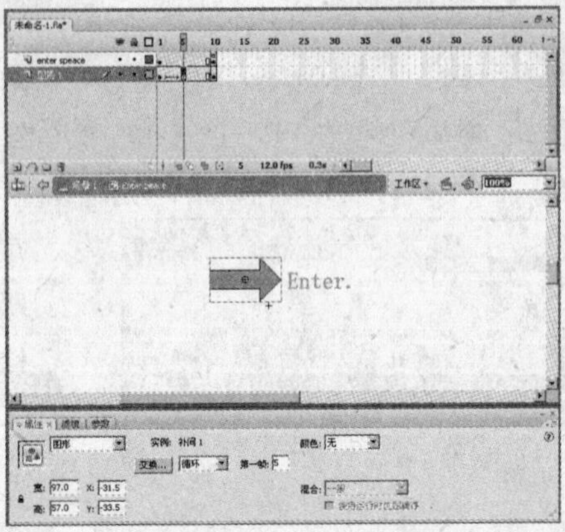

图 12.1.24　向右移动箭头

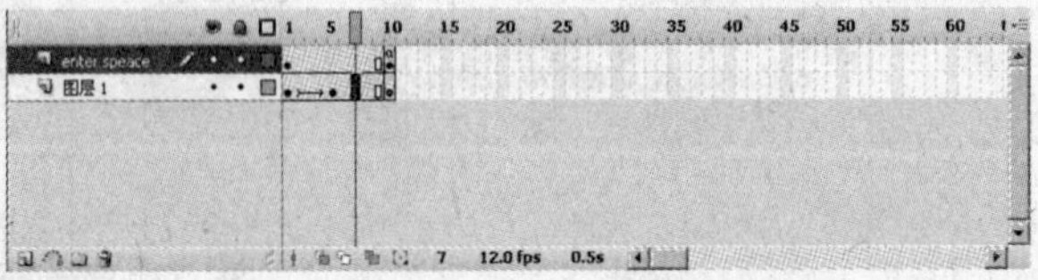

图 12.1.25　创建补间动画

（26）选择第 10 帧，将箭头移动到第一帧的位置（见图 12.1.26），选择第 5 帧～第 10 帧中间任意一帧，单击鼠标右键选择 创建补间动画 ，如图 12.1.27 所示。

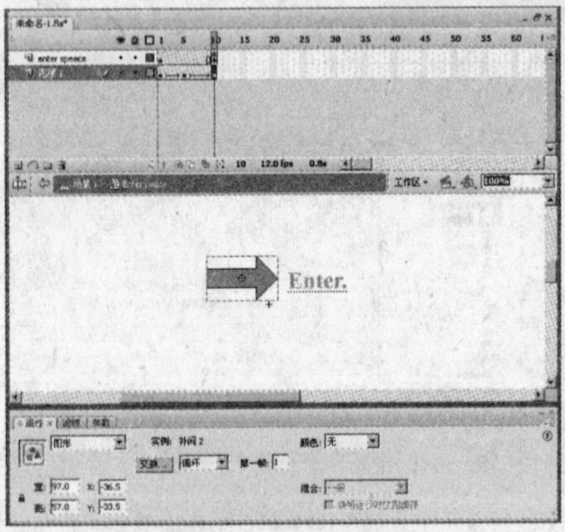

图 12.1.26　移动箭头回原位

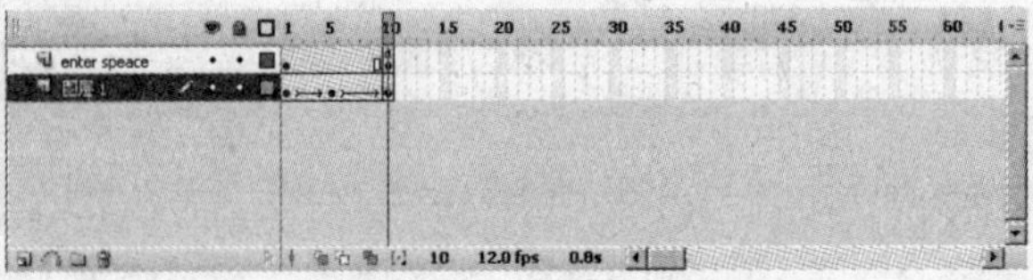

图 12.1.27　创建补间动画

（27）单击 场景 1 图标，返回到主场景。

（28）将元件“Enter”放到合适的位置，如图 12.1.28 所示。

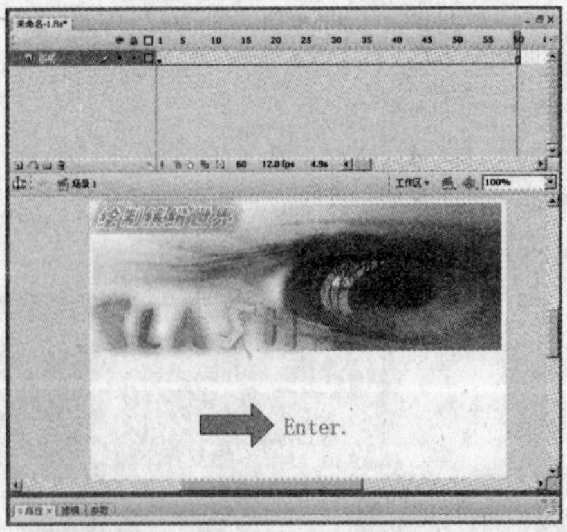

图 12.1.28　“Enter”元件在舞台的位置

（29）按“Ctrl+S”键保存文件，最终效果如图 12.1.1 所示。

实例 2　海报设计——可爱动物展示

创作目的

本例制作可爱动物效果，如图 12.2.1 所示。

图 12.2.1　效果图

创作步骤

（1）选择 文件(F) → 新建(N)... Ctrl+N 命令，弹出“新建”对话框，选择“常规”选项卡中的 Flash 文件(ActionScript 3.0) 选项，单击 确定 按钮，新建一个 Flash 文档。

（2）选择 修改(M) → 文档(D)... Ctrl+J 命令，弹出“文档属性”对话框，设置“尺寸”为“420 px×420 px”，“背景颜色”为“#FFFF00”（见图 12.2.2），单击 确定 按钮。

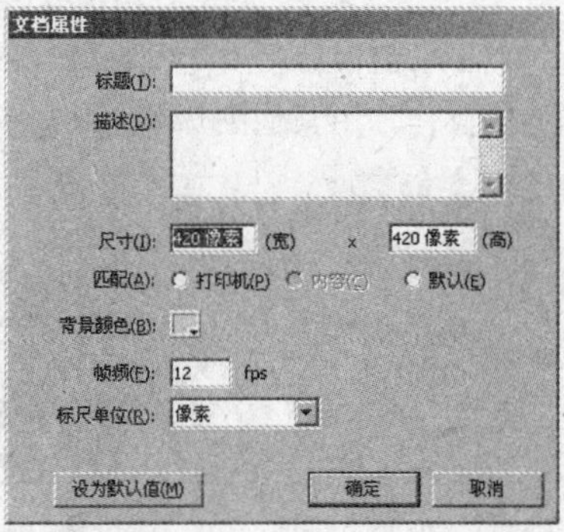

图 12.2.2　“文档属性”对话框

（3）选择工具箱中的椭圆工具，在属性面板中设置笔触颜色为“黑色”，填充颜色为“无”，按住“Shift”键，在工作区中绘制一个圆形。

（4）选择工具箱中的线条工具，为圆形绘制两条直径线，如图 12.2.3 所示。

（5）选择 文件(F) → 导入(I) → 导入到库(L)... 命令，弹出“导入到库”对话框，导入四幅可爱动物的图片。

（6）选择窗口(W)→颜色(C) Shift+F9命令，打开“颜色”面板，在“类型”下拉列表中选择“位图”选项，如图 12.2.4 所示。

图 12.2.3 绘制圆形及直径线

图 12.2.4 “颜色”面板

（7）将鼠标指针移动到第一幅图片上，当其呈现形状时单击鼠标吸取填充色。

（8）选择工具箱中的颜料桶工具，单击圆形的左上角区域，用位图填充四分之一的圆形，如图 12.2.5 所示。

（9）选择工具箱中的渐变变形工具，单击圆形的左上角部分，将出现如图 12.2.6 所示的控制手柄。

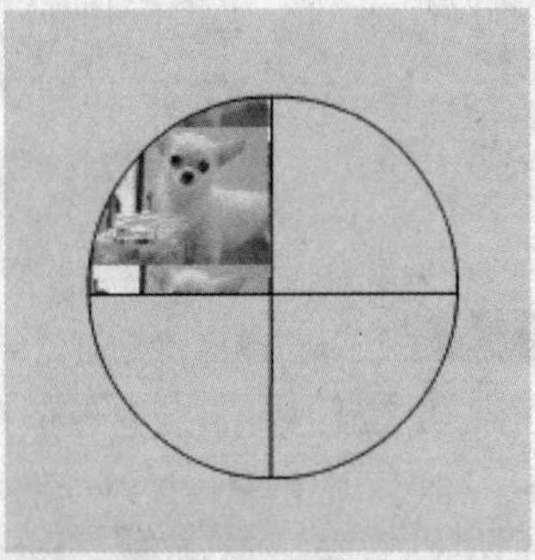

图 12.2.5 用位图填充四分之一圆形

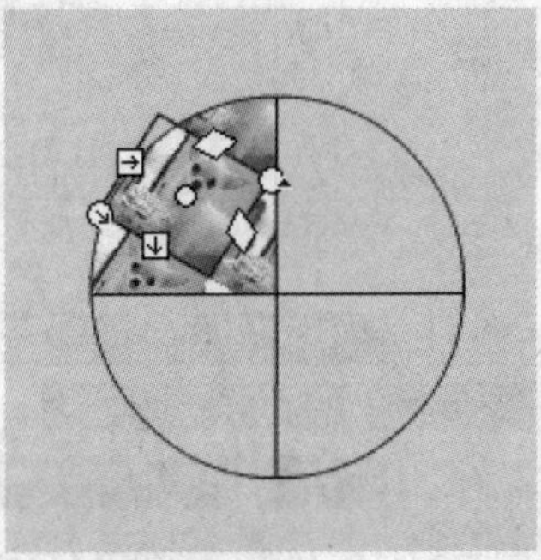

图 12.2.6 控制手柄

（10）用鼠标拖动控制手柄，调整填充样式，如图 12.2.7 所示。

（11）重复步骤（7）～（10）的操作，用其他图片填充圆形剩余区域，如图 12.2.8 所示。

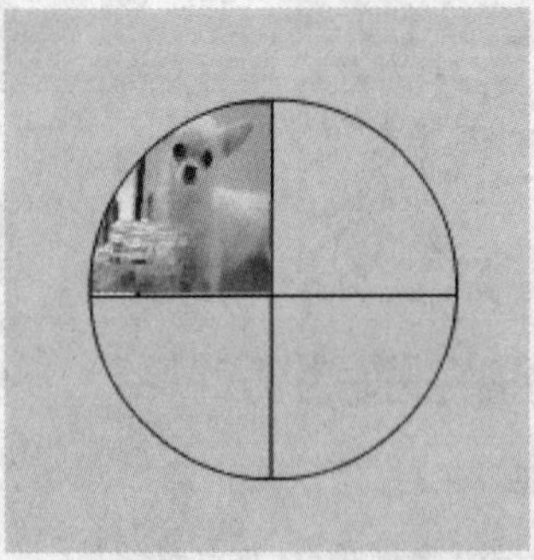

图 12.2.7 调整填充样式

图 12.2.8 用其他图片填充圆形的剩余区域

（12）选择工具箱中的线条工具，在如图 12.2.9 所示的区域绘制两条直线。

（13）选择工具箱中的文本工具，在属性面板中设置字体为“华文彩云”，字体大小为“30”，文本颜色为“粉红”，在工作区中输入文字“可爱动物”，如图 12.2.10 所示。

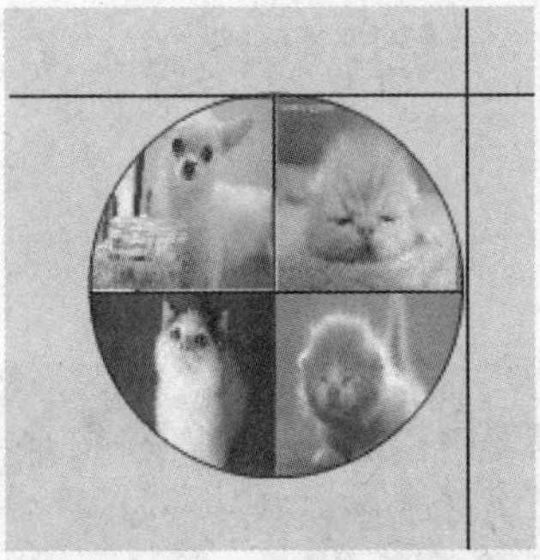

图 12.2.9　绘制的两条直线

图 12.2.10　输入文字

（14）选择“图层 1”中的文字，单击属性面板中的“滤镜”标签，打开“滤镜”选项卡，如图 12.2.11 所示。

图 12.2.11　“滤镜”选项卡

（15）单击“添加滤镜”按钮，在弹出的快捷菜单中选择“投影”命令，属性面板如图 12.2.12 所示。

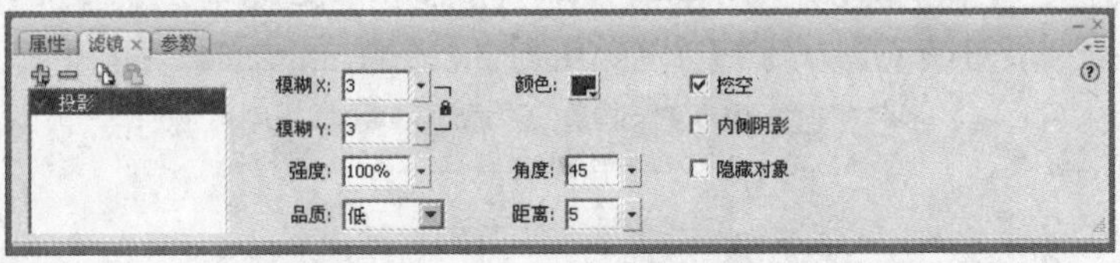

图 12.2.12　“投影”滤镜属性面板

（16）设置“模糊 X”和“模糊 Y”的值为“3”，然后选中“挖空”复选框，并在“强度”下拉列表中选择“145%”选项，文本效果如图 12.2.13 所示。

图 12.2.13　文字投影效果

（17）按“Ctrl+S”键保存文件，最终效果如图 12.2.1 所示。

实例 3　二维动画——图片的缓冲

创作目的

本例制作图片的缓冲效果，如图 12.3.1 所示。

图 12.3.1　效果图

创作步骤

（1）选择文件(F)→新建(N)... Ctrl+N命令，弹出“新建”对话框，选择“常规”选项卡中的Flash 文件(ActionScript 3.0)选项，单击确定按钮，新建一个 Flash 文档。

（2）选择修改(M)→文档(D)... Ctrl+J命令，弹出“文档属性”对话框，设置“尺寸”为“550 px×400 px”，“背景颜色”为“黑色”（见图 12.3.2），单击确定按钮。

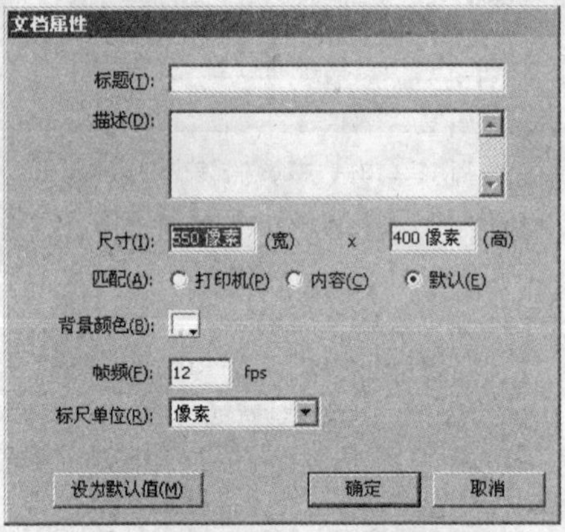

图 12.3.2　“文档属性”对话框

（3）选择插入(I)→新建元件(N)... Ctrl+F8命令，弹出“创建新元件”对话框，，在“名称”文本框中输入“图片”，在“类型”选项区中选中“图形”单选按钮，单击确定按钮，如图 12.3.3 所示。

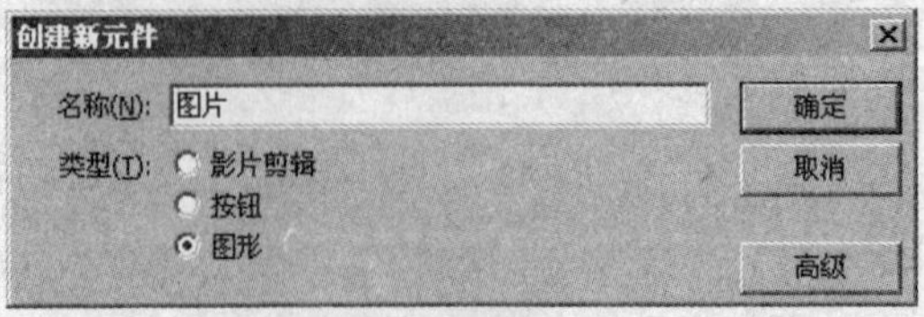

图 12.3.3　“创建新元件”对话框

（4）选择 文件(F) → 导入(I) → 导入到舞台(I)... Ctrl+R 命令，弹出“导入”对话框，导入一张图片，并在属性面板中设置其“宽”为“400.0”，“高”为“300.0”，“X”为“-442.0”，“Y”为“-195.0”，如图 12.3.4 所示。

（5）重复步骤（4）的操作，导入另一张图片，并设置其“宽”为“400.0”，“高”为“300.0”，“X”为“-42.0”，“Y”为“-195.0”，如图 12.3.5 所示。

图 12.3.4　导入并调整图片

图 12.3.5　导入并调整另一张图片

（6）选择 插入(I) → 新建元件(N)... Ctrl+F8 命令，弹出“创建新元件”对话框，，在“名称”文本框中输入“背景”，在“类型”选项区中选中“影片剪辑”单选按钮。单击 确定 按钮进入该元件的编辑窗口。

（7）选择 窗口(W) → 库(L) Ctrl+L 命令，打开库面板，从中拖动“图片”元件到工作区的中心位置，如图 12.3.6 所示。

（8）选择 窗口(W) → 動作(A) F9 命令，打开动作面板，如图 12.3.7 所示。

图 12.3.6　拖入“图片”元件

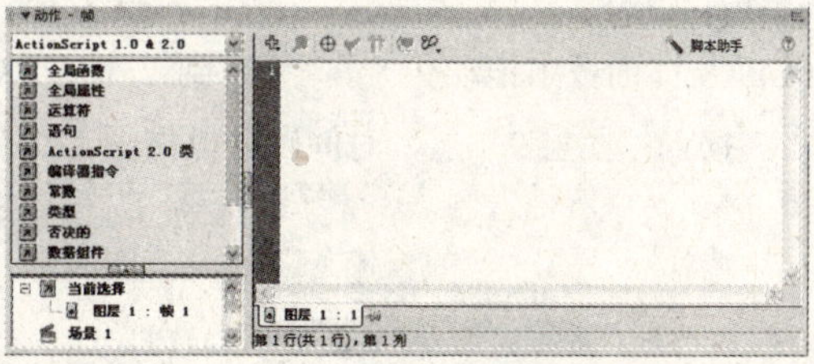

图 12.3.7　动作面板

（9）选择“图片”实例，在动作面板中输入以下代码：

```
onClipEvent(load){
speedy=_parent._parent._name/0.6
}
onClipEvent(enterFrame){
_x +=(_root.a-_x)/speedy
}
```

（10）选择插入(I)→新建元件(N)... Ctrl+F8命令，弹出“创建新元件”对话框，在“名称”文本框中输入“矩形”，在“类型”选项区中选中“图形”单选按钮，单击确定按钮，进入该元件的编辑窗口。

（11）选择工具箱中的矩形工具，在属性面板中设置笔触颜色为“无”，填充颜色为“#FF6600”，在工作区中绘制一个矩形。

（12）选择矩形，在属性面板中设置其“宽”为“200.0”，“高”为“300.0”，“X”为“-100.0”，“Y”为“-150.0”，如图 12.3.8 所示。

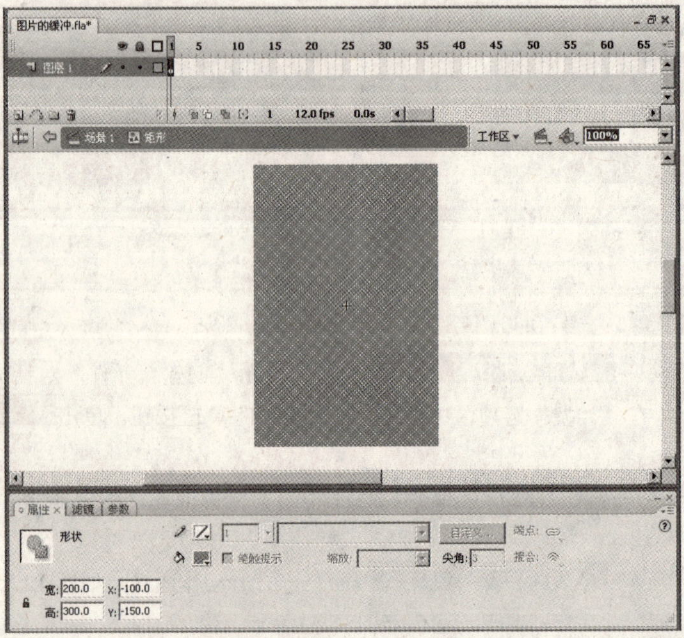

图 12.3.8 绘制并调整矩形

（13）选择插入(I)→新建元件(N)... Ctrl+F8命令，弹出“创建新元件”对话框，在“名称”文本框中输入“1”，在“类型”选项区中选中“影片剪辑”单选按钮，单击确定按钮，进入该元件的编辑窗口。

（14）从库面板中拖动“背景”元件到工作区的中心位置，然后单击时间轴面板中的“插入图层”按钮，插入“图层 2”层，时间轴面板如图 12.3.9 所示。

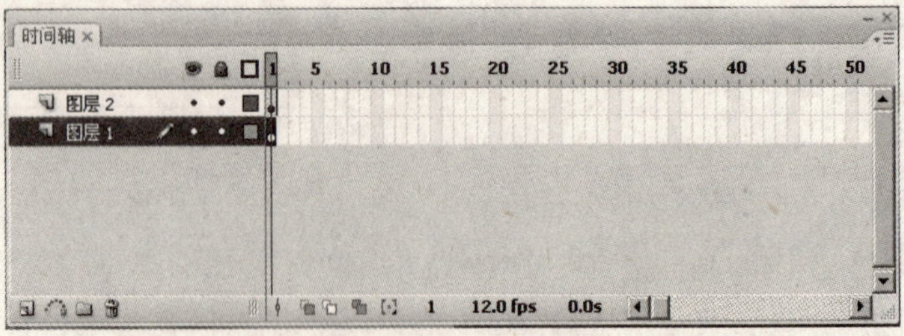

图 12.3.9 时间轴面板

（15）选择“图层 2”的第 1 帧，从库面板中拖动“矩形”元件到工作区中，并在属性面板中设置其“宽”为“66.5”，“高”为“300.0”，“X”为“-400.5”，“Y”为“-150.0”，如图 12.3.10 所示。

（16）用鼠标右键单击“图层 2”的层名区，在弹出的快捷菜单中选择“遮罩层”命令，添加遮罩效果，如图 12.3.11 所示。

图 12.3.10　拖入并调整“矩形”元件

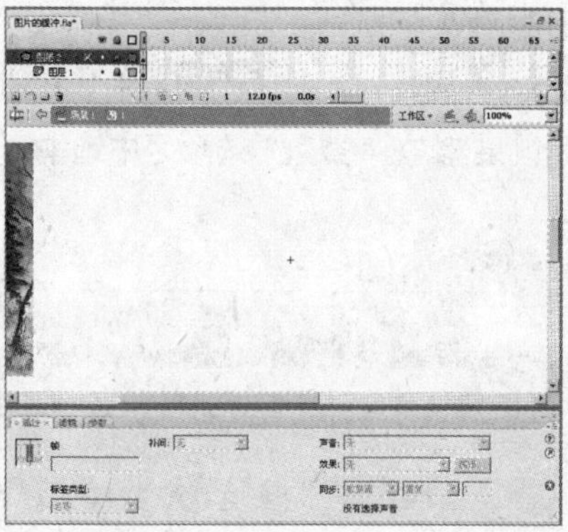

图 12.3.11　添加遮罩效果

（17）在库面板中选择“1”元件，单击鼠标右键，在弹出的快捷菜单中选择 直接复制 命令，弹出“创建新元件”对话框，更改其“名称”为“2”（见图 12.3.12），单击 确定 按钮。

图 12.3.12　“创建新元件”对话框

（18）重复步骤（17）的操作，复制出元件“3”，“4”，“5”和“6”。

（19）在库面板中选择“2”元件，双击鼠标左键，进入其编辑窗口，然后单击“图层 2”层的锁图标解除对该层的锁定，如图 12.3.13 所示。

（20）选择“图层 2”中的“矩形”实例，在属性面板中更改其 X: 为“-334.0”，然后将“图层 2”重新锁定，如图 12.3.14 所示。

图 12.3.13　进入“2”元件的编辑窗口

图 12.3.14　编辑“2”元件

（21）重复步骤（19）和（20）的操作，分别进入元件“3”，“4”，“5”和“6”的编辑窗口，解除对“图层 2”的锁定，然后依次更改其中矩形的“X”为“-267.5”，“-201.0”，“-134.5”和“-68.0”，最后将“图层 2”重新锁定。

（22）选择 插入(I) → 新建元件(N)... Ctrl+F8 命令，弹出“创建新元件”对话框，在“名称”文本框中输入“按钮”，在“类型”选项区中选中“按钮”单选按钮，单击 确定 按钮，进入该元件的编辑窗口，如图 12.3.15 所示。

（23）选择“点击”帧，按“F6”键插入关键帧，然后从库面板中拖动“矩形”元件到工作区的中心位置，如图 12.3.16 所示。

（24）选择 插入(I) → 新建元件(N)... Ctrl+F8 命令，弹出“创建新元件”对话框，，在“名称”文本框中输入“效果”，在“类型”选项区中选中“影片剪辑”单选按钮，单击 确定 按钮，进入该元件的编辑窗口。

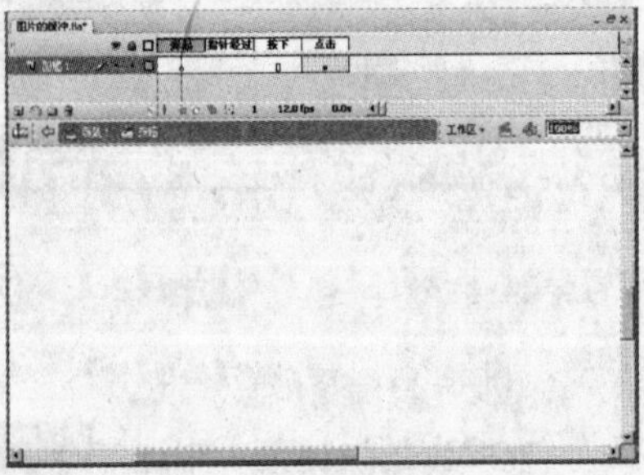

图 12.3.15　进入“按钮”元件的编辑窗口

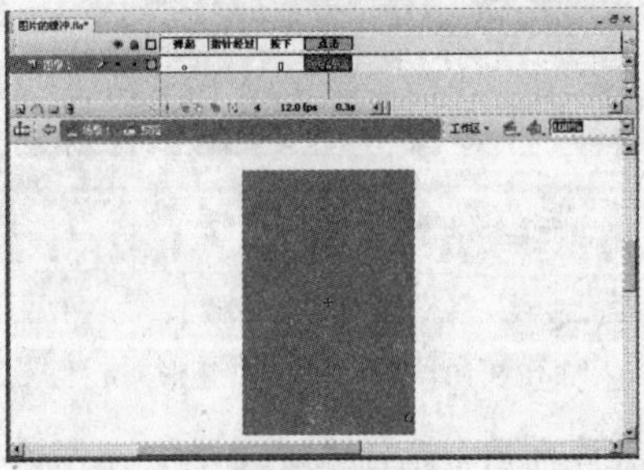

图 12.3.16　拖入“矩形”实例

（25）从库面板中分别拖动元件“1”，“2”，“3”，“4”，“5”和“6”到工作区中，并使用选择工具将它们拼合成一幅整图，如图 12.3.17 所示。

（26）单击时间轴面板中的“插入图层”按钮，插入“图层 2”层，并从库面板中拖动“按钮”元件到如图 12.3.18 所示的位置。

（27）选择该“按钮”实例，在动作面板中添加如下代码：

```
on (press) {
_root.a=-355
}
```

图 12.3.17　拖入并调整元件“1”，“2”，“3”，“4”，“5”和“6”

图 12.3.18　拖入“按钮”元件

（28）再次从库面板中拖动“按钮”元件到工作区中，并调整其到如图 12.3.19 所示的位置。

（29）选择该“按钮”实例，在动作面板中添加如下代码：

```
on (press) {
_root.a=42
}
```

（30）单击场景 1图标，返回到主场景。

（31）从库面板中拖动“效果”元件到工作区的中心位置，如图 12.3.20 所示。

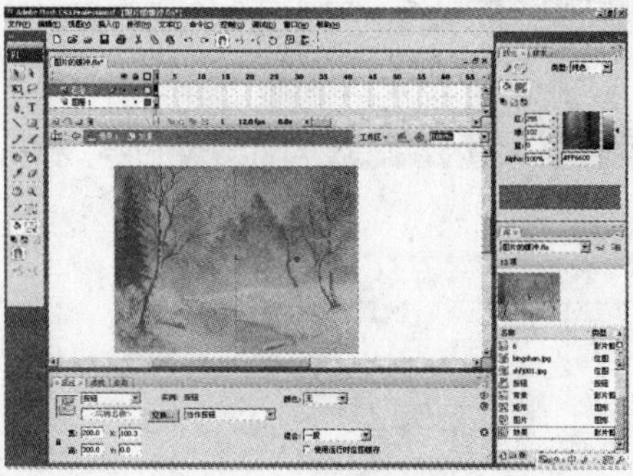

图 12.3.19　再次拖入“按钮”元件

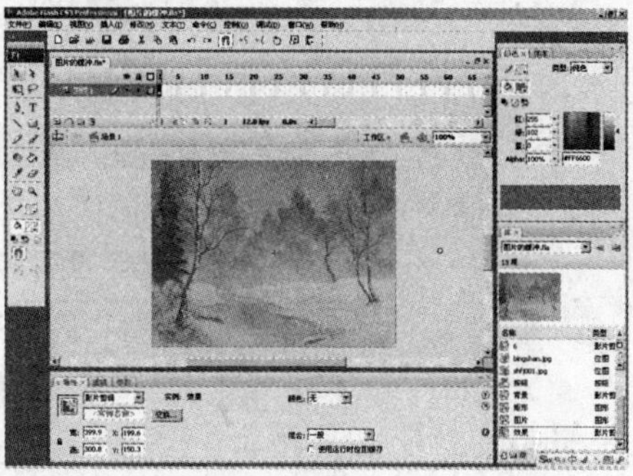

图 12.3.20　拖入“效果”元件

（32）按“Ctrl+Enter”键测试动画，最终效果如图 12.3.1 所示。

实例 4　二维动画——音波效果

创作目的

本例制作音波效果，如图 12.4.1 所示。

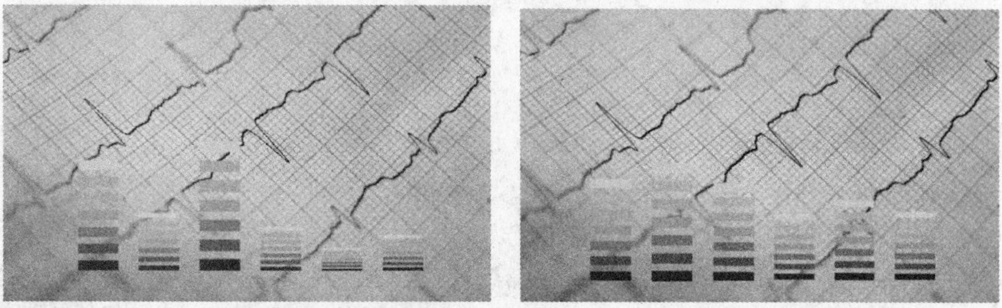

图 12.4.1　效果图

创作步骤

（1）选择 文件(F) → 新建(N)...　Ctrl+N 命令，弹出“新建”对话框，选择“常规”选项卡中的 Flash 文件(ActionScript 3.0) 选项，单击 确定 按钮，新建一个 Flash 文档。

（2）选择 修改(M) → 文档(D)...　Ctrl+J 命令，弹出“文档属性”对话框，设置“尺寸”为“550 px×400 px”，“背景颜色”为“白色”（见图 12.4.2），单击 确定 按钮。

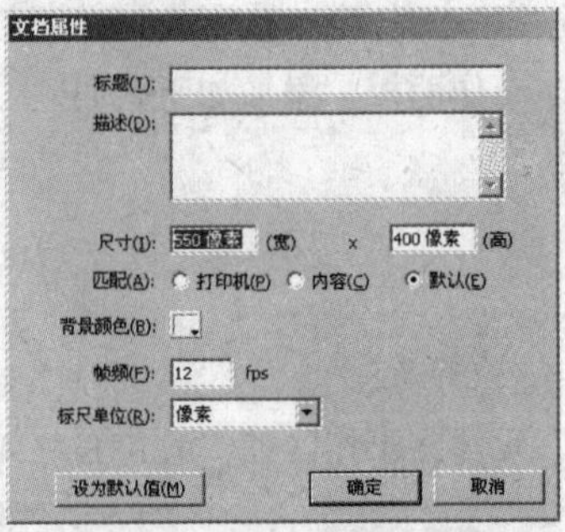

图 12.4.2 “文档属性”对话框

（3）选择 文件(F) → 导入(I) → 导入到舞台(I)... Ctrl+R 命令，弹出“导入”对话框，导入一幅图片，如图 12.4.3 所示。

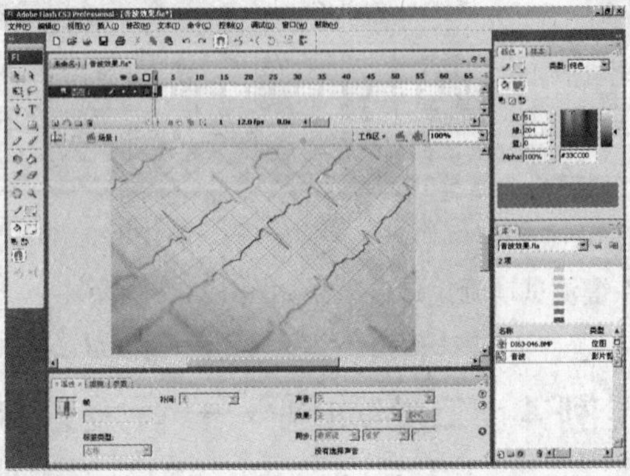

图 12.4.3 导入图片

（4）选择 窗口(W) → 对齐(G) Ctrl+K 命令，打开对齐面板，如图 12.4.4 所示。

图 12.4.4 对齐面板

（5）使“相对于舞台:”按钮处于选择状态，选择图片，分别单击“水平中齐”按钮和“垂直中齐”按钮，调整其位于工作区的中心位置。

（6）选择 插入(I) → 新建元件(N)... Ctrl+F8 命令，弹出“创建新元件”对话框，在“名称”文本框中输入“音波”，在“类型”选项区中选中“影片剪辑”单选按钮（见图 12.4.5），单击 确定 按钮，进入该元件的编辑窗口。

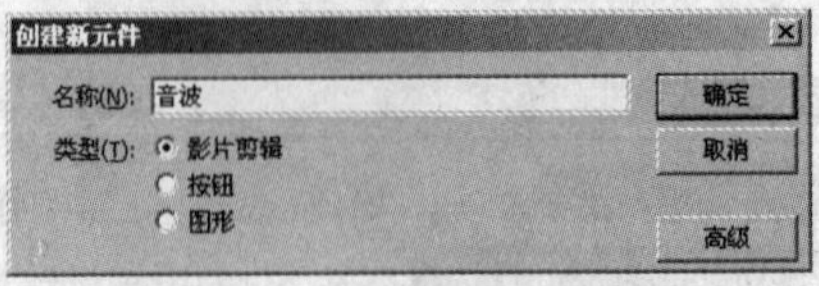

图 12.4.5 “创建新元件”对话框

（7）选择工具箱中的矩形工具，在属性面板中设置笔触颜色为“无”，填充颜色为“#009900”，在工作区的中心绘制一个矩形，如图 12.4.6 所示。

（8）选择矩形，按“Ctrl+D”键 6 次将其复制 6 个，并调整它们的位置，如图 12.4.7 所示。

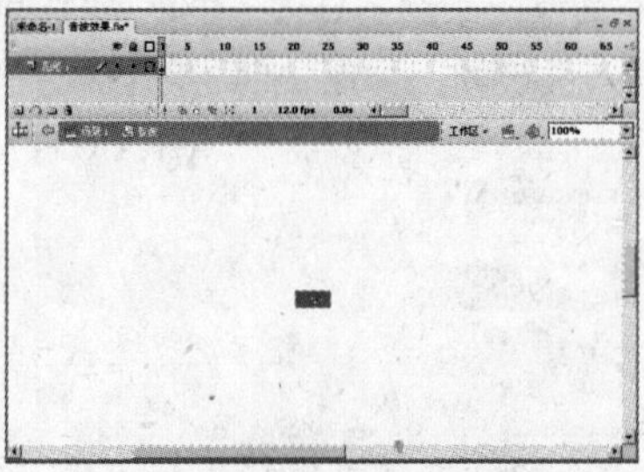

图 12.4.6　绘制矩形

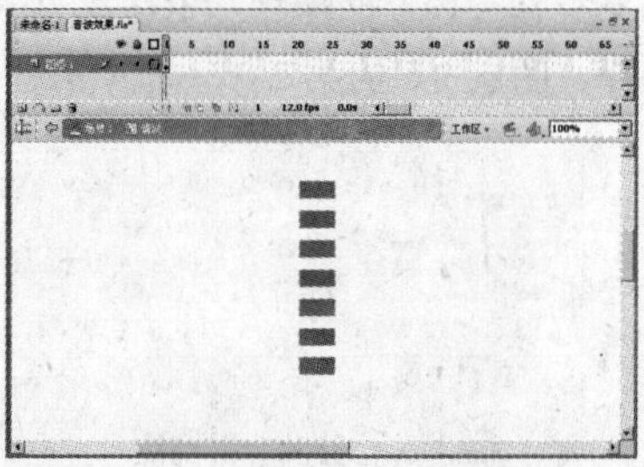

图 12.4.7　复制并调整矩形

（9）选择工具箱中的颜料桶工具，在属性面板中设置填充颜色为“#FFE6B7”，然后单击第 1 个矩形进行填充，如图 12.4.8 所示。

（10）重复步骤（9）的操作，依次填充第 2 个矩形的颜色为“#FED589”，第 3 个矩形的颜色为“#FFCC66”，第 4 个矩形的颜色为“#FFCC00”，第 5 个矩形的颜色为“#33FF00”，第 6 个矩形的颜色为“#33CC00”，从而得到由黄色向绿色渐变的效果，如图 12.4.9 所示。

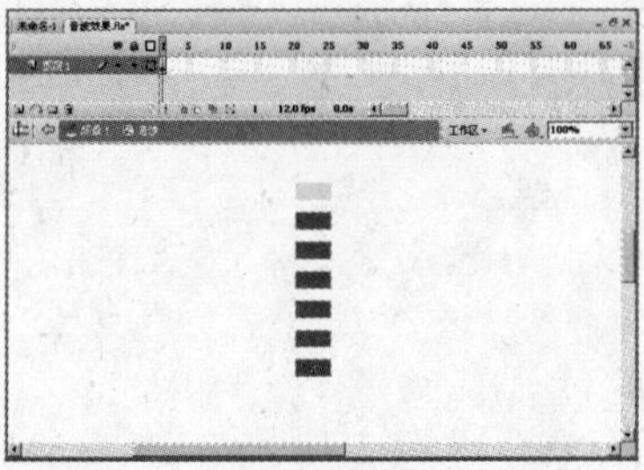

图 12.4.8　填充第 1 个矩形

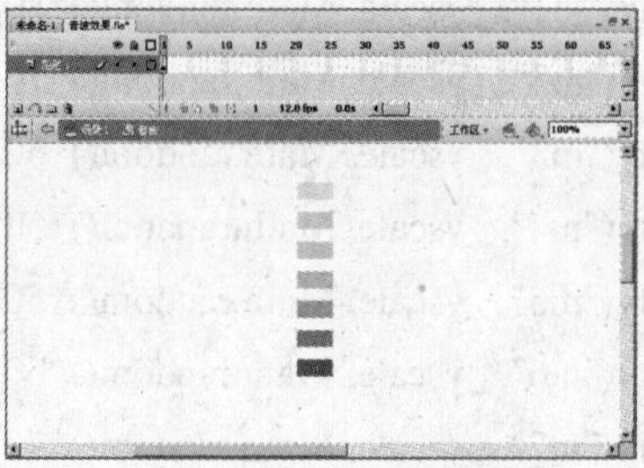

图 12.4.9　填充矩形

（11）单击 场景 1 图标，返回到主场景。

（12）选择“图层 1”的第 2 帧，按“F5”键插入帧，然后单击时间轴面板中的“插入图层”按钮，插入“图层 2”。

（13）选择 窗口(W) → 库(L) Ctrl+L 命令，打开库面板（见图 12.4.10），从中拖动“音波”元件到“图层 2”中。

（14）选择“音波”实例，按 5 次“Ctrl+D”键将其复制 5 个，并且调整它们的位置，如图 12.4.11 所示。

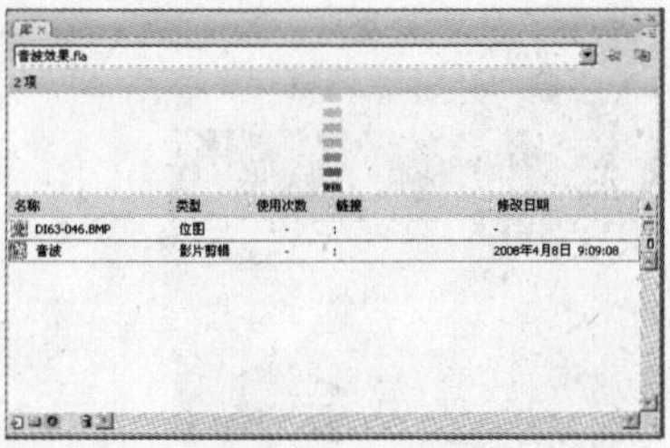

图 12.4.10　库面板

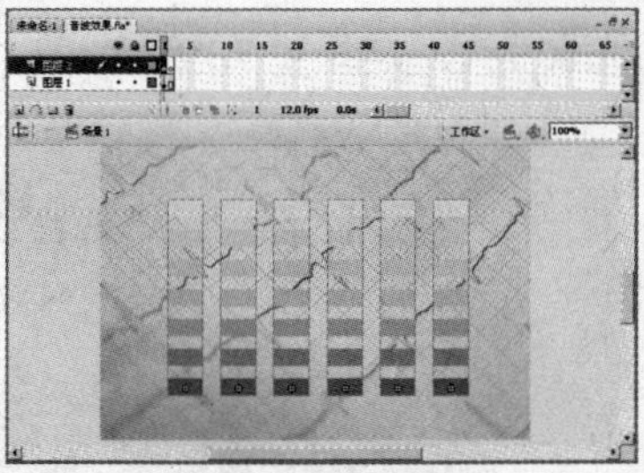

图 12.4.11　复制并调整“音波”实例

（15）选择左侧的“音波”实例，在属性面板的“实例名称”文本框中输入字符“m1”，如图 12.4.12 所示。

（16）重复步骤（15）的操作，依次设置其他“音波”实例名称为“m2”～“m6”。

（17）选择“图层 2”的第 2 帧，按“F6”键插入关键帧，如图 12.4.13 所示。

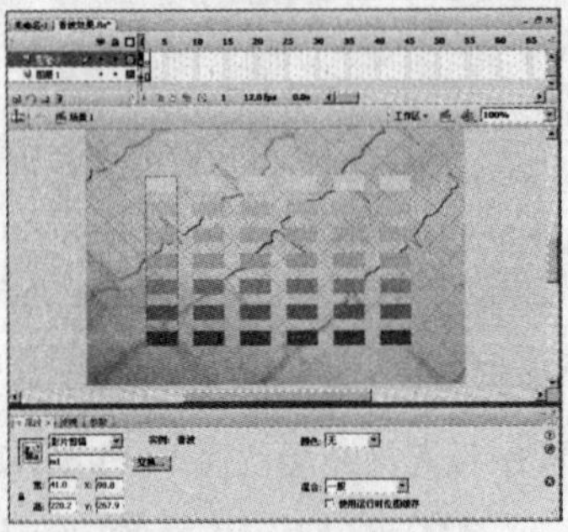

图 12.4.12　设置实例名称

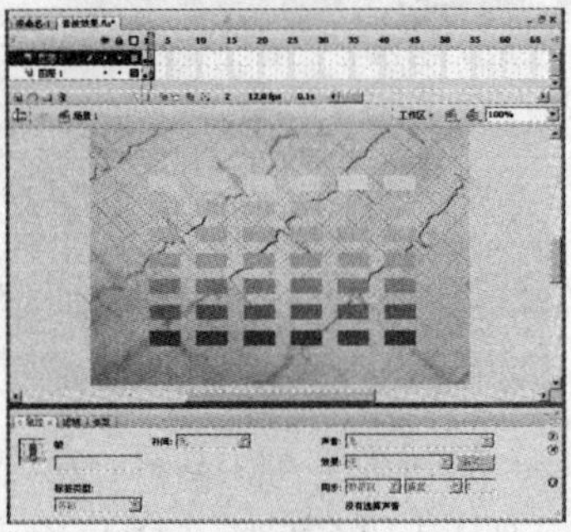

图 12.4.13　插入关键帧

（18）选择 窗口(W) → 動作(A) F9 命令，打开动作面板。

（19）选择“图层 2”的第 1 帧，在动作面板中输入如下代码：

```
setProperty("m1", _yscale, Math.random()*80);
setProperty("m2", _yscale, Math.random()*70);
setProperty("m3", _yscale, Math.random()*60);
setProperty("m4", _yscale, Math.random()*50);
setProperty("m5", _yscale, Math.random()*50);
setProperty("m6", _yscale, Math.random()*60);
setProperty("m7", _yscale, Math.random()*70);
setProperty("m8", _yscale, Math.random()*80);
```

（20）选择“图层 2”的第 2 帧，在动作面板中输入以下代码：

```
gotoAndPlay(1);
```

（21）按“Ctrl+Enter”键测试动画，最终效果如图 12.4.1 所示。

实例 5　教学光盘——片头动画

创作目的

制作教学光盘片头，如图 12.5.1 所示。

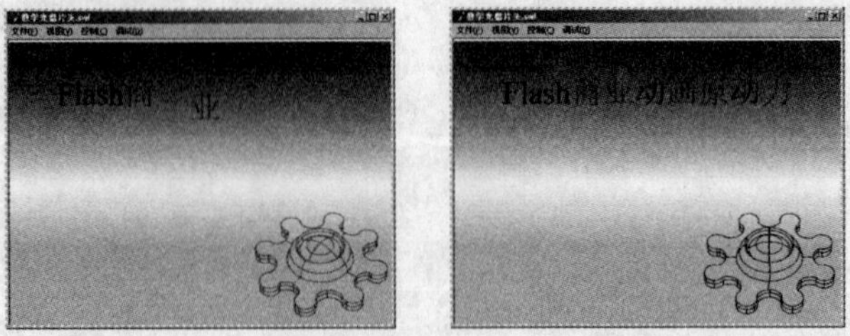

图 12.5.1　效果图

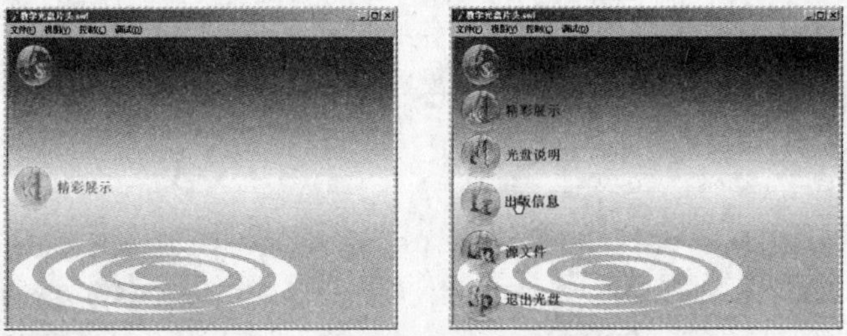

续图 12.5.1　效果图

创作步骤

（1）选择文件(F)→新建(N)... Ctrl+N命令，弹出“新建”对话框，选择“常规”选项卡中的Flash 文件(ActionScript 3.0)选项，单击确定按钮，新建一个 Flash 文档。

（2）选择修改(M)→文档(D)... Ctrl+J命令，设置“尺寸”为“550 px×400 px”，“背景颜色”为“白色”，“帧频”为“30”，单击确定按钮。

（3）更改“图层 1”的名称为“背景”，如图 12.5.2 所示。

图 12.5.2　更改层名

（4）选择工具箱中的矩形工具，在属性面板中设置笔触颜色为“无”，填充颜色为“白色至黑色的线性渐变色”，然后绘制一个矩形，如图 12.5.3 所示。

（5）选择工具箱中的渐变变形工具，单击矩形，显示其填充变形手柄，如图 12.5.4 所示。

图 12.5.3　绘制矩形

图 12.5.4　显示填充变形手柄

（6）拖动变形手柄，调整矩形的填充效果，如图 12.5.5 所示。

（7）选择窗口(W)→颜色(C) Shift+F9命令，打开“颜色”面板，如图 12.5.6 所示。

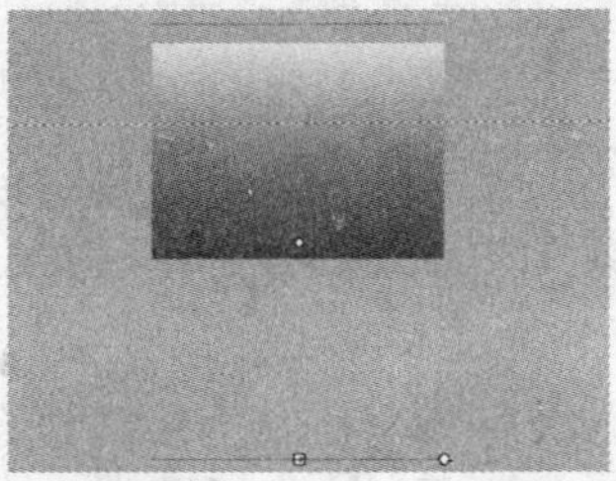

图 12.5.5　调整填充效果

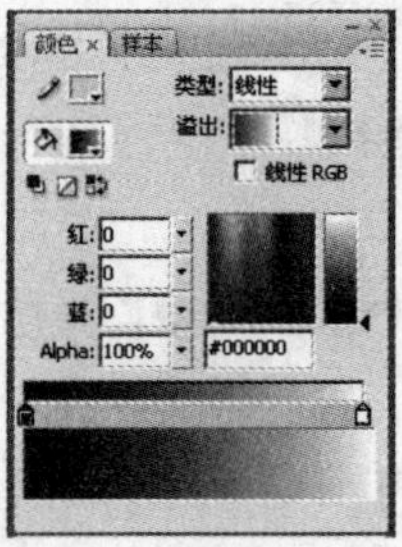

图 12.5.6　“颜色”面板

（8）在颜色条上单击增加一个色标，然后设置左侧色标的颜色为“#BED8E9”，中间色标的颜色为“#FFFFFF”，右侧色标的颜色为“#FFDB4A”，并调整它们的位置如图 12.5.7 所示。

（9）选择工具箱中的颜料桶工具，单击鼠标填充矩形，效果如图 12.5.8 所示。

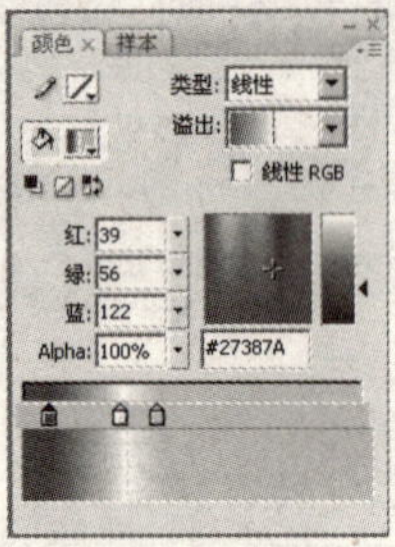

图 12.5.7　设置填充颜色

图 12.5.8　填充矩形

（10）按“Ctrl+F8”键，弹出“创建新元件”对话框，在“名称”文本框中输入“转轮”，在“类型”选项区中选中“影片剪辑”单选按钮，如图 12.5.9 所示。

（11）单击 确定 按钮，进入该元件的编辑窗口，选择工具箱中的铅笔工具，在舞台中绘制如图 12.5.10 所示的图形。

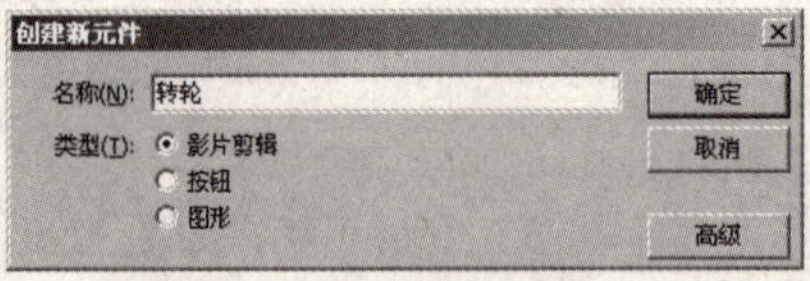

图 12.5.9　“创建新元件”对话框

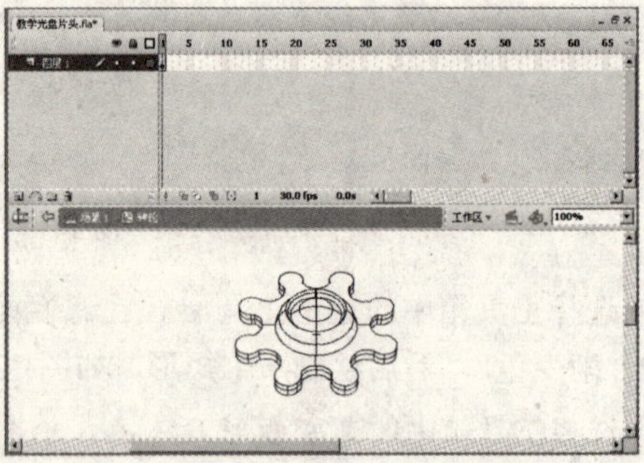

图 12.5.10　绘制图形

（12）分别选择第 6，11，16 帧，按“F5”键插入关键帧，然后更改其中的图形，得到转轮转动一周的效果，如图 12.5.11 所示。

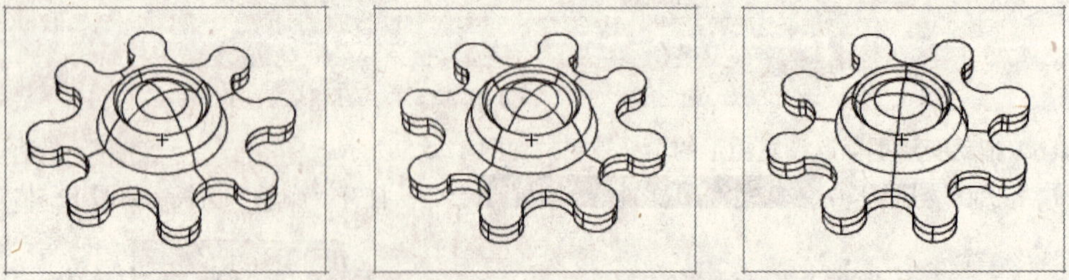

第 6 帧　　第 11 帧　　第 16 帧

图 12.5.11　其他帧中的图形

（13）按“Ctrl+F8”键，弹出“创建”对话框，在“名称”文本框中输入“Flash”，在“类型”选项区中选中“图形”单选按钮，单击 确定 按钮，进入该元件的编辑窗口。

（14）选择工具箱中的文本工具，在属性面板中设置字体为“华文新魏”，字体大小为“45”，文本颜色为“黑色”，在舞台的中心位置输入“Flash”，如图 12.5.12 所示。

（15）选择 窗口(W) → 库(L) Ctrl+L 命令，打开库面板，选择“Flash”元件，单击鼠标右键，在弹出的快捷菜单中选择 直接复制 命令，弹出“直接复制元件”对话框，在“名称”文本框中输入“商”（见图 12.5.13），单击 确定 按钮，关闭对话框。

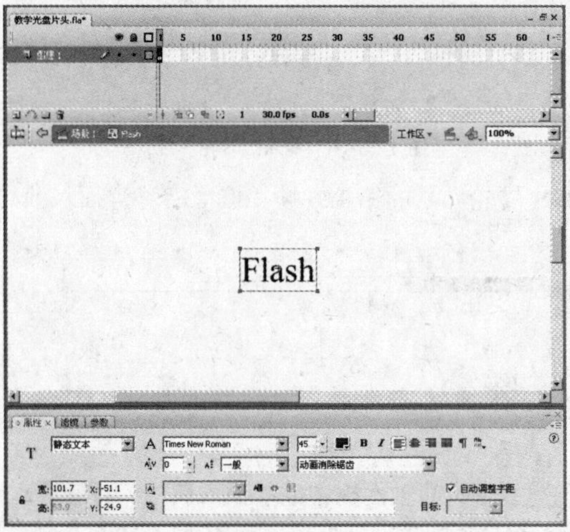

图 12.5.12　输入文本

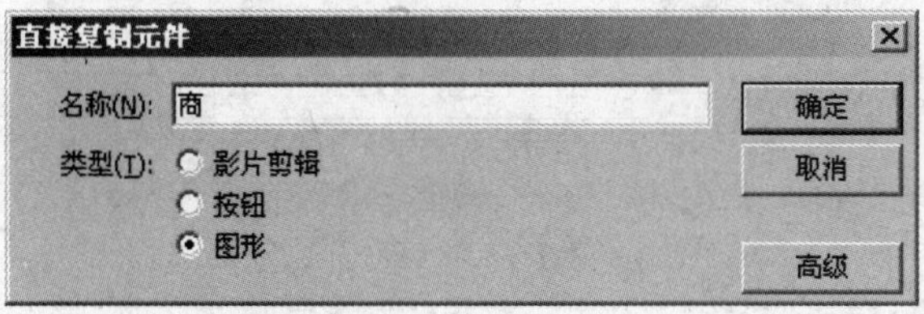

图 12.5.13　“直接复制元件”对话框

（16）在库面板中双击“商”元件，进入其编辑窗口（见图 12.5.14），更改其中的文本为“商”，如图 12.5.15 所示。

图 12.5.14　“商”元件的编辑窗口

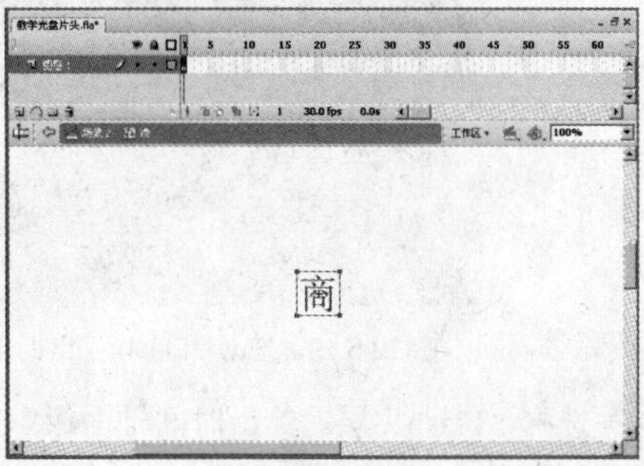

图 12.5.15　更改文本

（17）重复“第 15 步”和“第 16 步”的操作，复制“业”、“动”、“画”、“原”和“力”元件，并相应更改其中的文本。

（18）单击 场景 1 图标，返回到主场景。单击时间轴面板中的“插入图层”按钮，插入一个名为“转轮”的层。

（19）选择“转轮”层的第 1 帧，从库面板中拖动“转轮”元件到如图 12.5.16 所示的位置。

图 12.5.16 拖入“转轮”元件

（20）选择“背景”和“转轮”层的第 120 帧，按“F5”键插入帧，如图 12.5.17 所示。

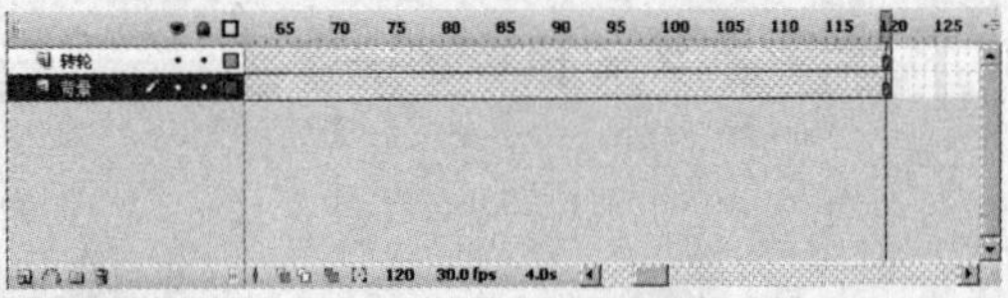

图 12.5.17 插入帧

（21）选择“转轮”层，单击时间轴面板中的“插入图层”按钮 8 次，插入“Flash”、“商”、“业”、“动 1”、“画”、“原”、“动 2”和“力”层，如图 12.5.18 所示。

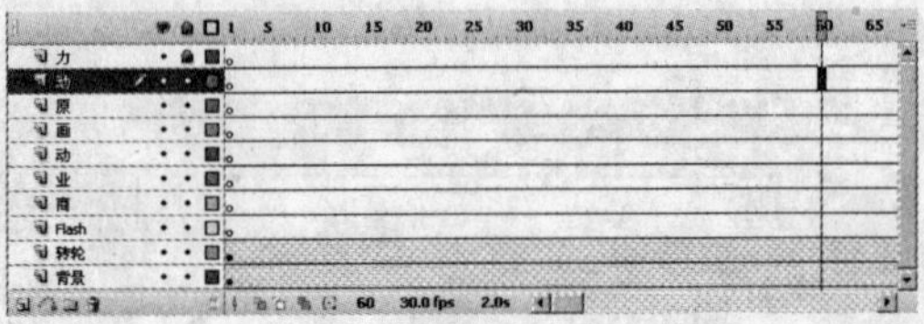

图 12.5.18 插入层

（22）选择“Flash”层的第 1 帧，从库面板中拖动“Flash”元件到如图 12.5.19 所示的位置。

（23）重复“第 22 步”的操作，在“商”层中拖入“商”元件，在“业”层中拖入“业”元件，同样在其他层中拖入相应元件，如图 12.5.20 所示。

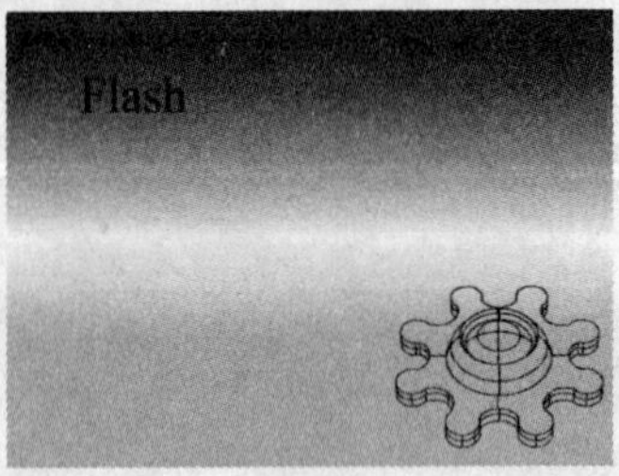

图 12.5.19 拖动“Flash”元件

图 12.5.20 拖入其他文本元件

（24）选择“Flash”层，单击时间轴面板中的“添加运动引导层”按钮，为该层添加引导层，如图 12.5.21 所示。

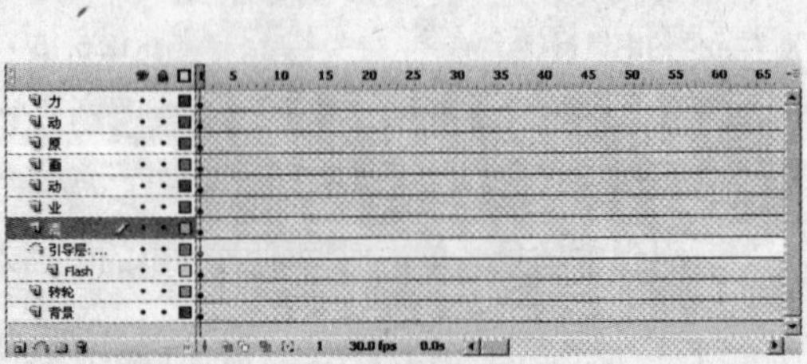

图 12.5.21 为“Flash”层添加引导层

（25）同样，为其他文本层添加引导层，如图 12.5.22 所示。

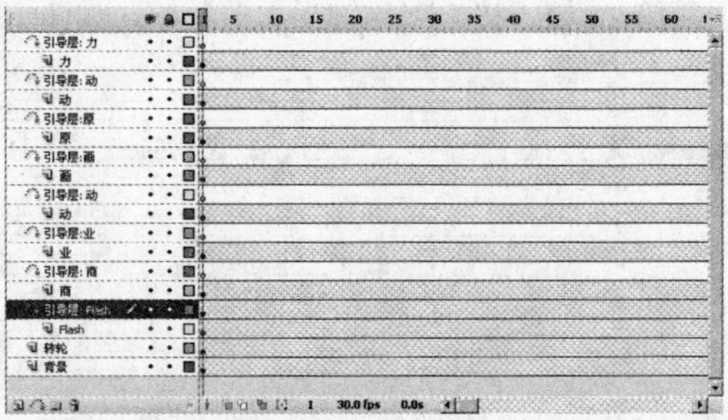

图 12.5.22　为其他文本层添加引导层

（26）选择工具箱中的铅笔工具，在“Flash”的引导层中绘制一条曲线，并使其上端点与“Flash”实例的中心重合，如图 12.5.23 所示。

（27）在“商”的引导层中绘制一条曲线，并使其上端点与“商”实例的中心重合，如图 12.5.24 所示。

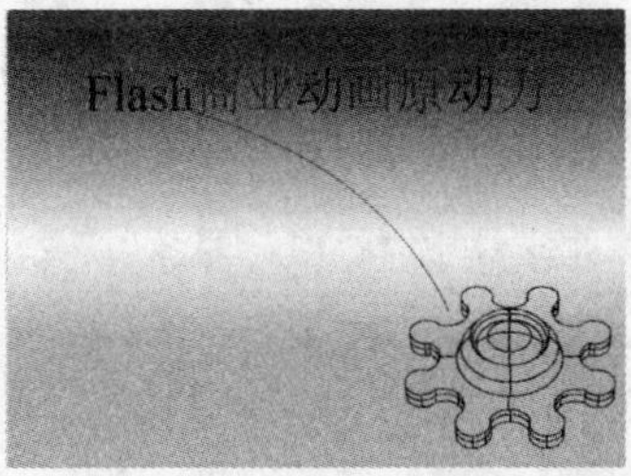

图 12.5.23　在“Flash”的引导层中绘制曲线

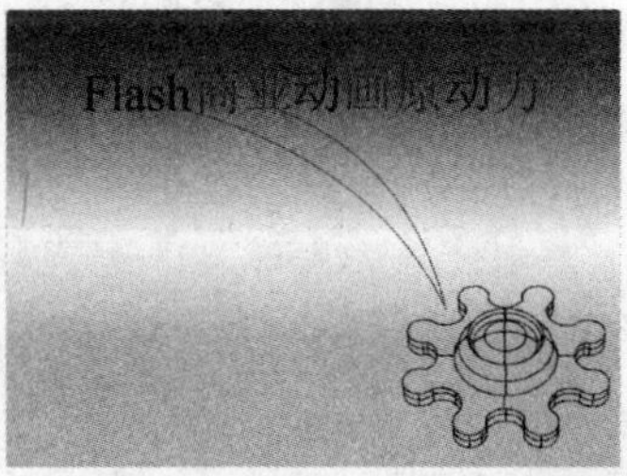

图 12.5.24　在“商”的引导层中绘制曲线

（28）在“业”的引导层中绘制曲线（见图 12.5.25），用同样的方法，为其他的引导层绘制曲线，如图 12.5.26 所示。

图 12.5.25　在“业”的引导层中绘制曲线

图 12.5.26　在“力”的引导层中绘制曲线

（29）分别选择“商”层及其引导层的第 1 帧，将其移动到第 10 帧，如图 12.5.27 所示。

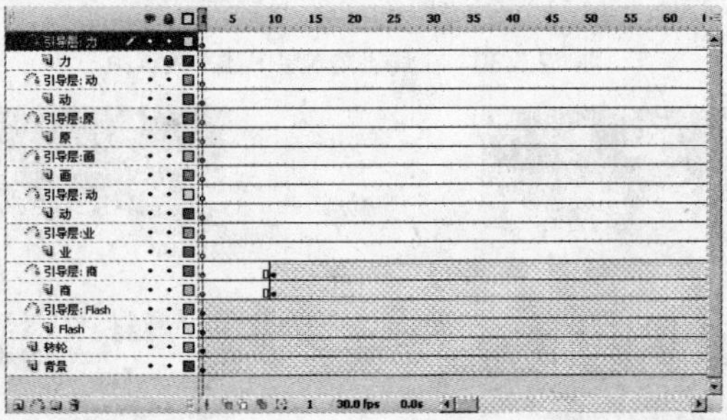

图 12.5.27　移动“商”层及其引导层的帧

（30）移动其他文本层及引导层的第 1 帧到如图 12.5.28 所示的位置。

（31）选择“Flash”层的第 10 帧，按“F6”键插入关键帧，如图 12.5.29 所示。

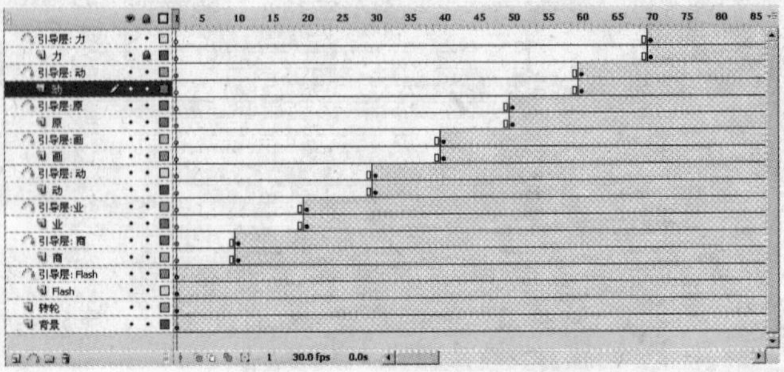

图 12.5.28　移动其他文本层及引导层的帧

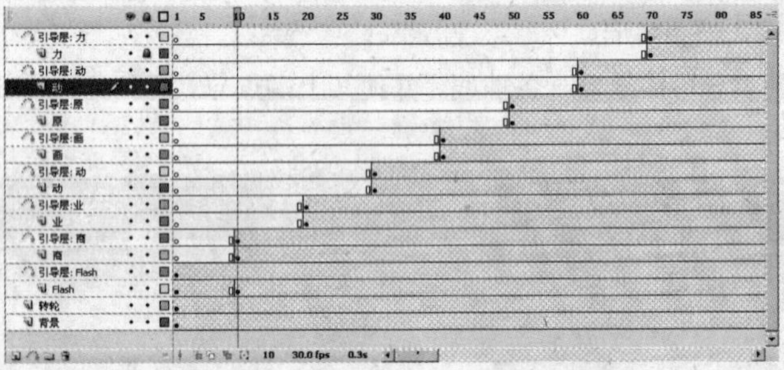

图 12.5.29　在“Flash”层中插入关键帧

（32）在“商”层的第 20 帧中插入关键帧，在“业”层的第 30 帧中插入关键帧，用同样的方法在其他层的相应帧中插入关键帧，如图 12.5.30 所示。

（33）移动“Flash”层第 1 帧中的“Flash”实例，使其中心与相应引导线的另一个端点重合，如图 12.5.31 所示。

（34）移动“商”层第 10 帧中的“商”实例，使其中心位置与相应引导线的另一个端点重合，如图 12.5.32 所示。

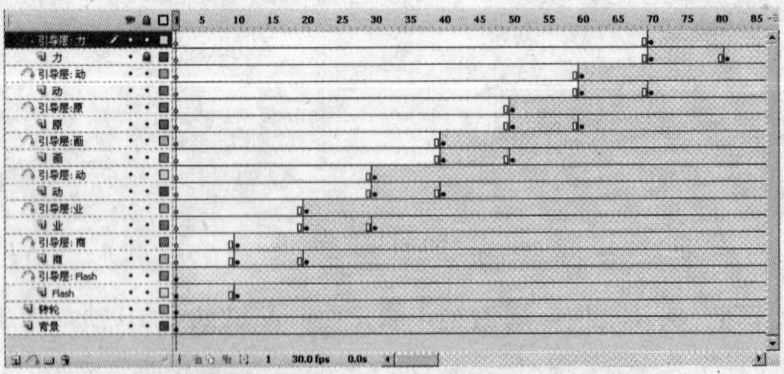

图 12.5.30　在其他文本层中插入关键帧

图 12.5.31　移动第 1 帧中的“Flash”实例

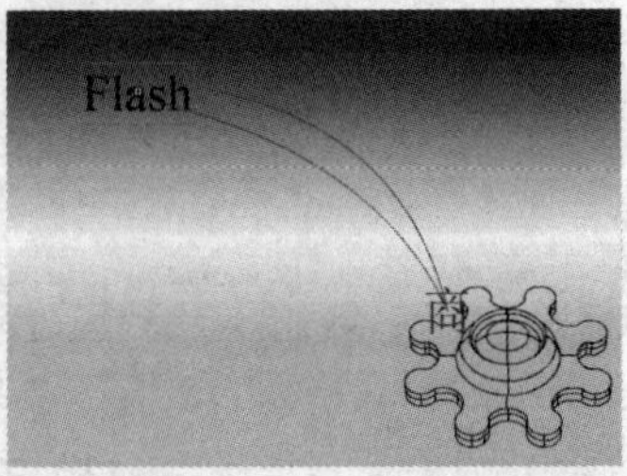

图 12.5.32　移动第 10 帧中的“商”实例

（35）移动“业”层第 20 帧中的“业”实例，移动“动 1”层第 30 帧中的“动”，同样方法移动其他层中相应帧中的相应实例，如图 12.5.33 所示。

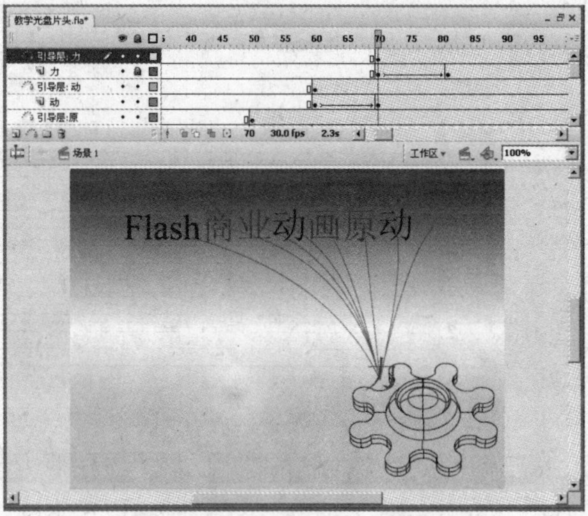

图 12.5.33　移动其他文本层中的实例

（36）选择“Flash”层的第 1 帧，在属性面板的“补间”下拉列表中选择“动画”选项（见图 12.5.34），创建一段运动补间动画，时间轴面板如图 12.5.35 所示。

图 12.5.34　选择“动画”选项

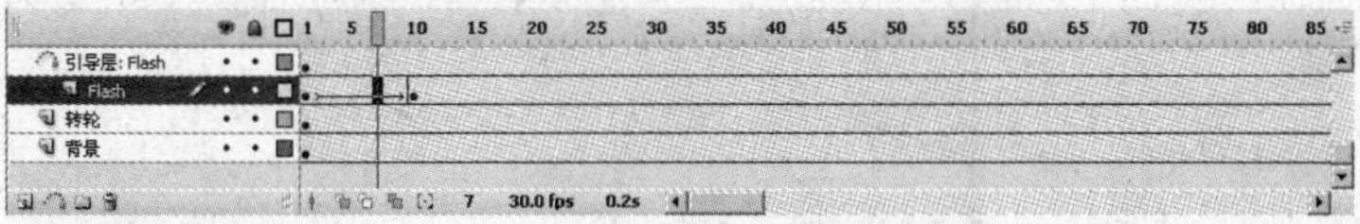

图 12.5.35　在“Flash”层中创建运动补间动画

（37）分别选择“商”层的第 10 帧、“业”层的第 20 帧，其他层中的相应的帧，在其文本层中创建运动补间动画，如图 12.5.36 所示。

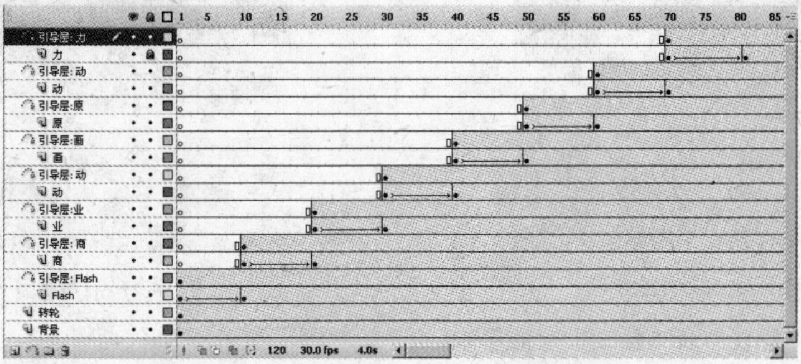

图 12.5.36　在其他文本层中创建运动补间动画

（38）选择“力”的引导层，单击时间轴面板中的“插入图层”按钮，插入一个名为“声音”

的层。

（39）选择 文件(F) → 导入(I) → 导入到舞台(I)... Ctrl+R 命令，弹出“导入”对话框，导入声音文件“35.wav”。

（40）选择“声音”层的第 1 帧，在属性面板的“声音”下拉列表中选择“35.wav”选项，将声音添加至文件中，如图 12.5.37 所示。

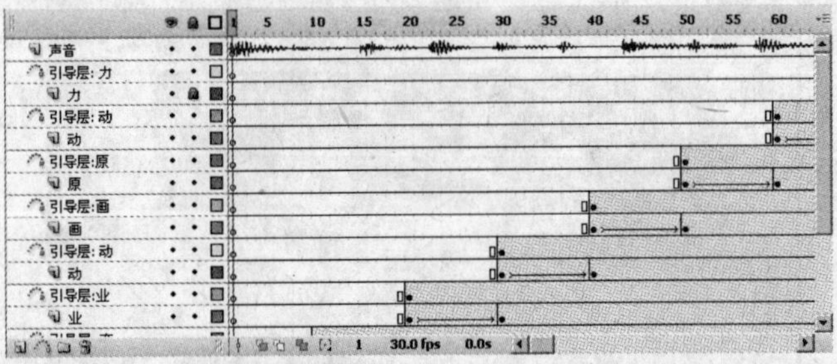

图 12.5.37　添加声音至文件中

（41）选择 窗口(W) → 其它面板(R) → 场景(S) Shift+F2 命令，打开场景面板（见图 12.5.38）的，单击“添加场景”按钮 + ，添加“场景 2”，此时，在 Flash CS3 的工作界面中将显示场景 2 的编辑窗口。

（42）重命名“图层 1”为“背景”，然后复制“场景 1”中的背景到该层中，如图 12.5.39 所示。

（43）单击时间轴面板中的“插入图层”按钮，插入一个名为“弧线”的层，并在该层中绘制如图 12.5.40 所示的图形。

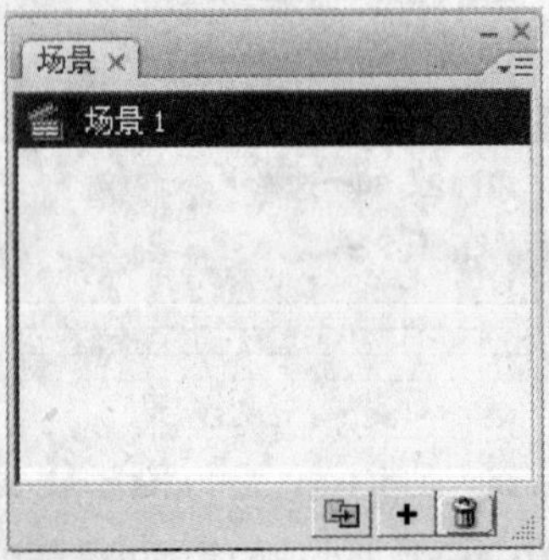

图 12.5.38　场景面板

图 12.5.39　复制背景

图 12.5.40　绘制图形

（44）选择“背景”和“弧线”层的第 60 帧，按“F5”键插入帧。

（45）按“Ctrl+F8”键，弹出“创建新元件”对话框，在“名称”文本框中输入“按钮 1”，在“类型”选项区中选中“按钮”单选按钮，如图 12.5.41 所示。

图 12.5.41　“创建新元件”对话框

（46）单击 确定 按钮，进入其编辑窗口，选择 文件(F) → 导入(I) → 导入到舞台(I)... Ctrl+R 命令，弹出“导入”对话框，从该对话框中导入图片“1.png”，并调整它的大小和位置，如图 12.5.42 所示。

（47）选择“指针经过”帧，按“F6”键插入关键帧，然后按两次←和↑键，将该帧中的图片向左上角移动两个像素，如图 12.5.43 所示。

图 12.5.42　导入并调整图片

图 12.5.43　移动“指针经过”帧中的图片

（48）选择“点击”帧，按“F6”键插入关键帧，然后选择工具箱中的矩形工具，在舞台中绘制一个矩形作为按钮的触发区，如图 12.5.44 所示。

（49）单击时间轴面板中的“插入图层”按钮，插入“图层 2”。

（50）选择工具箱中的文本工具，在属性面板中设置字体为“华文新魏”，字体大小为“20”，文本颜色为“黑色”，在图片的右侧输入文本“实例演示”，如图 12.5.45 所示。

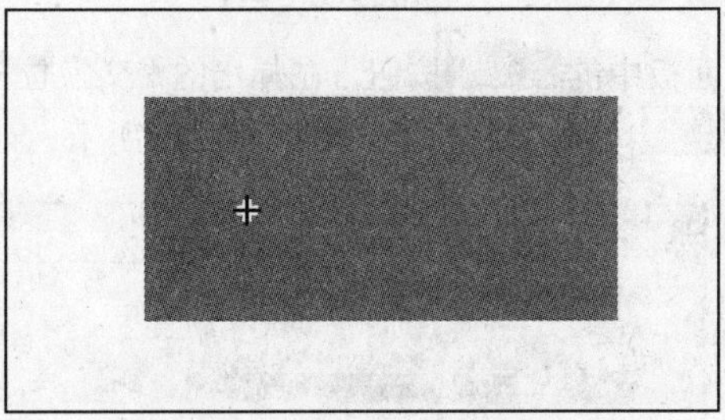

图 12.5.44　绘制矩形

图 12.5.45　输入文本

（51）选择“指针经过”帧，按“F6”键插入关键帧，并更改文本的颜色为“#FF6600”，如图 12.5.46 所示。

（52）选择整个文本，按两次←和↑键，将其向左上角移动两个像素，如图 12.5.47 所示。

图 12.5.46　更改文本的颜色

图 12.5.47　移动文本

（53）选择 文件(F) → 导入(I) → 导入到库(L)... 命令，弹出“导入到库”对话框，导入图片“2.png”～“5.png”。

（54）在库面板中选择“按钮 1”元件，单击鼠标右键，在弹出的快捷菜单中选择 直接复制 命令，弹出“直接复制元件”对话框，在“名称”文本框中输入“按钮 2”（见图 12.5.48），单击 确定 按钮，关闭对话框。

图 12.5.48 “直接复制元件”对话框

（55）在库面板中双击“按钮 2”元件，进入其编辑窗口（见图 12.5.49），更改其中的所有文本为“精彩展示”，如图 12.5.50 所示。

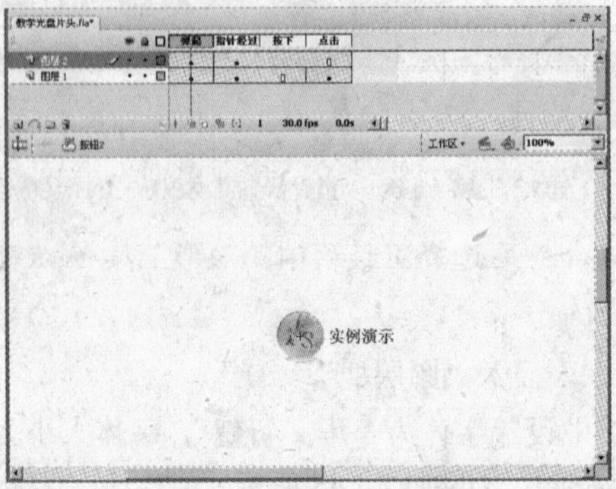

图 12.5.49 “按钮 2”元件的编辑窗口

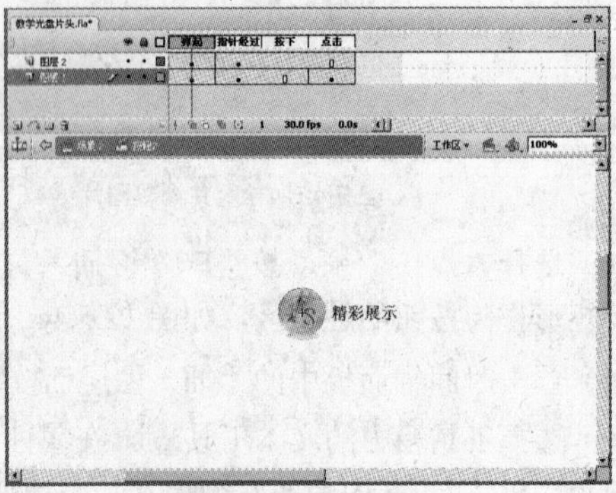

图 12.5.50 更改文本

（56）选择“弹起”帧中的图片，单击属性面板中的 交换... 按钮，在弹出的“交换位图”对话框中选择“2.png”选项（见图 12.5.51），单击 确定 按钮进行交换，如图 12.5.52 所示。

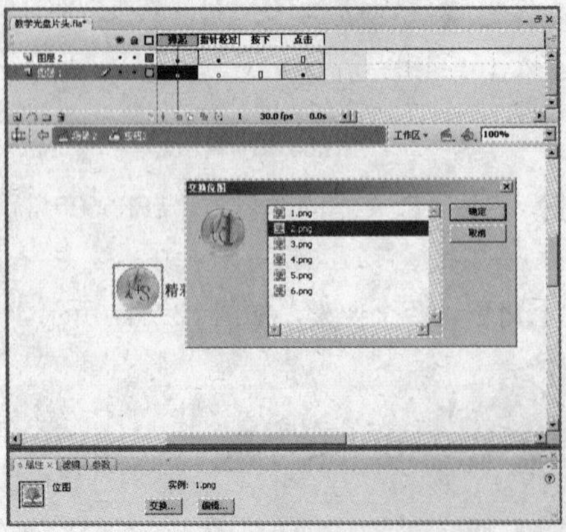

图 12.5.51 选择用于交换的图片

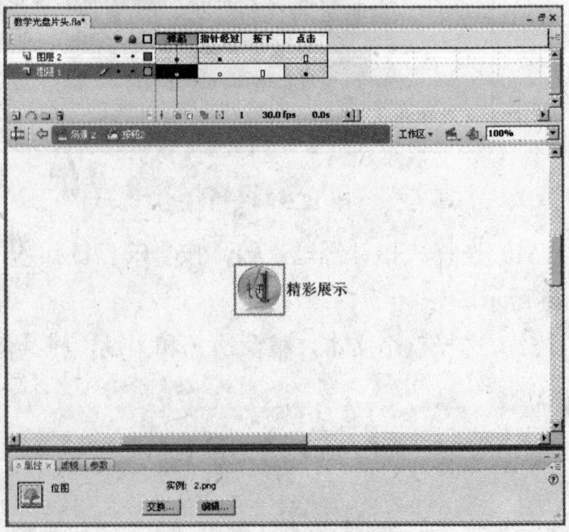

图 12.5.52 交换图片

（57）重复步骤（56）的操作，用“2.png”交换“指针经过”帧中的图片。

（58）重复步骤（54）至步骤（57）的操作，创建“按钮 3”、“按钮 4”、“按钮 5”和“按钮 6”元件，并更改其中的文本及图片，如图 12.5.53 所示。

创建“按钮 3”元件　创建“按钮 4”元件　创建“按钮 5”元件　创建“按钮 6”元件

图 12.5.53　创建其他按钮元件

（59）单击 场景 2 图标，返回到“场景 2”的编辑窗口。

（60）选择“弧线”层，单击时间轴面板中的“插入图层”按钮 6 次，插入“按钮 1”至“按钮 6”层，如图 12.5.54 所示。

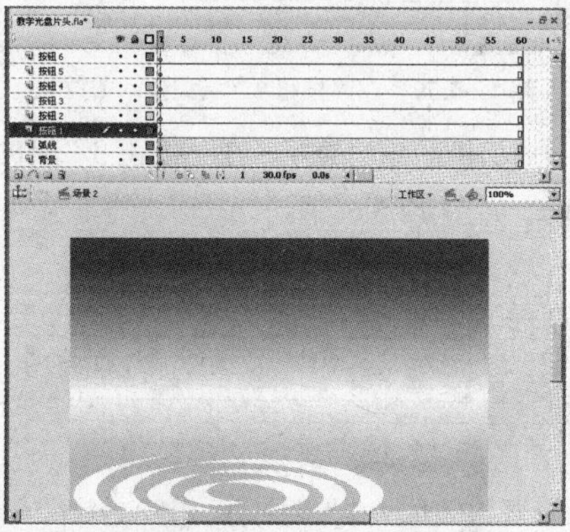

图 12.5.54　插入 6 个按钮层

（61）选择“按钮 1”层的第 1 帧，从库面板中拖动“按钮 1”元件到如图 12.5.55 所示的位置。

（62）重复步骤（61）的操作，在“按钮 2”层中拖入“按钮 2”元件，在“按钮 6”层中拖入“按钮 6”元件，如图 12.5.56 所示。

图 12.5.55　拖动“按钮 1”元件

图 12.5.56　拖入其他按钮元件

（63）选择“按钮 2”层的第 1 帧，将其移动到第 10 帧，如图 12.5.57 所示。

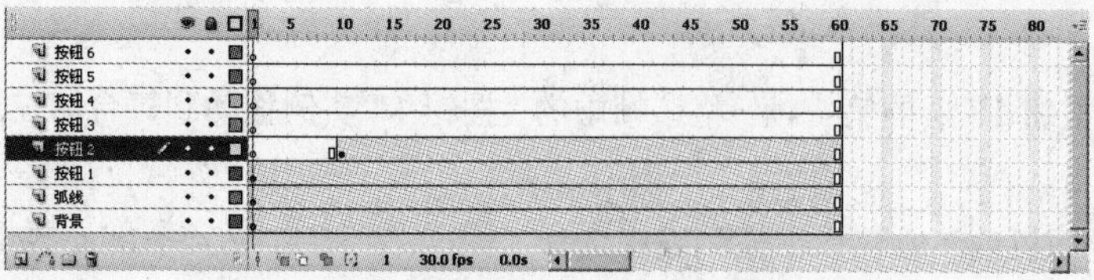

图 12.5.57　移动“按钮 2”层的帧

（64）移动其他按钮层的第 1 帧到如图 12.5.58 所示的位置。

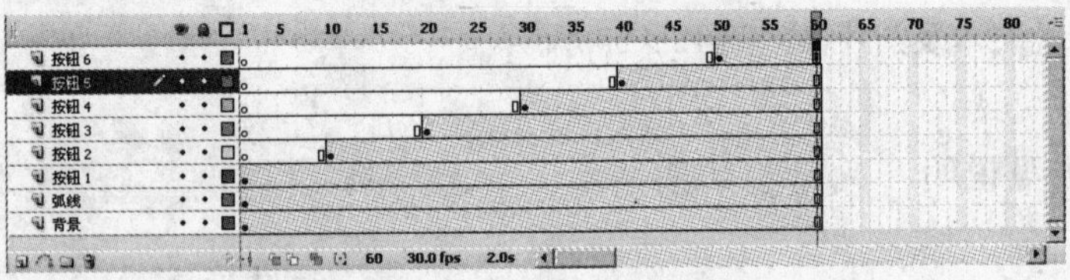

图 12.5.58　移动其他按钮层的帧

（65）选择“按钮 1”层的第 10 帧，按“F6”键插入关键帧，如图 12.5.59 所示。

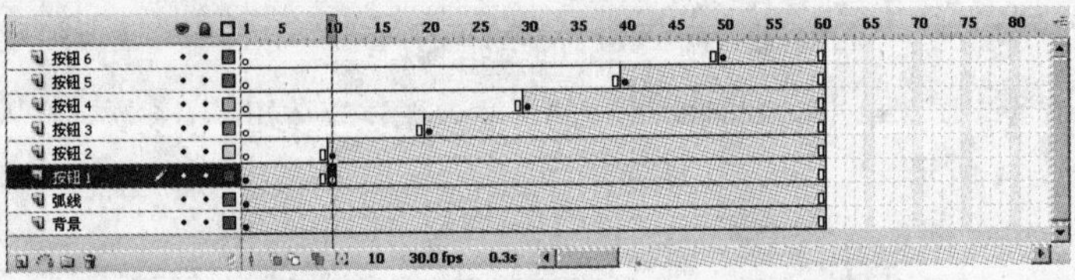

图 12.5.59　在“按钮 1”层中插入关键帧

（66）在“按钮 2”层的第 20 帧中插入关键帧，在“按钮 3”层的第 30 帧中插入关键帧，在“按钮 6”层的第 60 帧中插入关键帧，如图 12.5.60 所示。

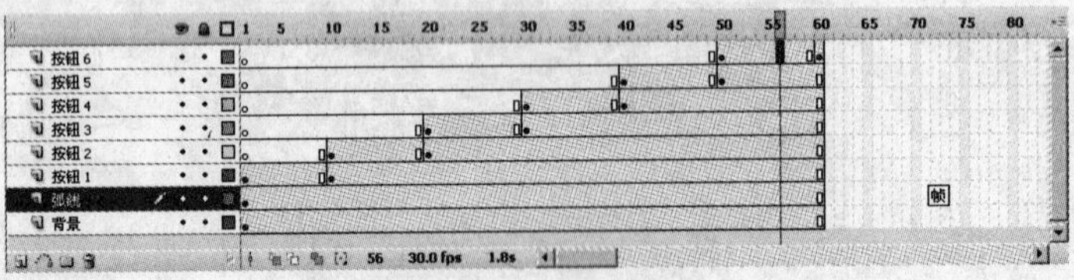

图 12.5.60　在其他按钮层中插入关键帧

（67）选择 窗口(W) → 動作(A) F9 命令，打开动作面板，如图 12.5.61 所示。

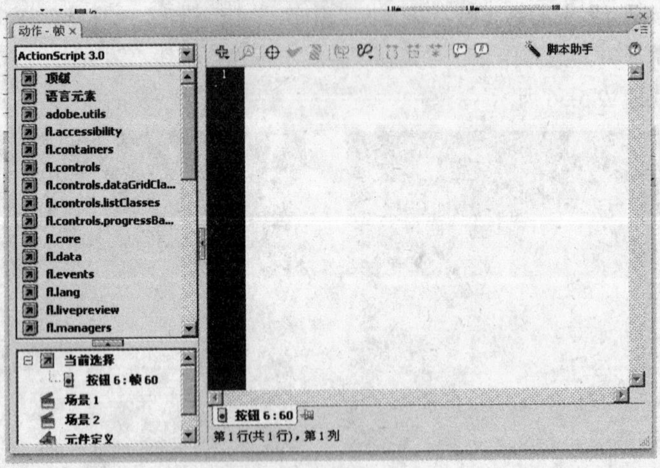

图 12.5.61　动作面板

（68）选择“按钮 6”层的第 60 帧，在动作面板中输入以下代码：

```
stop();
```

（69）选择“按钮 1”层的第 1 帧，将该帧中的“按钮 1”实例移动到舞台的左下角，如图 12.5.62 所示。

（70）在属性面板的“颜色”下拉列表中选择“Alpha”选项，在“Alpha 数量”框中输入“0”，更改该按钮的透明度，如图 12.5.63 所示。

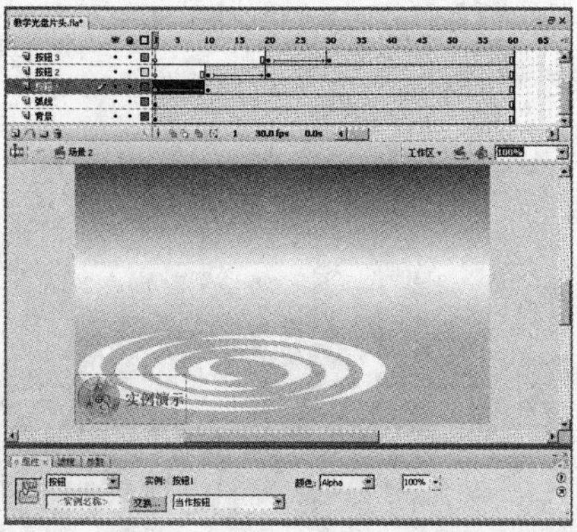

图 12.5.62　调整“按钮 1”实例的位置

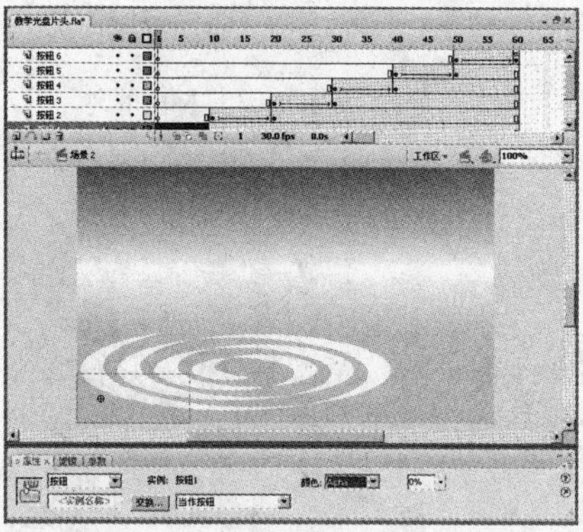

图 12.5.63　更改“按钮 1”实例的透明度

（71）重复步骤（69）和步骤（70）的操作，更改“按钮 2”层第 10 帧中按钮的位置和透明度，“按钮 6”层第 50 帧中按钮的位置和透明度。

（72）分别选择“按钮 1”层的第 1 帧、“按钮 2”层的第 10 帧“按钮 6”层的第 50 帧，在属性面板的“补间”下拉列表中选择“动画”选项，创建 6 段运动补间动画，如图 12.5.64 所示。

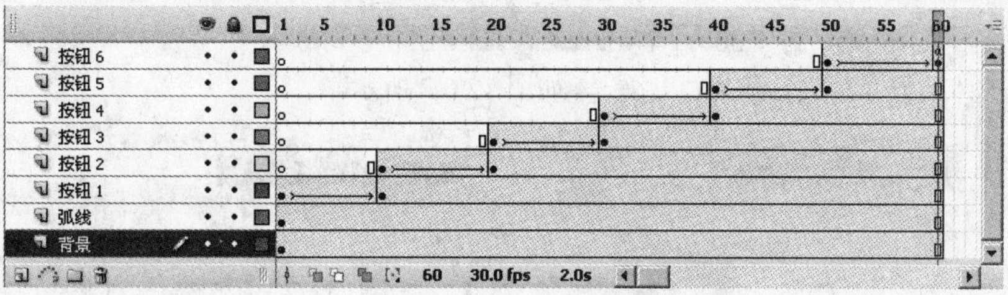

图 12.5.64　创建运动补间动画

（73）按“Ctrl+Enter”键预览，效果如图 12.5.1 所示。

实例 6　教学光盘——片尾动画

创作目的

制作教学光盘片尾，如图 12.6.1 所示。

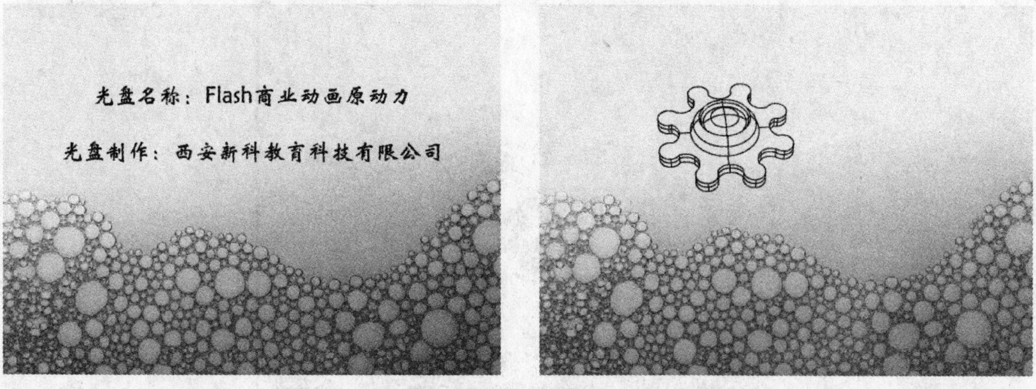

图 12.6.1　效果图

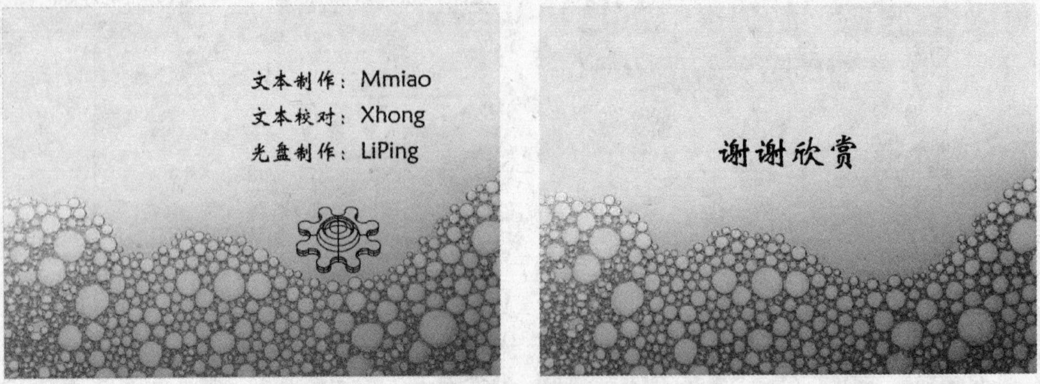

续图 12.6.1 效果图

创作步骤

（1）选择 文件(F) → 新建(N)... Ctrl+N 命令，弹出“新建”对话框，选择“常规”选项卡中的 Flash 文件(ActionScript 3.0) 选项，单击 确定 按钮，新建一个 Flash 文档。

（2）选择 修改(M) → 文档(D)... Ctrl+J 命令，设置“尺寸”为“550 px×400 px”，“背景颜色”为“白色”，“帧频”为“30”，单击 确定 按钮。

（3）更改“图层 1”的名称为“背景”，如图 12.6.2 所示。

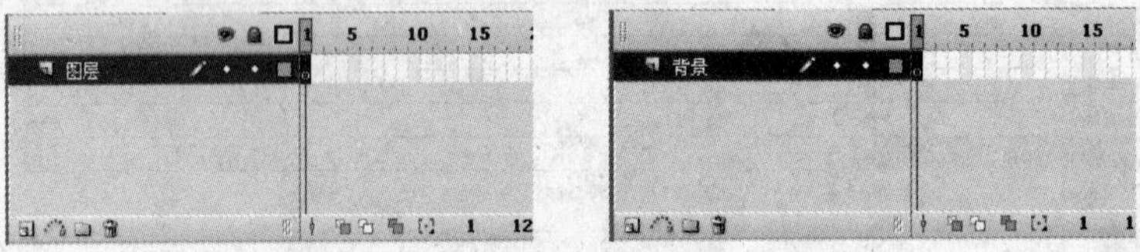

图 12.6.2 更改层名

（4）选择 文件(F) → 导入(I) → 导入到舞台(I)... Ctrl+R 命令，弹出“导入”对话框，导入图片“b1.jpg”。

（5）选中图片，在属性面板中设置“宽”为“550”，“高”为“336.6”，“X”为“0”，“Y”为“63.4”，调整其大小和位置，如图 12.6.3 所示。

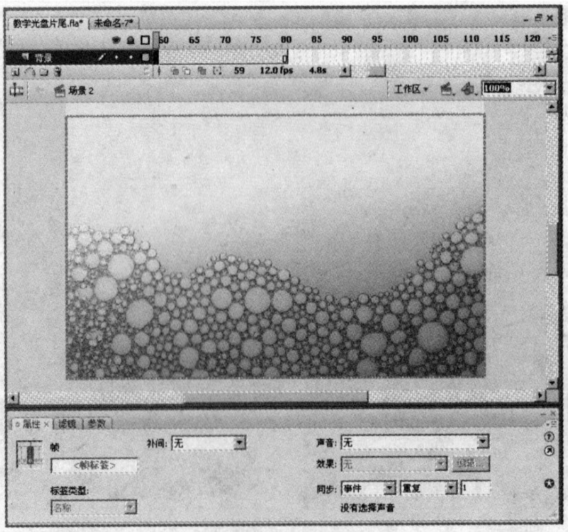

图 12.6.3 调整图片的大小和位置

（6）按“Ctrl+F8”键，弹出如图 12.6.4 所示的“创建新元件”对话框，在“名称”文本框中输入“文本 1”，在“类型”选项区中选中“图形”单选按钮，单击确定按钮，进入该元件的编辑窗口。

图 12.6.4　“创建新元件”对话框

（7）选择工具箱中的文本工具，在属性面板中设置字体为“华文新魏”，字体大小为“25”，文本颜色为“黑色”（见图 12.6.5），在舞台的中心输入文本“光盘名称：Flash 商业动画原动力”，如图 12.6.6 所示。

图 12.6.5　设置文本的属性

图 12.6.6　输入文本

（8）重复步骤（6）和（7）的操作，创建“文本 2”元件，并输入文本“光盘制作：西安新科教育科技有限公司”。

（9）单击场景 1图标，返回到主场景，选中“背景”层的第 60 帧，按“F5”键插入帧。

（10）单击时间轴面板中的“插入图层”按钮 两次，插入“文本 1”层和“文本 2”层，如图 12.6.7 所示。

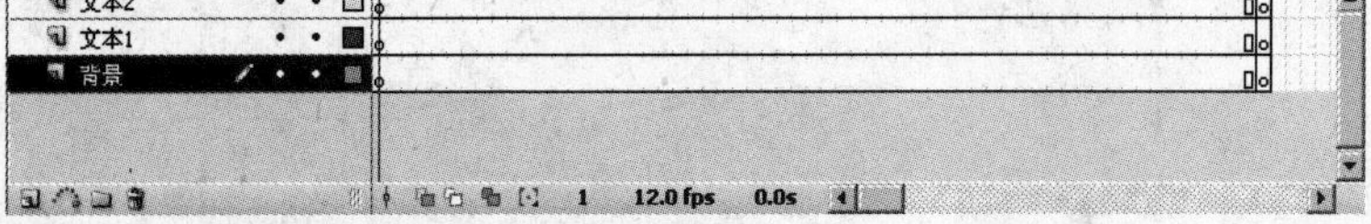

图 12.6.7　插入层

（11）选择窗口(W)→库(L) Ctrl+L命令，打开库面板，从中拖动“文本 1”元件到“文本 1”层中，如图 12.6.8 所示。

（12）选中该层的第 10 帧，按“F6”键插入一个关键帧，然后移动该帧中的“文本 1”实例到如图 12.6.9 所示的位置。

图 12.6.8　拖入“文本 1”元件

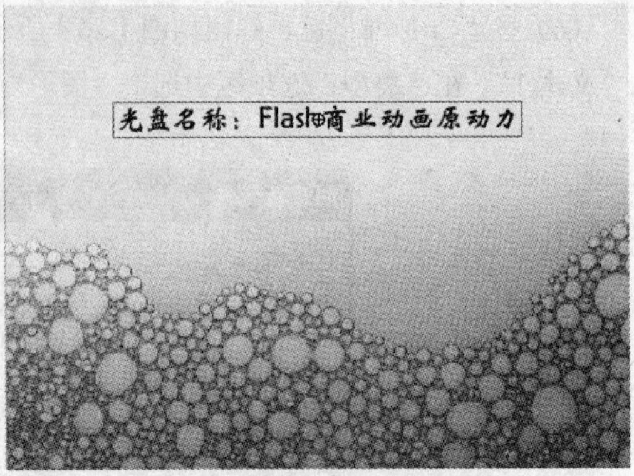

图 12.6.9　移动“文本 1”实例

（13）选中“文本 2”层的第 10 帧，按“F6”键插入关键帧，并从库面板中拖动“文本 2”元件到如图 12.6.10 所示的位置。

（14）选中“文本 2”的第 20 帧，按“F6”键插入关键帧，然后移动该帧中的“文本 2”实例到如图 12.6.11 所示的位置。

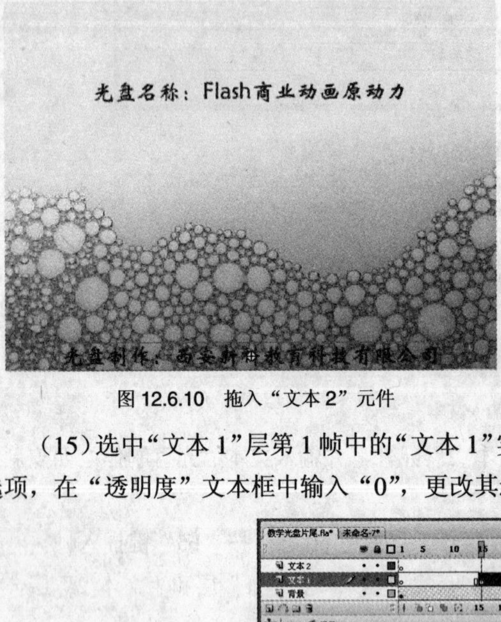

图 12.6.10　拖入“文本 2”元件

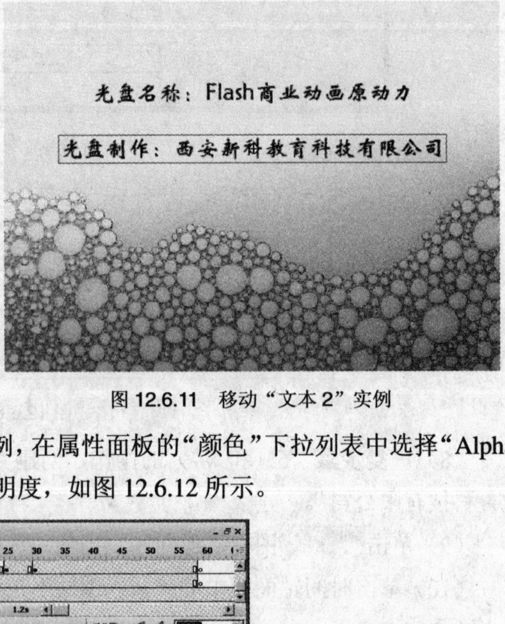

图 12.6.11　移动“文本 2”实例

（15）选中“文本 1”层第 1 帧中的“文本 1”实例，在属性面板的“颜色”下拉列表中选择“Alpha”选项，在“透明度”文本框中输入“0”，更改其透明度，如图 12.6.12 所示。

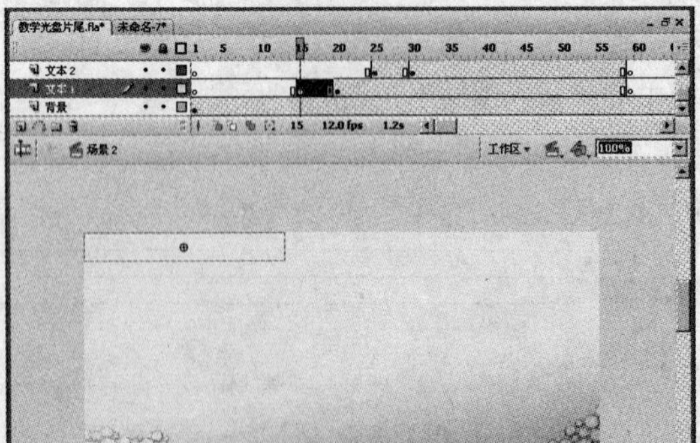

图 12.6.12　更改“文本 1”实例的透明度

（16）重复步骤（15）的操作，更改“文本 2”层第 10 帧中“文本 2”实例的透明度为“0”。

（17）选中“文本 1”层的第 1 帧，在属性面板的“补间”下拉列表中选择“动画”选项，创建一段运动补间动画，如图 12.6.13 所示。

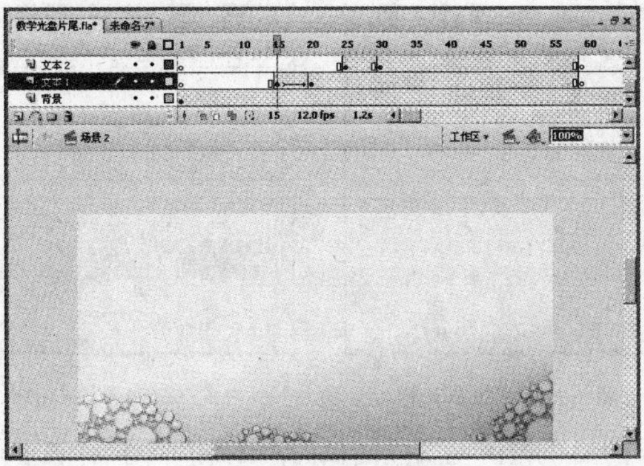

图 12.6.13　创建运动补间动画

（18）重复步骤（17）的操作，在“文本 2”层中创建一段运动补间动画，时间轴面板如图 12.6.14 所示。

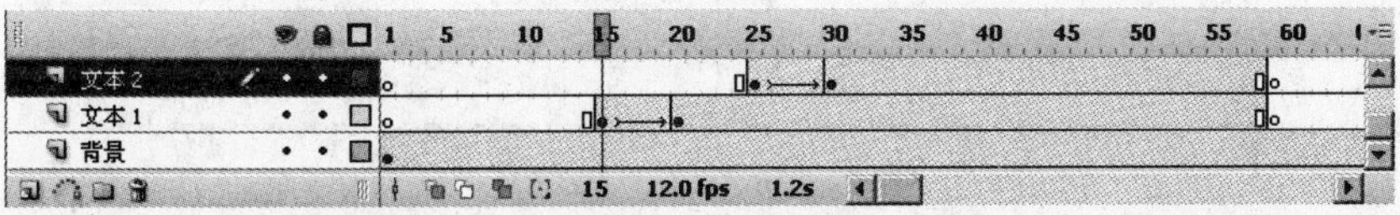

图 12.6.14　在“文本 2”层中创建运动补间动画

（19）单击时间轴面板中的“插入图层”按钮，插入一个名为“声音”的层。

（20）选择 文件(F) → 导入(I) → 导入到舞台(I)... Ctrl+R 命令，弹出“导入”对话框，导入声音文件“2.wav”。

（21）选中“声音”层的第 1 帧，在属性面板的“声音”下拉列表中选择“2.wav”选项，将声音添加至文件中，如图 12.6.15 所示。

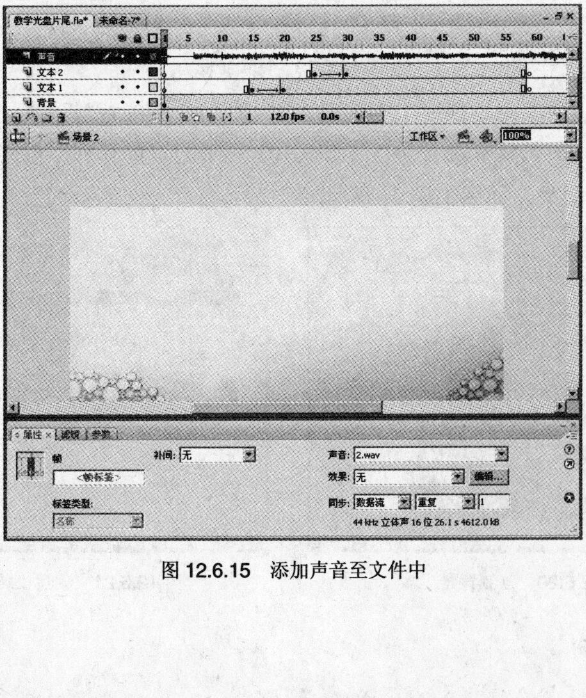

图 12.6.15　添加声音至文件中

（22）单击属性面板中的编辑...按钮，在弹出的“编辑封套”对话框中拖动底部的滑动条显示该声音的最后一帧，如图 12.6.16 所示。

（23）拖动声音结束滑块到第 140 帧（见图 12.6.17），然后单击确定按钮，关闭对话框。

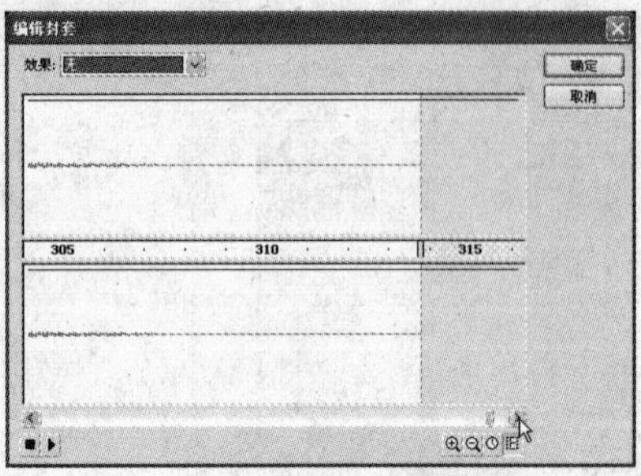

图 12.6.16　显示声音的最后一帧

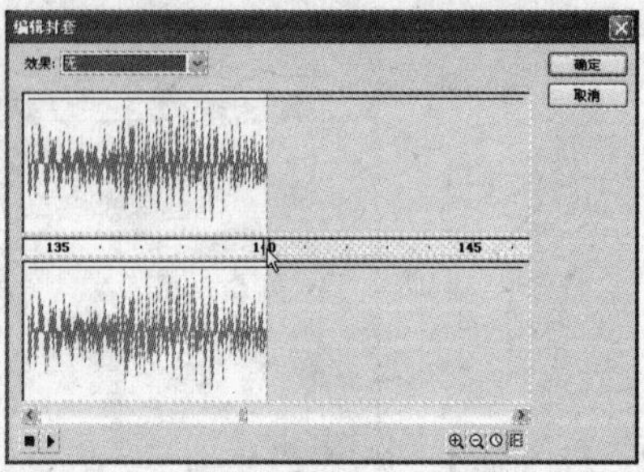

图 12.6.17　拖动声音结束滑块

（24）选中“声音”层的第 1 帧，在属性面板的“效果”下拉列表中选择“淡出”选项，设置声音的效果，如图 12.6.18 所示。

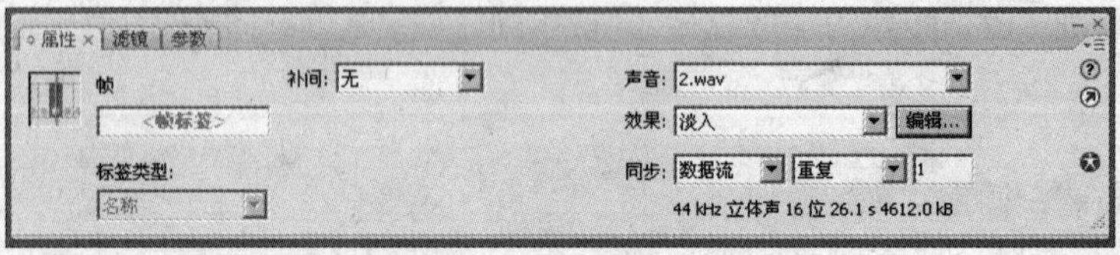

图 12.6.18　设置声音的效果

（25）选择窗口(W)→其它面板(R)→场景(S)　Shift+F2命令，打开如图 12.6.19 所示的场景面板，单击“添加场景”按钮+，添加“场景 2”，此时，在 Flash CS3 的工作界面中将显示场景 2 的编辑窗口。

图 12.6.19　场景面板

（26）重命名“图层 1”为“背景”，然后复制“场景 1”中的背景到该层中，如图 12.6.20 所示。

（27）重复“实例 2　教学光盘片头”步骤（10）～（12）的操作，创建“转轮”元件，并在其中绘制转轮转动一周的效果，如图 12.6.21 所示。

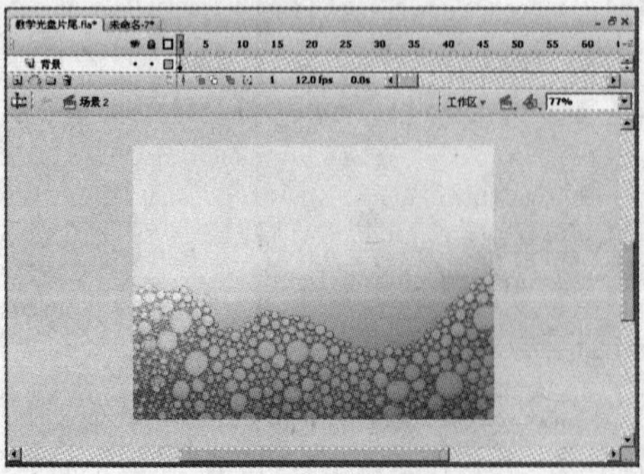

图 12.6.20　复制背景

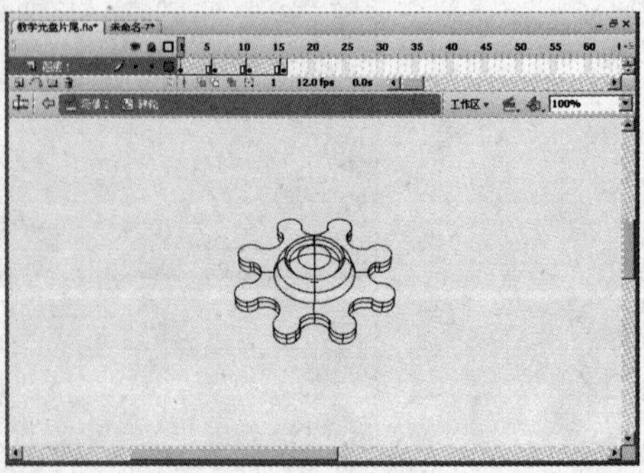

图 12.6.21　创建“转轮”元件

（28）在库面板中选中“文本 1”元件，单击鼠标右键，在弹出的快捷菜单中选择直接复制命令，弹出“直接复制元件”对话框，在“名称”文本框中输入“文本 3”（见图 12.6.22），单击确定按钮，关闭对话框。

图 12.6.22　“直接复制元件”对话框

（29）在库面板中双击“文本 3”元件，进入其编辑窗口（见图 12.6.23），更改其中的文本为“文本制作：Mmiao”，如图 12.6.24 所示。

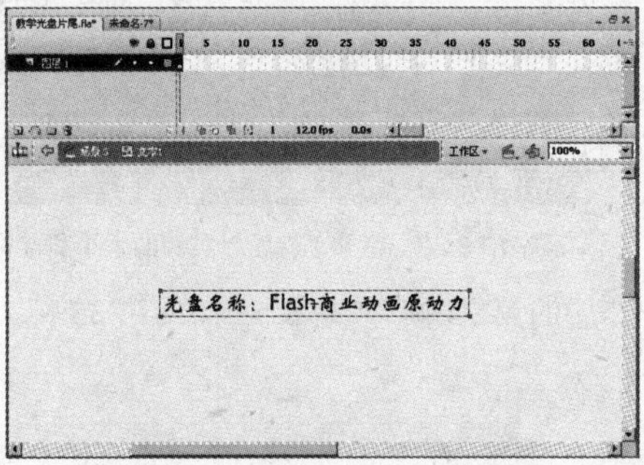

图 12.6.23　“文本 3”元件的编辑窗口

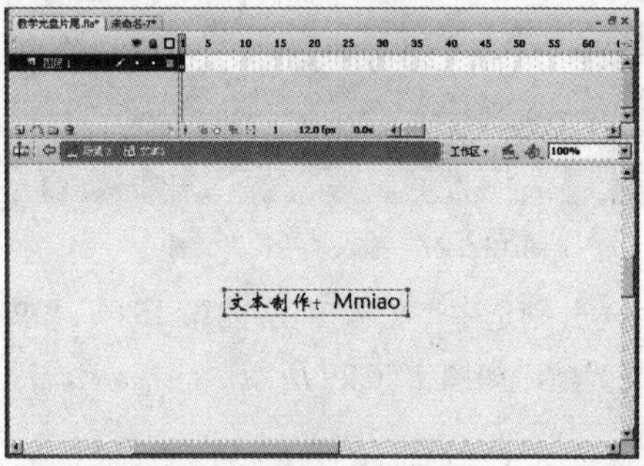

图 12.6.24　更改文本

（30）重复步骤（28）和（29）的操作，复制“文本 4”和“文本 5”元件，并依次更改其中的文本为“文本校对：Xhong”和“光盘制作：LiPing”。

（31）重复步骤（28）和（29）的操作，复制“文本 6”元件，并更改其中的文本为“谢谢欣赏”，如图 12.6.25 所示。

（32）选中文本，更改其字体大小为“40”，如图 12.6.26 所示。

图 12.6.25　创建“文本 6”元件

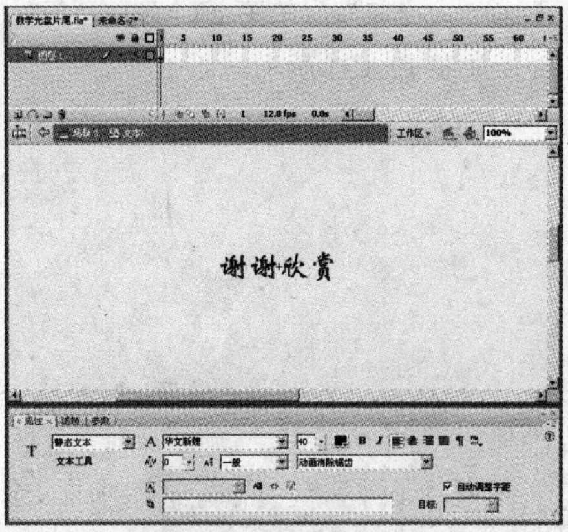

图 12.6.26　更改文本的大小

（33）单击场景 2图标，返回到“场景 2”的编辑窗口，选中“背景”层的第 80 帧，按“F5”键插入帧。

（34）单击时间轴面板中的“插入图层”按钮，插入一个名为“转轮”的层，然后从库面板中拖动“转轮”元件到如图 12.6.27 所示的位置。

（35）选中第 11 帧，按“F6”键插入关键帧，并调整其中对象的大小和位置，如图 12.6.28 所示。

（36）选中“转轮”层的第 1 帧，在属性面板的“补间”下拉列表中选择“动画”选项，创建一段运动补间动画。

（37）单击时间轴面板中的“插入图层”按钮 3 次，插入“文本 3”～“文本 5”层。

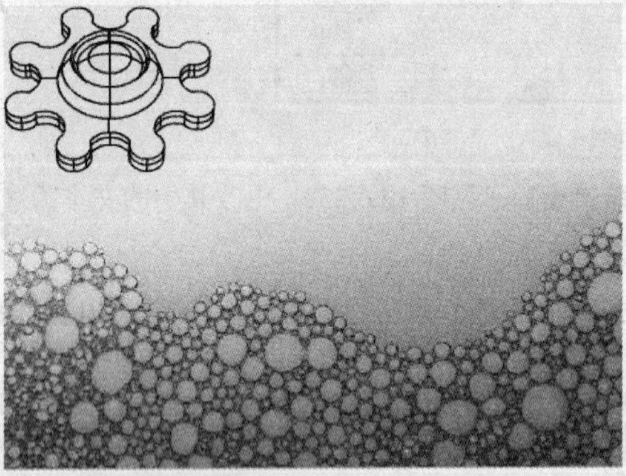

图 12.6.27 拖入“转轮”元件

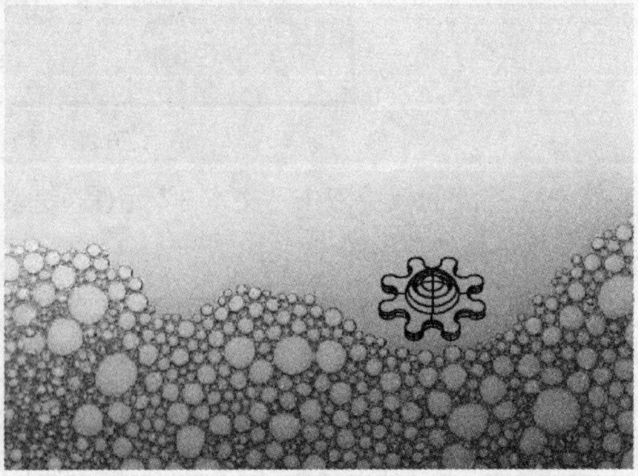

图 12.6.28 调整“转轮”实例的大小和位置

（38）分别选中“文本 3”层的第 15 帧、“文本 4”层的第 25 帧、“文本 5”层的第 35 帧，按“F6”键插入关键帧，如图 12.6.29 所示。

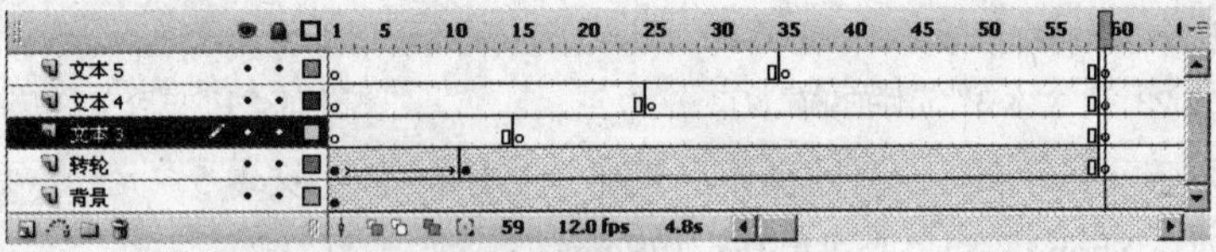

图 12.6.29 插入关键帧

（39）选中“文本 3”层的第 15 帧，从库面板中拖动“文本 3”元件到舞台的左上角，如图 12.6.30 所示。

（40）在“文本 4”层的第 25 帧中拖入“文本 4”元件，在“文本 5”层的第 35 帧中拖入“文本 5”元件，如图 12.6.31 所示。

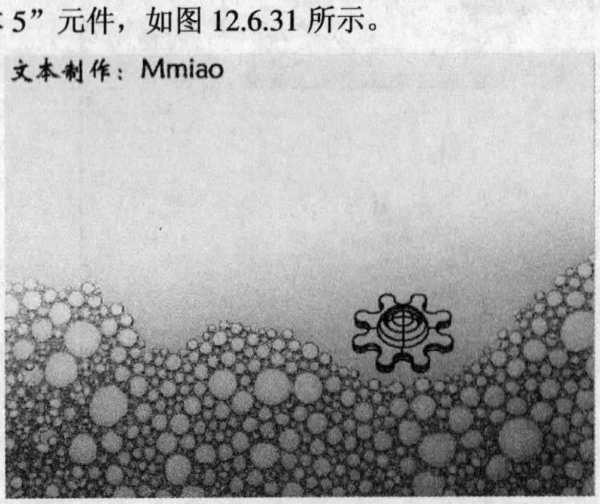

图 12.6.30 拖动“文本 3”元件

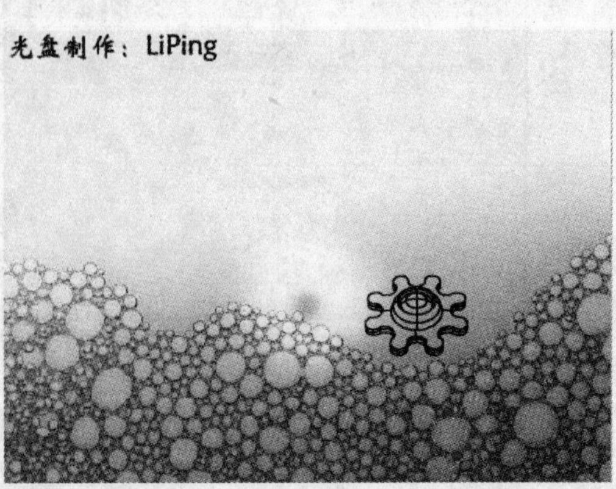

图 12.6.31 拖入“文本 5”元件

（41）分别选中“文本 3”层的第 20 帧、“文本 4”层的第 30 帧、“文本 5”层的第 40 帧，按“F6”

键插入关键帧。

（42）移动“文本 3”层第 20 帧中的“文本 3”实例到如图 12.6.32 所示的位置。

（43）移动“文本 4”层第 30 帧、“文本 5”层第 40 帧中的文本实例到如图 12.6.33 所示的位置。

（44）分别选中“文本 3”层的第 15 帧、“文本 4”层的第 25 帧、“文本 5”层的第 35 帧，在属性面板的“补间”下拉列表中选择“动画”选项，创建 3 段运动补间动画。

图 12.6.32　移动“文本 3”实例

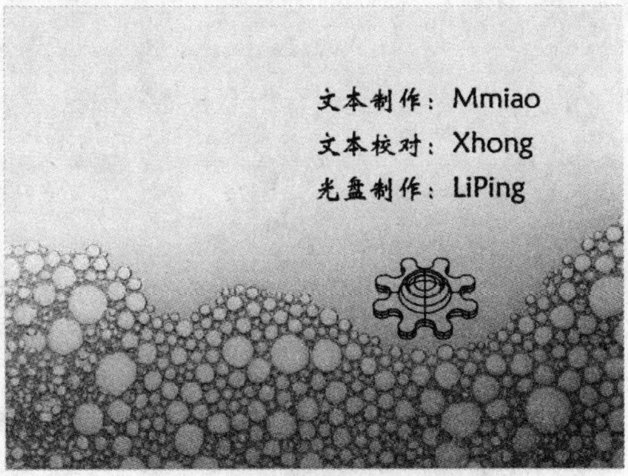

图 12.6.33　移动其他文本实例

（45）选中“转轮”、“文本 3”、“文本 4”、“文本 5”层的第 59 帧，按“F7”键插入空白关键帧，如图 12.6.34 所示。

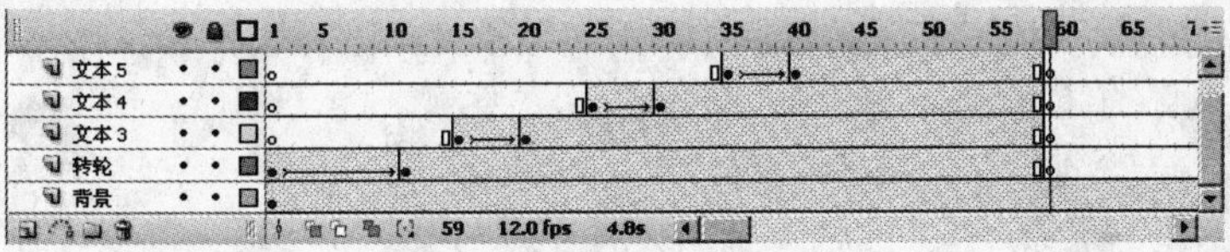

图 12.6.34　插入空白关键帧

（46）单击时间轴面板中的“插入图层”按钮，插入一个名为“文本 6”的层，然后选中该层的第 60 帧，按“F6”键插入关键帧。

（47）从库面板中拖动“文本 6”元件到如图 12.6.35 所示的位置。

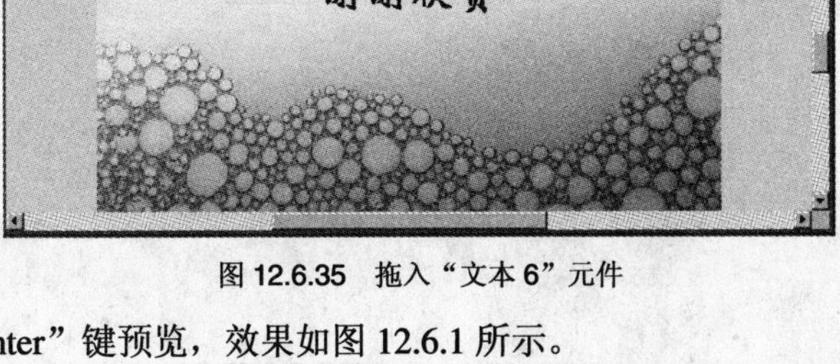

图 12.6.35　拖入“文本 6”元件

（48）按“Ctrl+Enter”键预览，效果如图 12.6.1 所示。

实例 7　电子杂志设计——电子书

创作目的

本例制作“电子书”效果，如图 12.7.1 所示。

图 12.7.1　效果图

创作步骤

（1）选择 文件(F) → 新建(N)... Ctrl+N 命令，弹出“新建”对话框，选择“常规”选项卡中的 Flash 文件(ActionScript 2.0) 选项，单击 确定 按钮，新建一个 Flash 文档。

（2）选择 修改(M) → 文档(D)... Ctrl+J 命令，弹出“文档属性”对话框，设置“尺寸”为“550 px×400 px”，“背景颜色”为“白色”（见图 12.7.2），单击 确定 按钮。

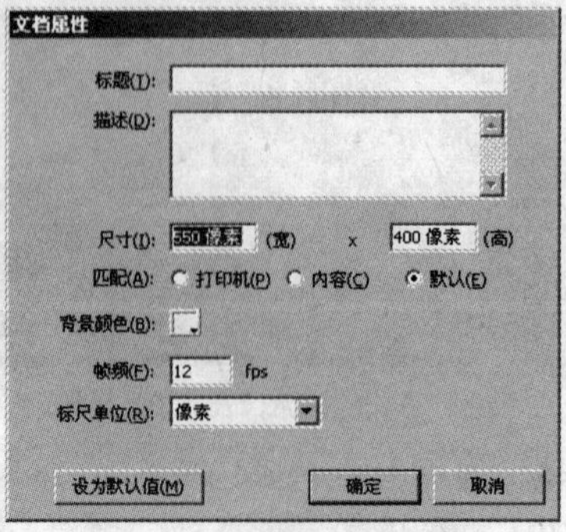

图 12.7.2　“文档属性”对话框

（3）选择文件(F)→导入(I)→导入到库(L)…命令，弹出“导入到库”对话框，导入“背景.jpg”图片，如图 12.7.3 所示。

图 12.7.3　“导入到库”对话框

（4）选择插入(I)→新建元件(N)… Ctrl+F8命令，弹出“创建新元件”对话框，如图 12.7.4 所示，在“名称”文本框中输入“背景”，在“类型”选项区中选中“图形”单选按钮，单击【确定】按钮，进入该原件的编辑窗口。

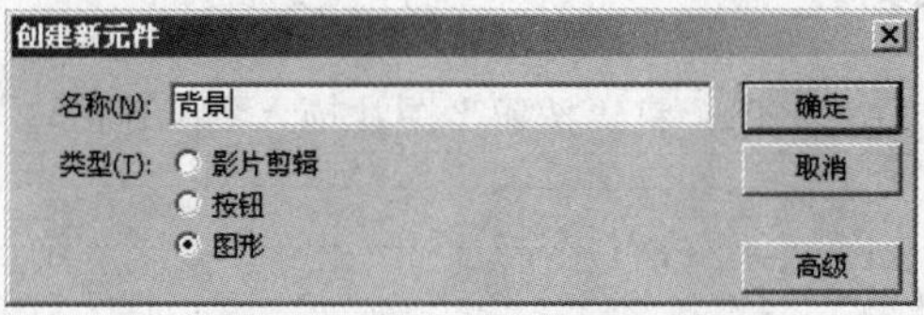

图 12.7.4　“创建新元件”对话框

（5）按“Ctrl+L”快捷键打开库，将“背景.jpg”图片拖入到工作区，如图 12.7.5 所示。

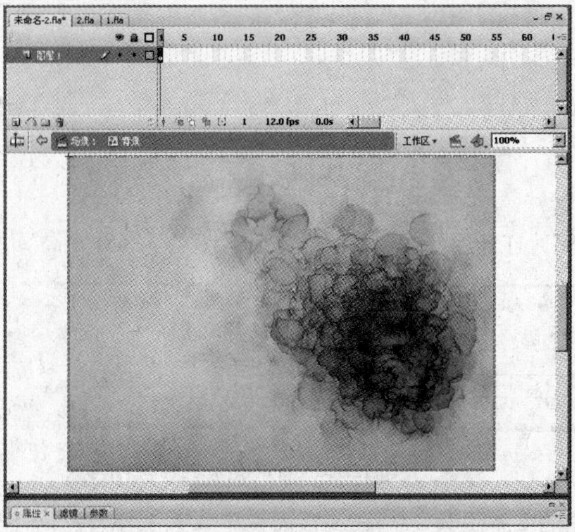

图 12.7.5　元件“背景”

（6）选择文件(F)→导入(I)→导入到库(L)…命令，弹出“导入到库”对话框，导入“001.png”图片，如图 12.7.6 所示。

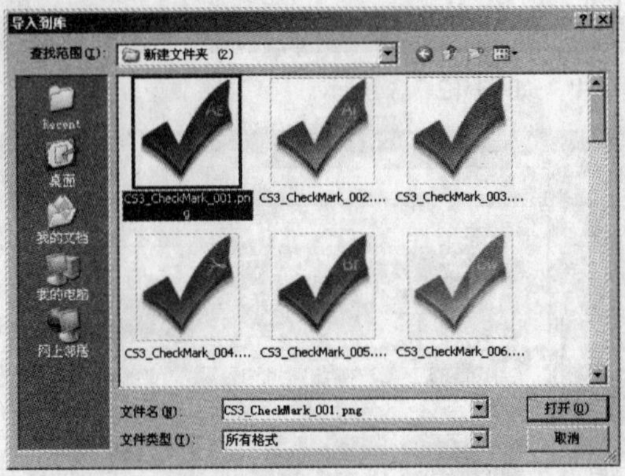

图 12.7.6 “导入到库”对话框

（7）选择 插入(I) → 新建元件(N)... Ctrl+F8 命令，弹出“创建新元件”对话框，如图 12.7.7 所示，在“名称”文本中输入“按钮 1”，在“类型”选项区中选中“按钮”单选按钮，单击 确定 按钮，进入该原件的编辑窗口。

图 12.7.7 “创建新元件”对话框

（8）按“Ctrl+L”快捷键打开库，将“按钮”图片拖入到工作区，如图 12.7.8 所示。

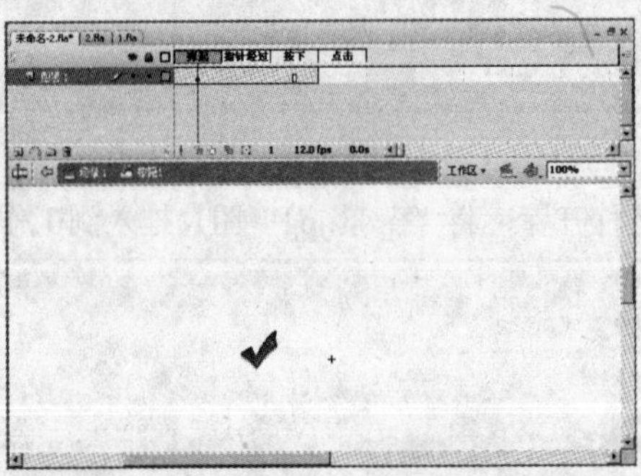

图 12.7.8 拖入“按钮”图片

（9）选择“封面”元件打开属性面板，设置按钮“宽”为 48，“高”为 48，如图 12.7.9 所示。

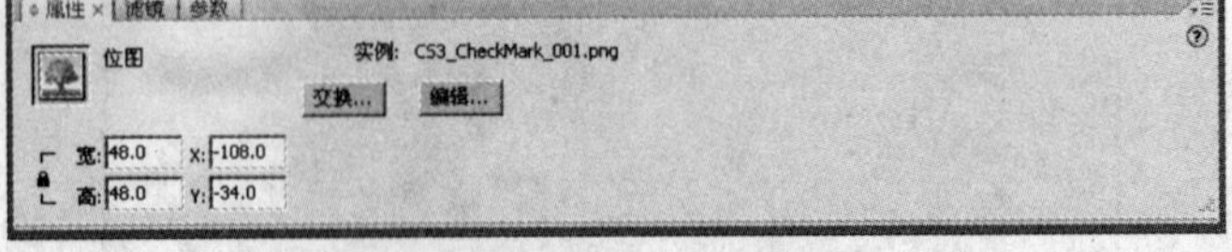

图 12.7.9 设置按钮属性

（10）选择工具箱中的文本工具 T，在属性面板中设置字体为“宋体”，字体大小为“15”，文本颜色为“#91BCE8”，在图片的右侧输入文本“封面”，如图 12.7.10 所示。

（11）选择“按下”帧，按“F6”键插入关键帧，选择“001.png”图片，单击鼠标右键，在弹出的下拉列表中选择 交换位图... 命令，弹出“交换位图”对话框，并选择要交换的“005.png”图片

（见图 12.7.11），单击 确定 按钮，更改文本的颜色为“黑色”，如图 12.7.12 所示。

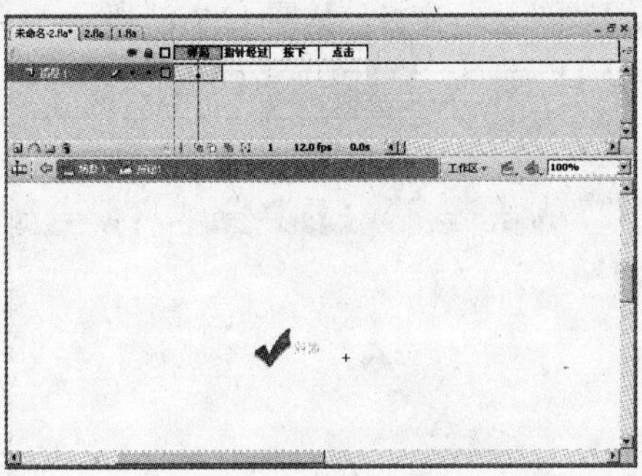

图 12.7.10 输入文本

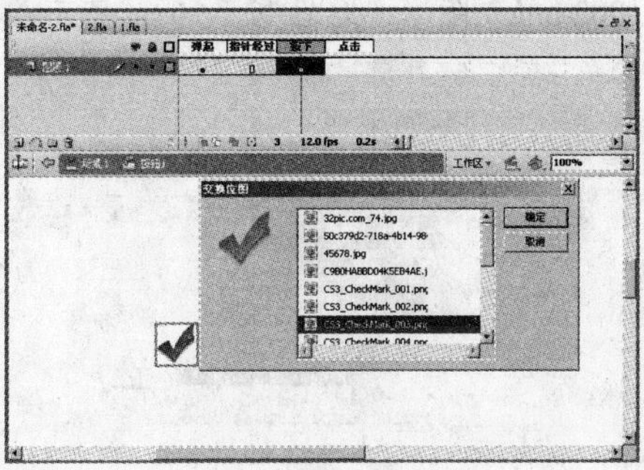

图 12.7.11 交换位图

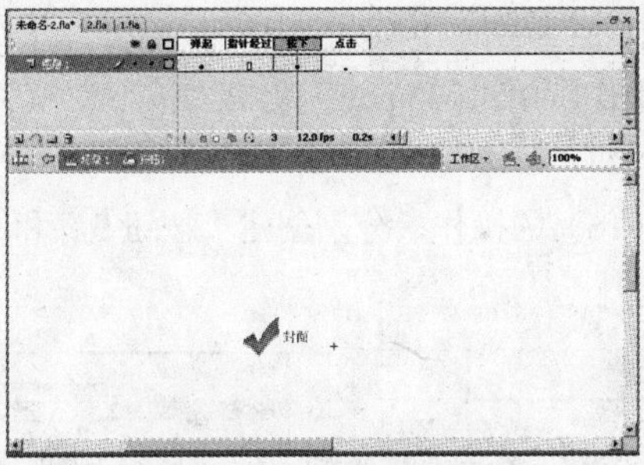

图 12.7.12 更改文本颜色

（12）选择 文件(F) → 导入(I) → 导入到库(L)... 命令，弹出“导入到库”对话框，导入“002.png”图片。

（13）在库面板中选择“按钮 1”元件，单击鼠标右键，在弹出的快捷菜单中选择 直接复制 命令，弹出“直接复制元件”对话框，在“名称”文本框中输入“按钮 2”（见图 12.7.13），单击 确定 按钮，关闭对话框。

图 12.7.13 “直接复制元件”对话框

（14）在库面板中双击“按钮 2”元件，进入其编辑窗口（见图 12.7.14），更改其中的所有文本为“末记”，如图 12.7.15 所示。

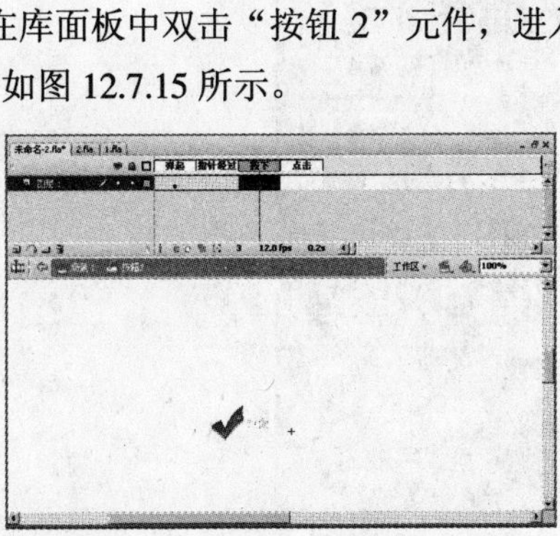

图 12.7.14 “按钮 2”元件的编辑窗口

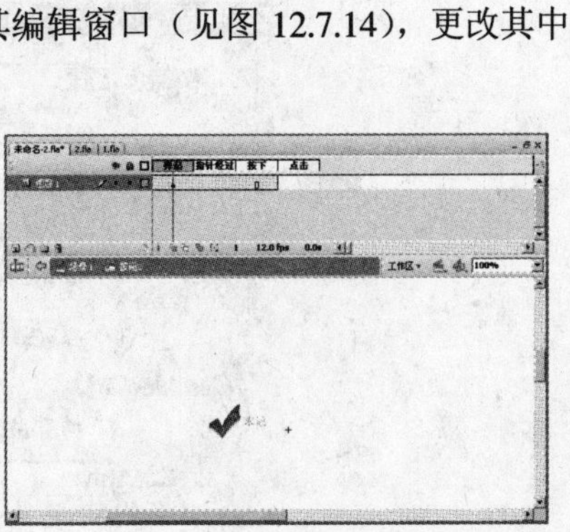

图 12.7.15 更改文本

（15）选择“弹起”帧中的图片，单击属性面板中的交换...按钮，在弹出的“交换位图”对话框中选择“002.png”图片（见图 12.7.16），单击确定按钮进行交换，如图 12.7.17 所示。

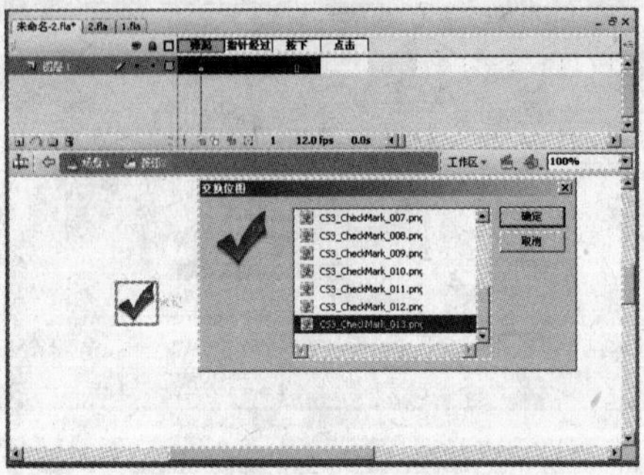

图 12.7.16 选择用于交换的图片

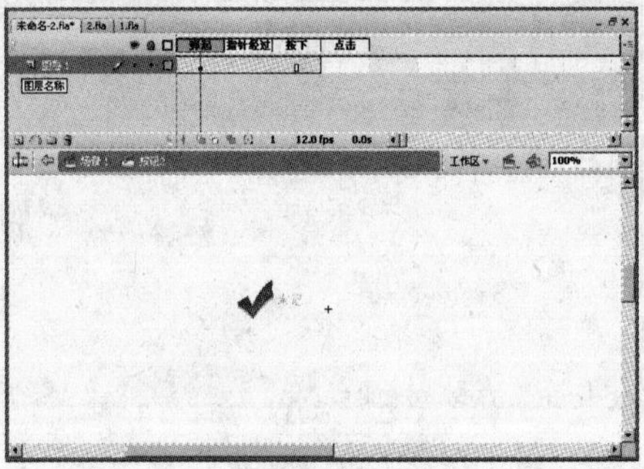

图 12.7.17 交换图片

（16）重复步骤（11）的操作，用“005.png”交换“按下”帧中的图片并设置“文本”颜色为黑色。

（17）重复步骤（12）～（16）的操作，分别创建“按钮 3”和“按钮 4”元件，并更改其中的文本及图片，如图 12.7.18 所示。

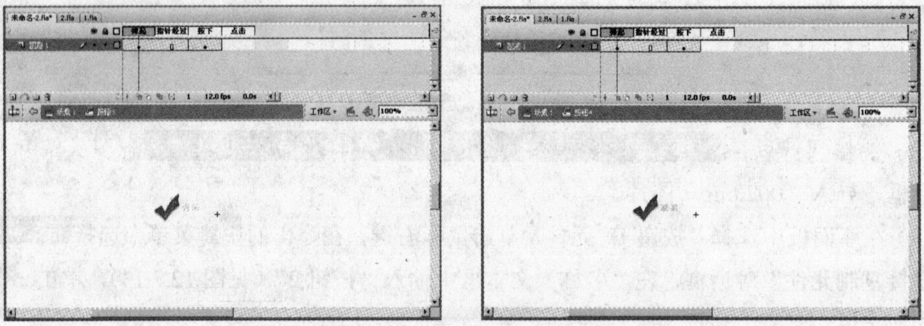

创建“按钮 3”元件　　创建“按钮 4”元件

图 12.7.18 创建“按钮 3”和“按钮 4”元件

（18）单击场景 1图标，返回到“场景 1”的编辑窗口。

（19）选择“图层 1”，单击鼠标右键，在弹出的下拉列表中选择属性...命令，弹出“图层属性”对话框，将名称选项的“图层 1”改为“背景”，如图 12.7.19 所示。

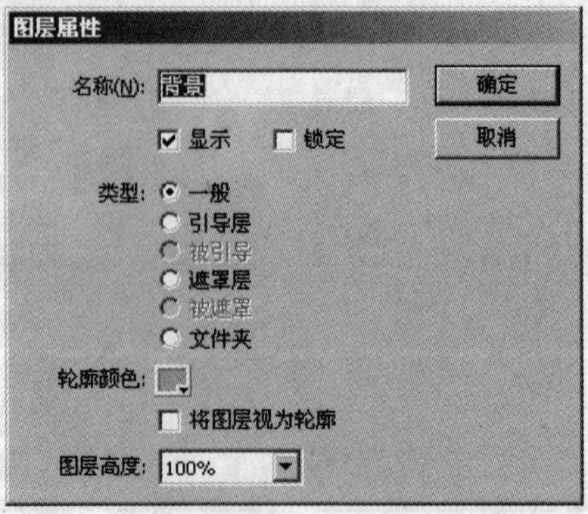

图 12.7.19 “图层属性”对话框

（20）按“Ctrl+L”快捷键打开库面板将“背景”元件拖入到舞台。

（21）选择属性面板，设置图片“宽”为 550，“高”为 400，“X”为 0，“Y”为 0，在“颜色”下拉列表中选择“Alpha”，“透明度”为“55%”，如图 12.7.20 所示。

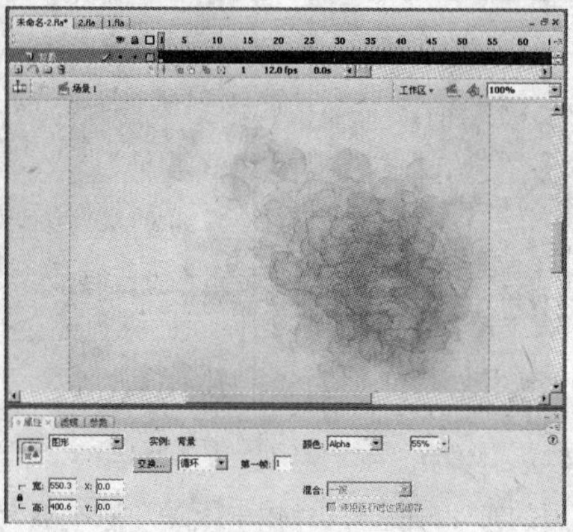

图 12.7.20　设置背景属性面板

（22）单击“插入图层”按钮 4 次，分别命名为“按钮 1”、“按钮 2”、“按钮 3”和“按钮 4”。

（23）选择“按钮 1”图层的第 1 帧，按“Ctrl+L”快捷键打开库面板，将“按钮 1”元件拖入到舞台中合适的位置，如图 12.7.21 所示。

（24）选择“按钮 1”元件打开属性面板，设置其“颜色”下拉列表为“Alpha”，“透明度”为“0%”，如图 12.7.22 所示。

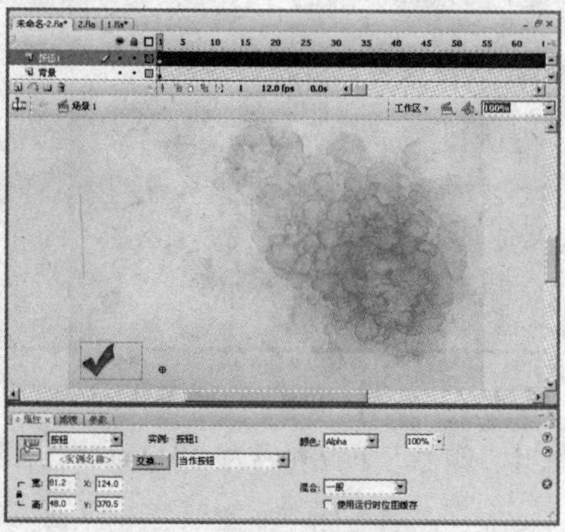

图 12.7.21　“按钮 1”元件在舞台中的位置

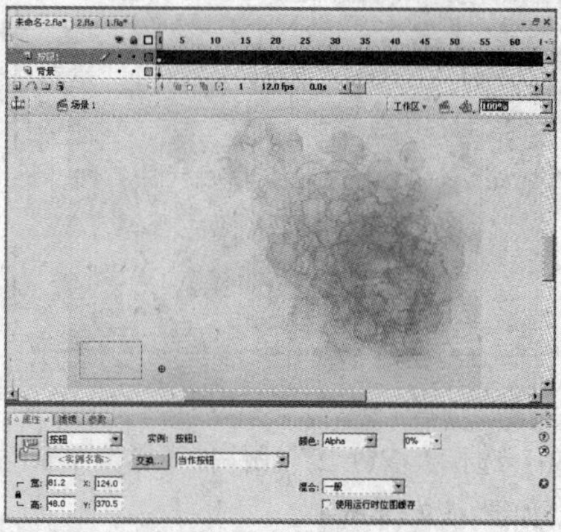

图 12.7.22　设置“按钮 1”元件属性

（25）选择“按钮 1”图层的第 10 帧，按“F6”键插入一个关键帧，如图 12.7.23 所示。

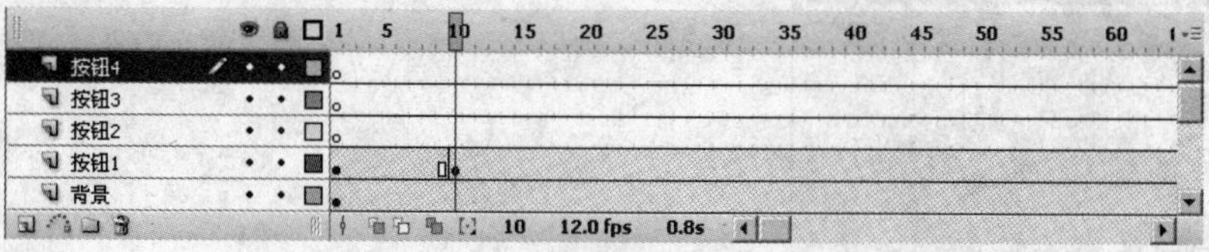

图 12.7.23　“按钮 1”插入一个关键帧

（26）选择第 10 帧的“按钮 1”元件将其水平上移到合适的位置，如图 12.7.24 所示。

（27）选择“按钮 1”元件打开属性面板，设置其“颜色”下拉列表为“Alpha”，“透明度”为

"100%"，如图 12.7.25 所示。

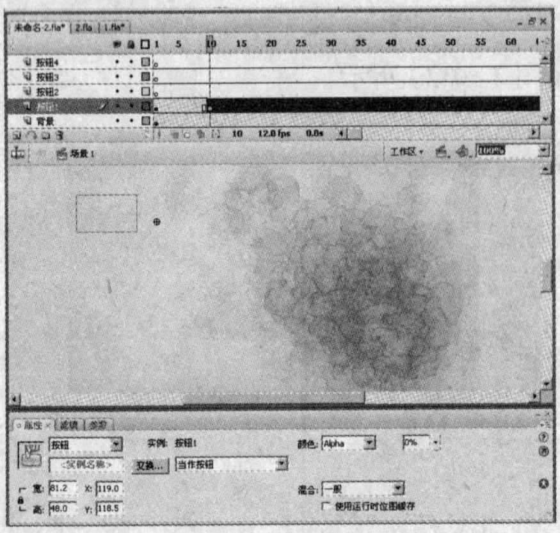

图 12.7.24　"按钮 1"元件位置

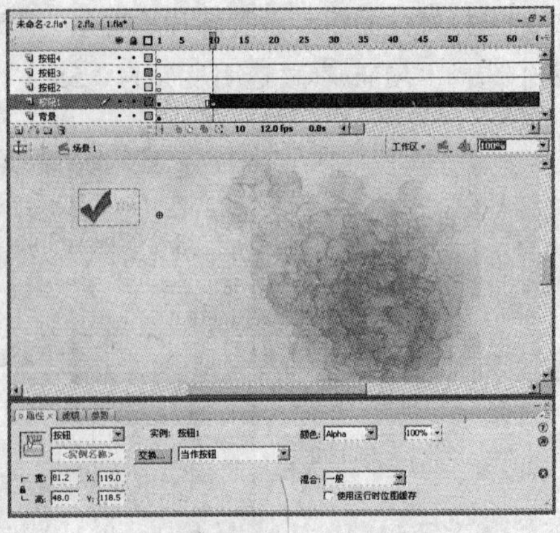

图 12.7.25　设置"按钮 1"的属性

（28）选择"按钮 1"图层的第 1 帧～第 10 帧中任意一帧，单击鼠标右键在弹出的下拉列表中选择 创建补间动画 命令，如图 12.7.26 所示。

（29）选择"按钮 2"图层的第 10 帧，按"Ctrl+L"快捷键打开库面板，将"按钮 2"元件拖入到舞台中并设置其位置，如图 12.7.27 所示。

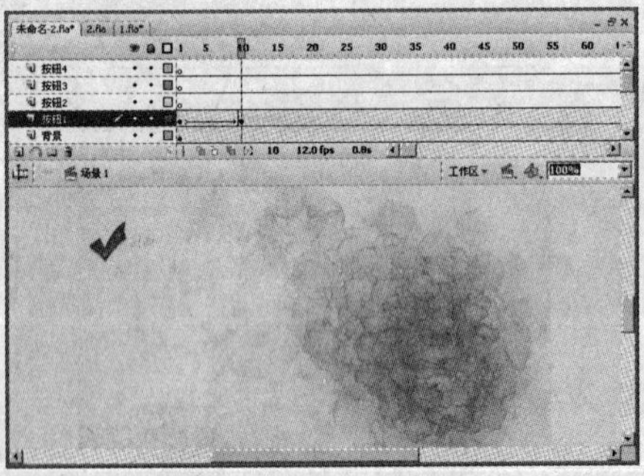

图 12.7.26　创建补间动画

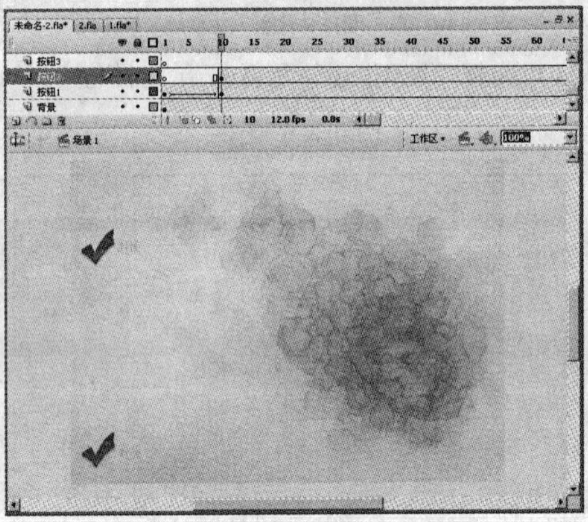

图 12.7.27　"按钮 2"元件在舞台中的位置

（30）选择"按钮 2"元件打开属性面板，设置其"颜色"下拉列表为"Alpha"，"透明度"为"0%"，如图 12.7.28 所示。

（31）选择"按钮 2"图层的第 20 帧，按"F6"键插入一个关键帧，如图 12.7.29 所示。

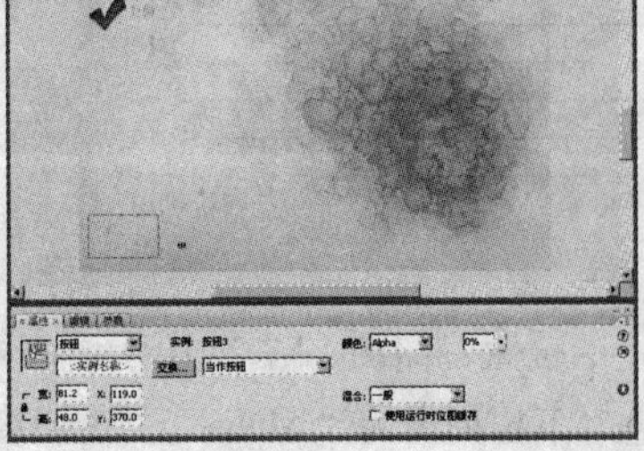

图 12.7.28　设置"按钮 2"元件属性

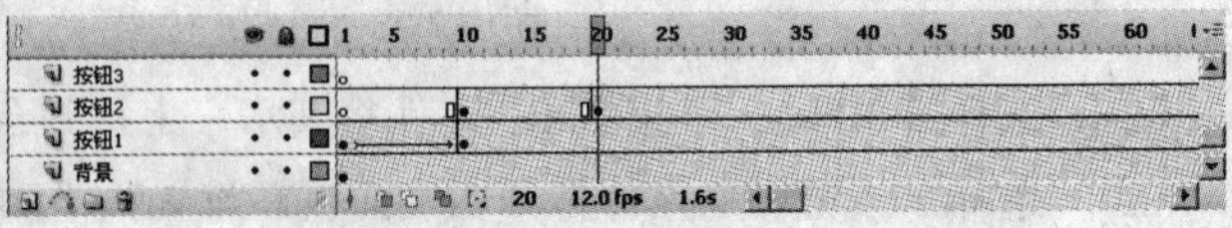

图 12.7.29　"按钮 2"插入一个关键帧

（32）选择第 20 帧的"按钮 2"元件将其水平上移到合适的位置，如图 12.7.30 所示。

（33）选择"按钮 2"元件打开属性面板，设置其"颜色"下拉列表为"Alpha"，"透明度"为"100%"。如图 12.7.31 所示。

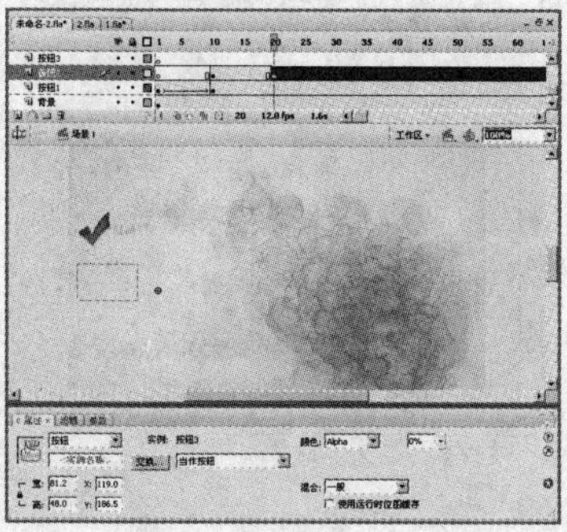

图 12.7.30　"按钮 2"元件位置

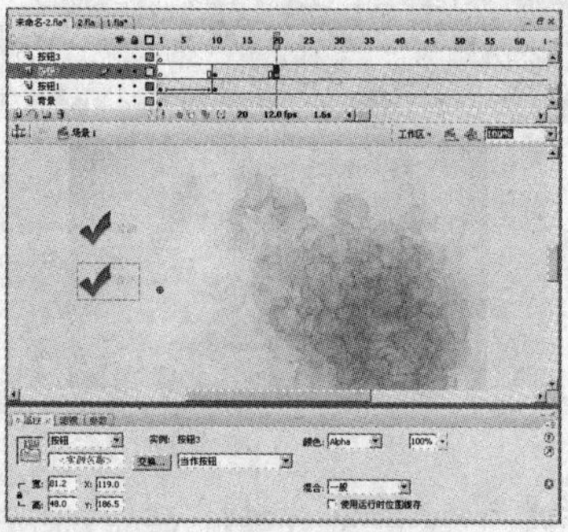

图 12.7.31　设置"按钮 2"的属性

（34）选择"按钮 2"图层的第 10 帧～第 20 帧中任意一帧，单击鼠标右键在弹出的下拉列表中选择 创建补间动画 命令，如图 12.7.32 所示。

（35）分别在"图层 3"和"图层 4"重复步骤（23）～（34）的操作，分别创建图层"按钮 3"和"按钮 4"并设置其帧、属性和位置，如图 12.7.33 所示。

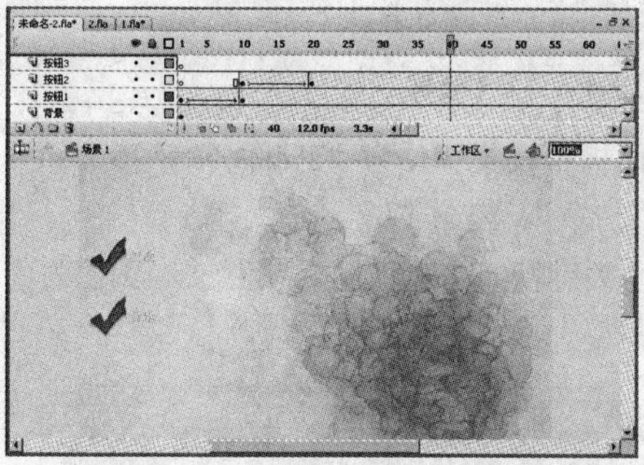

图 12.7.32　创建补间动画

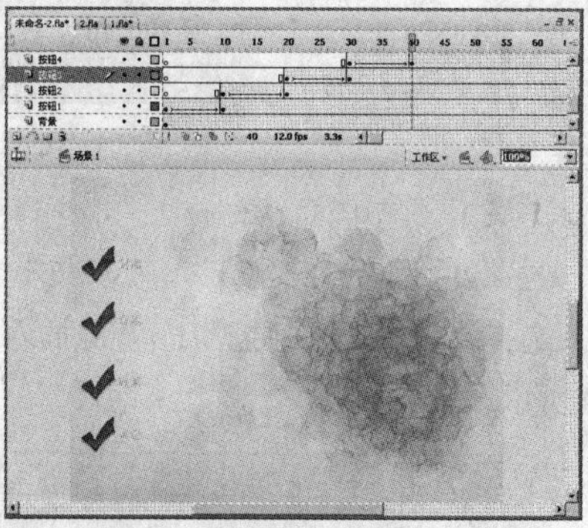

图 12.7.33　创建"按钮 3"和"按钮 4"

（36）选择 文件(F) → 导入(I) → 导入到库(L)... 命令，弹出"导入到库"对话框，导入"封面.jpg"图片，如图 12.7.34 所示。

（37）选择 插入(I) → 新建元件(N)...　Ctrl+F8 命令，弹出如图 12.7.35 所示的"创建新元件"对话框，在"名称"文本框中输入"封面"，在"类型"选项区中选中"图形"单选按钮，单击 确定 按钮，进入该原件的编辑窗口。

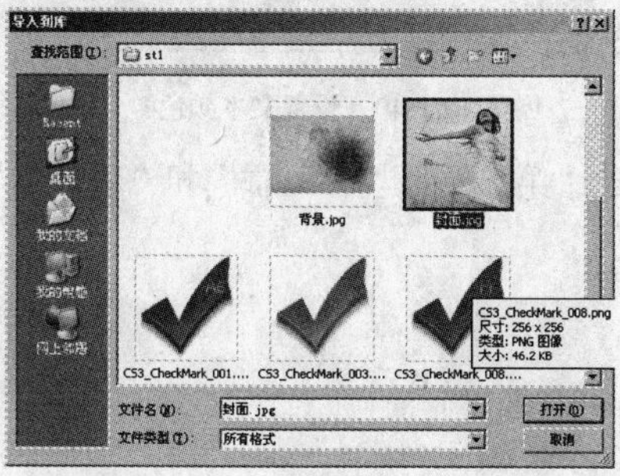

图 12.7.34　"导入到库"对话框

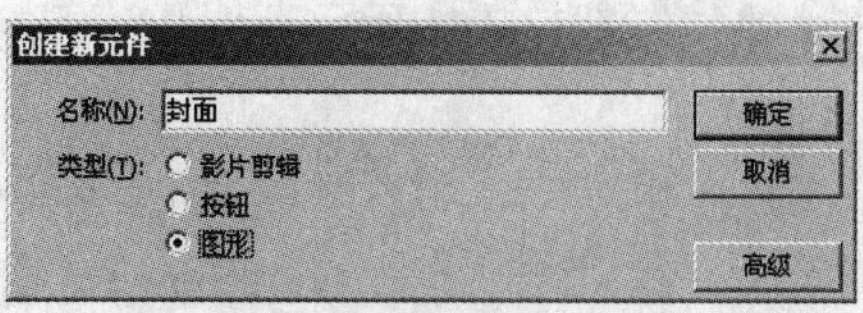

图 12.7.35　"创建新元件"对话框

（38）按“Ctrl+L”快捷键打开库，将“封面.jpg”图片拖入到工作区，如图 12.7.36 所示。

（39）选择“封面”元件打开属性面板，设置“宽”为 220，“高”为 259.7，如图 12.7.37 所示。

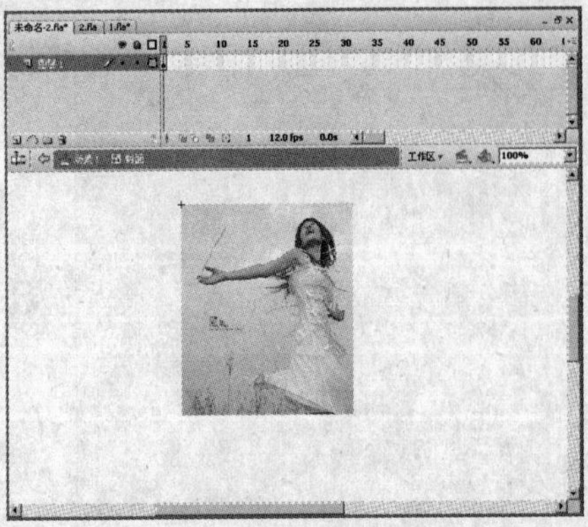

图 12.7.36 元件“封面”

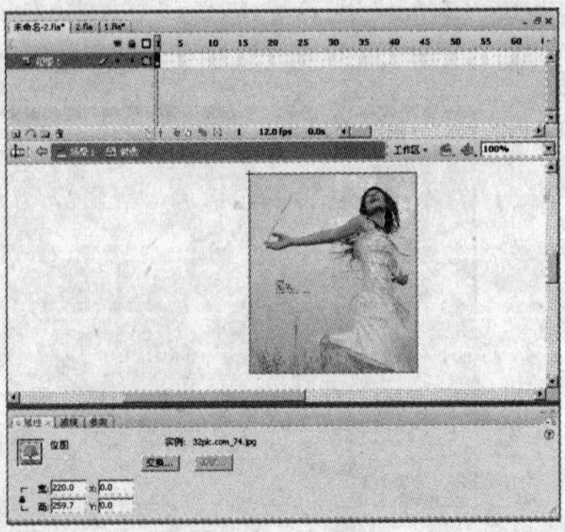

图 12.7.37 设置“封面”元件属性

（40）选择 插入(I) → 新建元件(N)... Ctrl+F8 命令，弹出如图 12.7.38 所示的“创建新元件”对话框，在“名称”文本框中输入“第一章”，在“类型”选项区中选中 “按钮”单选按钮，单击 确定 按钮，进入该原件的编辑窗口。

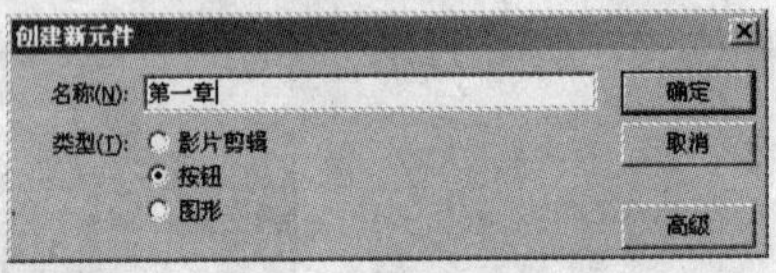

图 12.7.38 “创建新元件”对话框

（41）选择工具箱中的文本工具 T，在属性面板中设置字体为“Times New Roman”，字体大小为“15”，文本颜色为“#59B4E3”，输入文本“第一章”，如图 12.7.39 所示。

（42）选择“按下”帧，按“F6”键插入一个关键帧，在属性面板设置文本颜色为“黑色”，如图 12.7.40 所示。

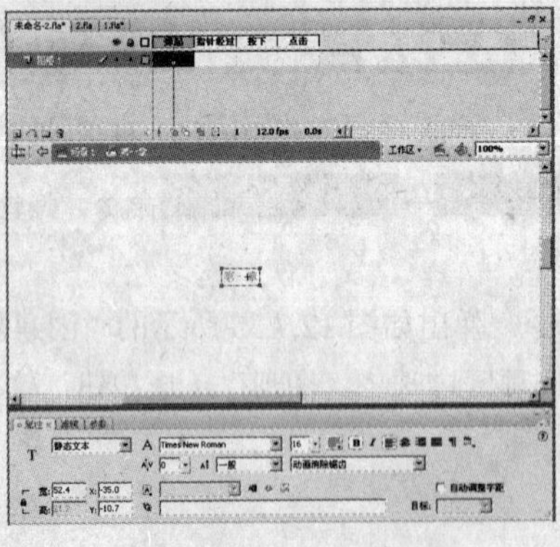

图 12.7.39 设置文本属性

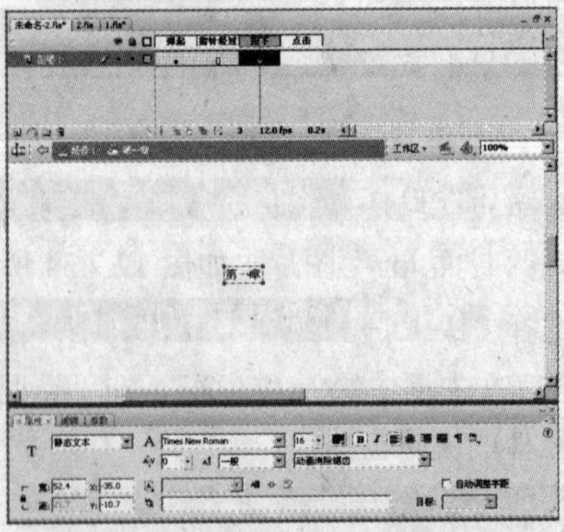

图 12.7.40 设置文本颜色

（43）重复步骤（40）～（42）的操作，分别创建“第二章”、“第三章”和“第四章”元件，并设置颜色和大小，如图 12.7.41 所示。

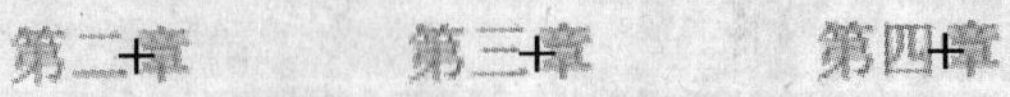

图 12.7.41 创建其他按钮元件

（44）选择 插入(I) → 新建元件(N)... Ctrl+F8 命令，弹出如图 12.7.42 所示“创建新元件”对话框，在“名称”文本框中输入“翻页”，在“类型”选项区中选中 “图形”单选按钮，单击 确定 按钮，进入该原件的编辑窗口。

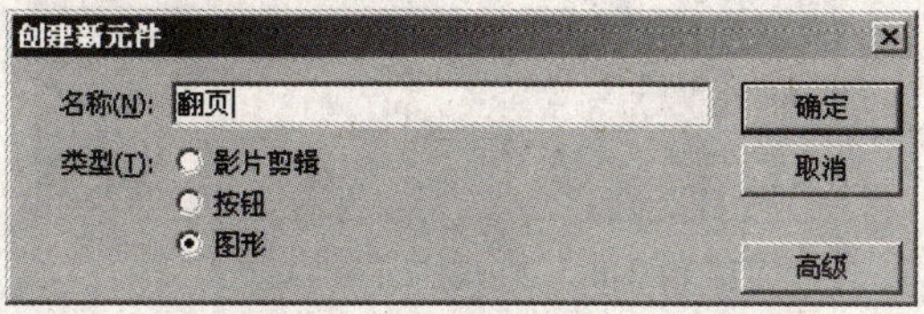

图 12.7.42　“创建新元件”对话框

（45）选择工具箱中的矩形工具，设置“笔触颜色”为“无”，填充颜色为“白色”，如图 12.7.43 所示。

（46）选择“翻页”元件打开属性面板，设置“宽”为 220，“高”为 259.7，如图 12.7.44 所示。

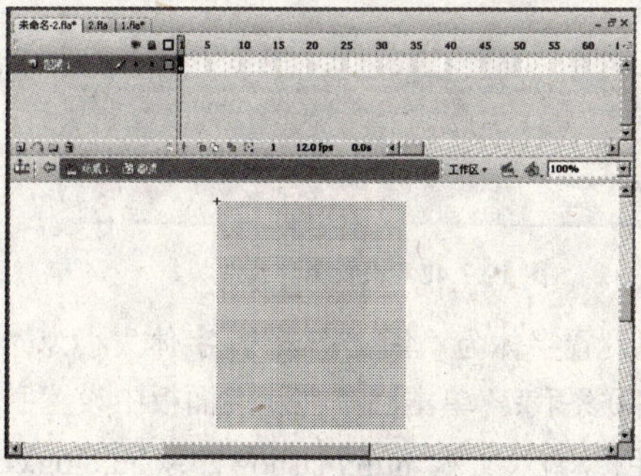

图 12.7.43　绘制“矩形”

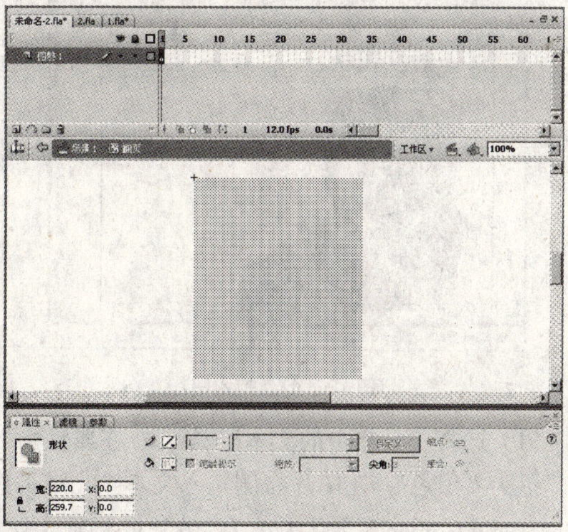

图 12.7.44　设置矩形属性

（47）选择 文件(F) → 导入(I) → 导入到库(L)... 命令，弹出“导入到库”对话框，导入“logo.jpg”图片，如图 12.7.45 所示。

图 12.7.45　“导入到库”对话框

（48）选择 插入(I) → 新建元件(N)... Ctrl+F8 命令，弹出如图 12.7.46 所示的“创建新元件”对话框，在“名称”文本框中输入“logo”，在“类型”选项区中选中“图形”单选按钮，单击 确定 按钮，进入该原件的编辑窗口。

图 12.7.46 “创建新元件”对话框

（49）按“Ctrl+L”快捷键打开库面板将“logo.jpg”拖入到工作区，如图 12.7.47 所示。

（50）选择“logo”元件打开属性面板，设置“宽”为 50，“高”为 37.5，如图 12.7.48 所示。

图 12.7.47 拖入图片

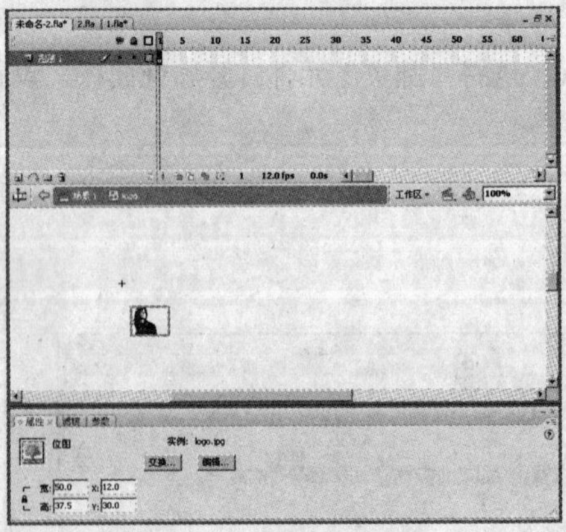

图 12.7.48 设置图片属性

（51）选择工具箱中的文本工具 T，在属性面板中设置字体为“华文彩云”，字体大小为“41”，文本颜色为“黑色”，在图片右侧输入文本“北岸工作室联系我:”单击回车在属性面板中设置字体为“Times New Roman”，字体大小为“36”，文本颜色为“黑色”，输入文本“http://stsnow23.sohu.blog.com”，选择整个文本，在“URL 链接”文本框中输入“http://stsnow23.sohu.blog.com”，如图 12.7.49 所示。

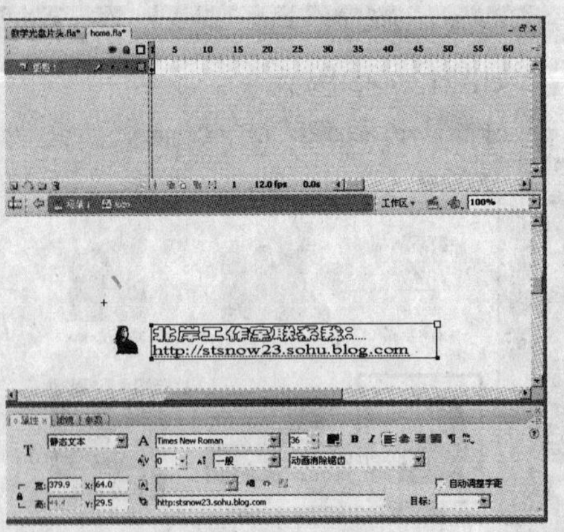

图 12.7.49 输入文本并设置属性

（52）单击 场景 1 图标，返回到“场景 1”的编辑窗口。

（53）单击“插入图层”按钮 两次，分别命名为“封面”和“翻页”。

（54）选择“封面”层，按“Ctrl+L”快捷键打开库面板，拖入“封面”元件到舞台中合适的位置，如图 12.7.50 所示。

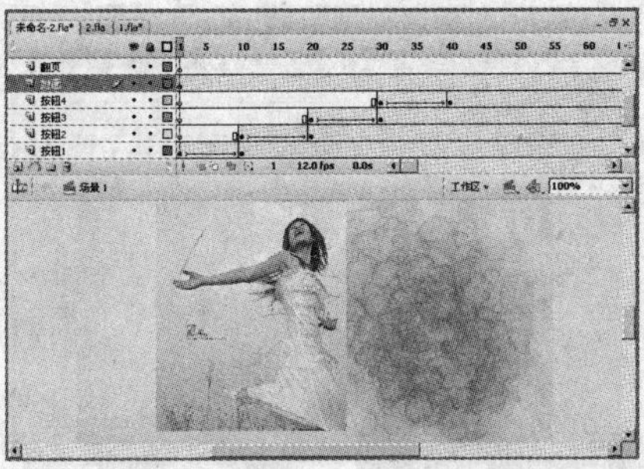

图 12.7.50　“封面”元件在舞台中的位置

（55）选择“封面”元件打开属性面板，设置“颜色”下拉列表为“Alpha”，“透明度”为“0%”，如图 12.7.51 所示。

（56）选择“第 40 帧”，按“F6”键插入一个关键帧，如图 12.7.52 所示。

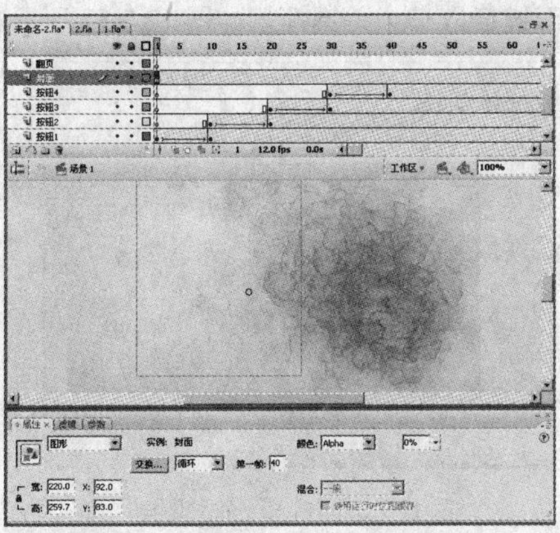

图 12.7.51　设置“封面”元件属性

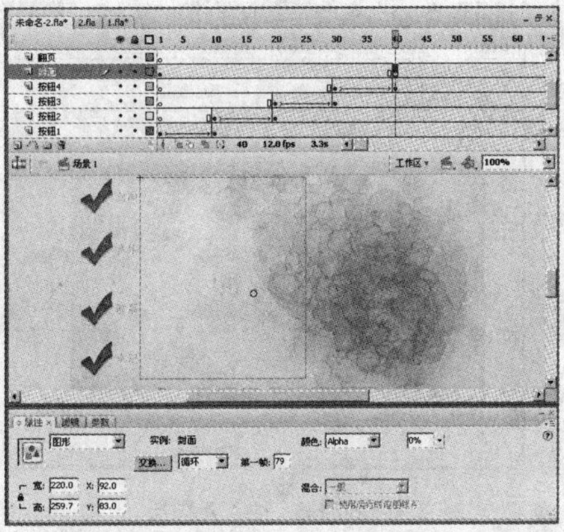

图 12.7.52　插入一个关键帧

（57）选择“封面”元件打开属性面板，设置“颜色”下拉列表为“Alpha”，“透明度”为“100%”，如图 12.7.53 所示。

（58）选择“封面”图层的“第 1 帧”～“第 40 帧”中任意一帧，单击鼠标右键在弹出的下拉列表中选择 创建补间动画 命令，如图 12.7.54 所示。

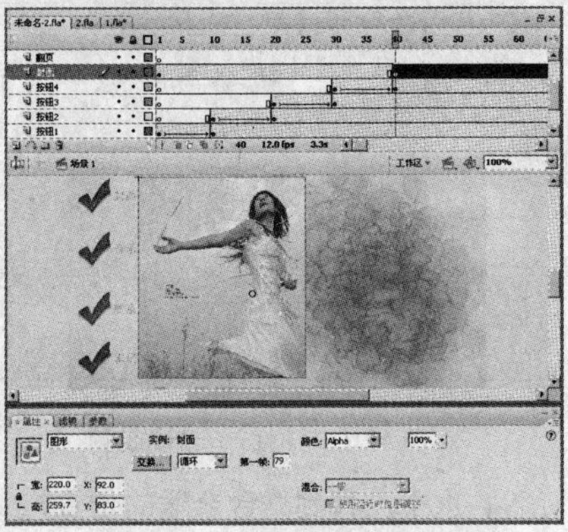

图 12.7.53　设置“封面”元件属性

图 12.7.54　创建补间动画

（59）重复步骤（54）～（58）的操作，将“翻页”元件平行放置在“封面”元件的右侧并设置

“翻页”图层第 40 帧的“颜色”为“Alpha”，“透明度”为“50%”，如图 12.7.55 所示。

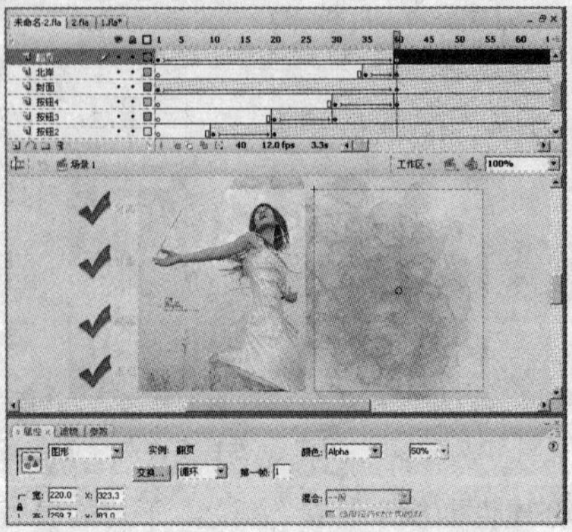

图 12.7.55　创建“翻页”并设置属性

（60）单击“插入图层”按钮，命名为“logo”，如图 12.7.56 所示。

（61）选择“logo”图层中的第 35 帧，按“F6”键插入一个关键帧，如图 12.7.57 所示。

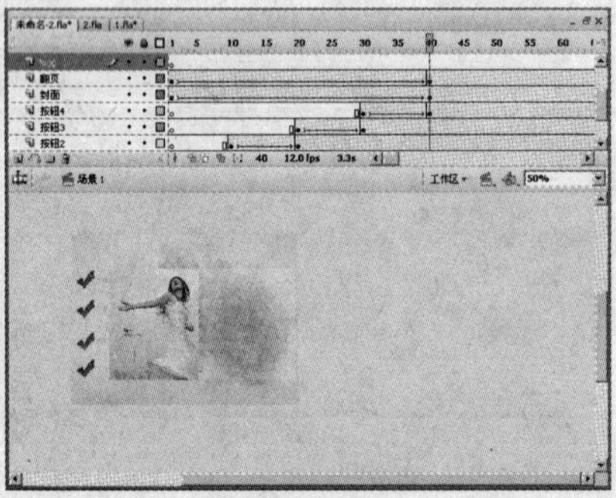

图 12.7.56　插入新图层

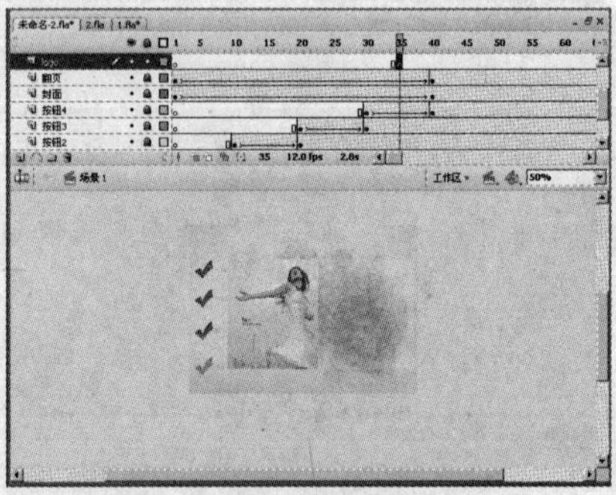

图 12.7.57　插入一个关键帧

（62）按“Ctrl+L”快捷键打开库面板，将“logo”元件拖入到舞台外合适的位置，如图 12.7.58 所示。

（63）选择“logo”图层中的第 40 帧，按“F6”键插入一个关键帧，如图 12.7.59 所示。

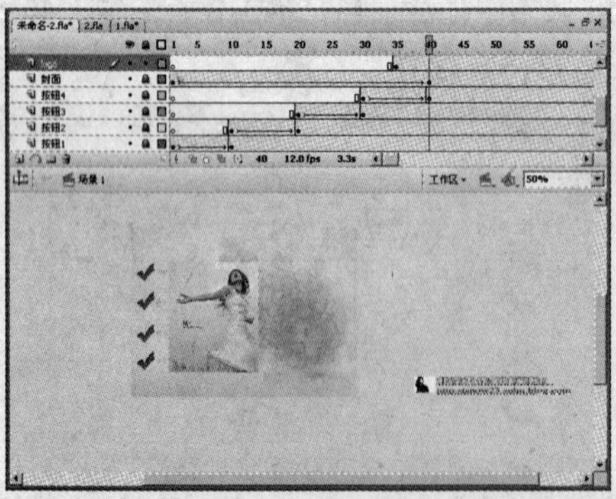

图 12.7.58　拖入元件

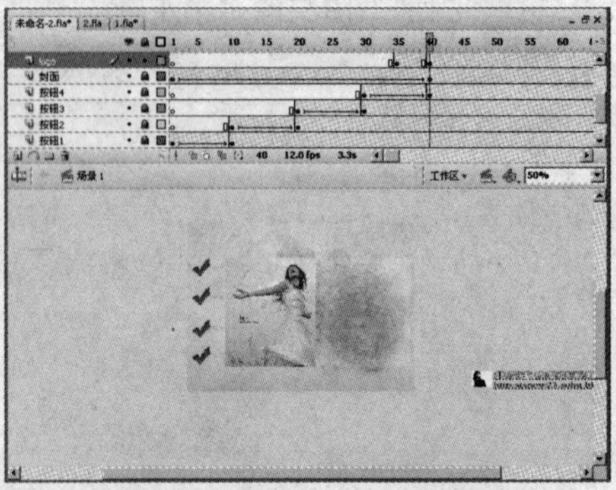

图 12.7.59　插入一个关键帧

（64）选择“logo”图层中第 40 帧中的“logo”元件，水平左移到舞台合适的位置，如图 12.7.60 所示。

（65）选择“logo”图层中第 35 帧～第 40 帧中任意一帧，单击鼠标右键在弹出的下拉列表中选

择 创建补间动画 命令，如图 12.7.61 所示。

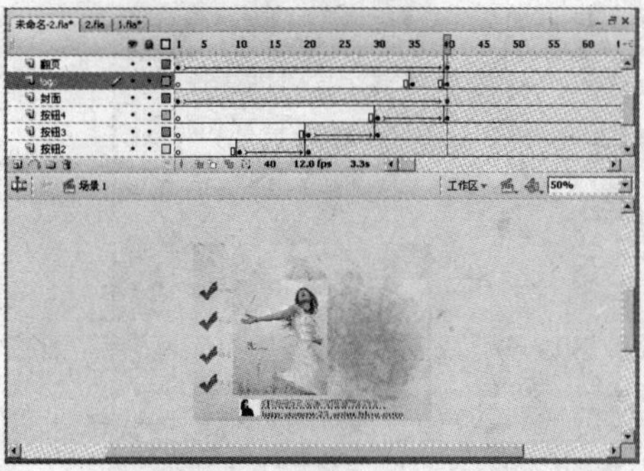

图 12.7.60　“logo”元件的位置

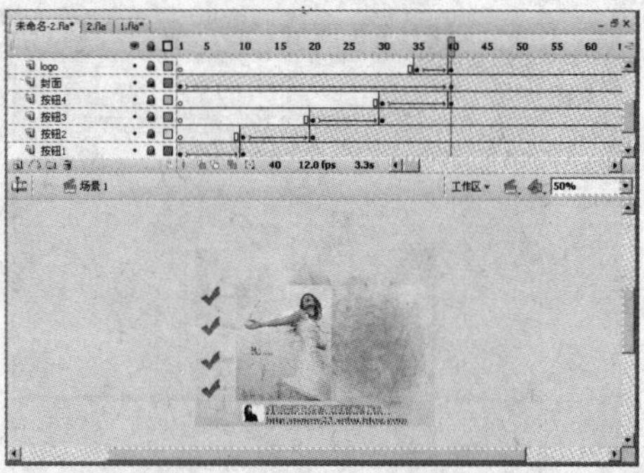

图 12.7.61　创建补间动画

（66）单击“插入图层”按钮 4 次，分别命名为“第一章”，“第二章”，“第三章”，“第四章”。

（67）选择“第一章”图层中的第 40 帧，按“F6”键插入一个关键帧，如图 12.7.62 所示。

（68）按“Ctrl+L”快捷键打开库，将“第一章”元件拖入到舞台上方合适的位置，如图 12.7.63 所示。

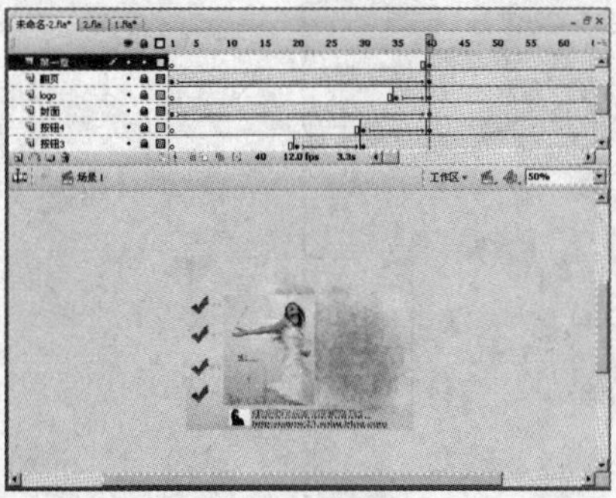

图 12.7.62　插入一个关键帧

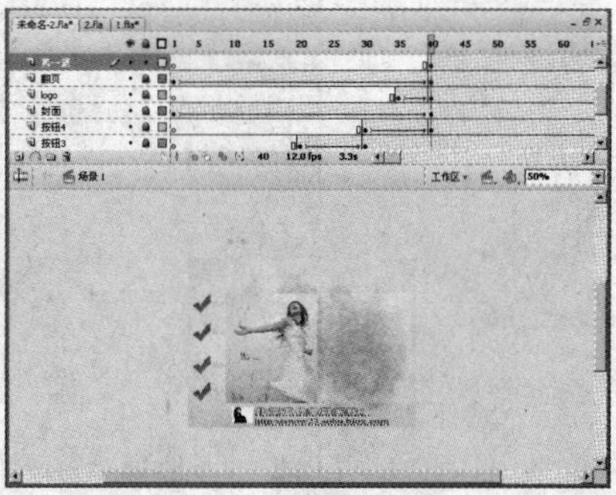

图 12.7.63　“第一章”元件在舞台中的位置

（69）选择“第一章”图层“第一章”元件打开属性面板，设置“颜色”为“Alpha”，“透明度”为“0%”，如图 12.7.64 所示。

（70）选择“第一章”图层“第 53 帧”，按“F6”键插入一个关键帧，如图 12.7.65 所示。

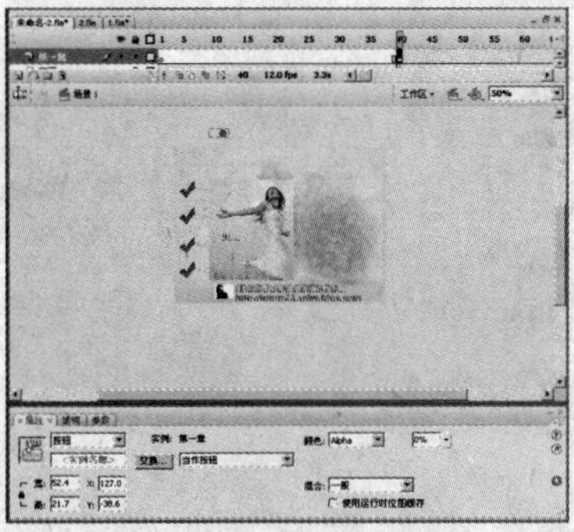

图 12.7.64　设置“第一章”元件属性

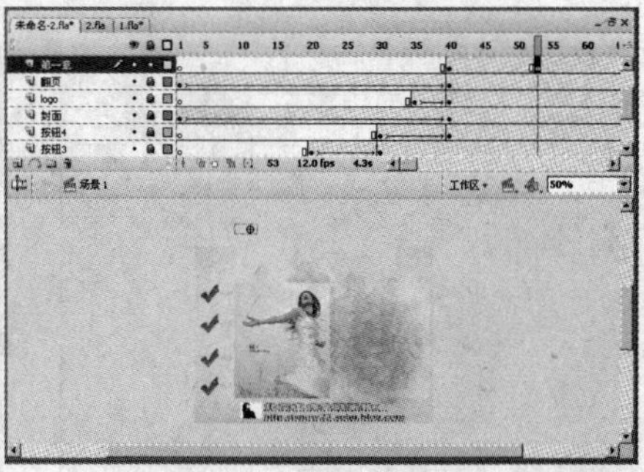

图 12.7.65　插入一个关键帧

（71）选择“第一章”图层“第一章”元件，将其垂直下移到舞台中合适的位置，如图 12.7.66 所示。

（72）选择“第一章”图层“第一章”元件打开属性面板，设置“颜色”为“Alpha”，“透明度”

为“100%”，如图 12.7.67 所示。

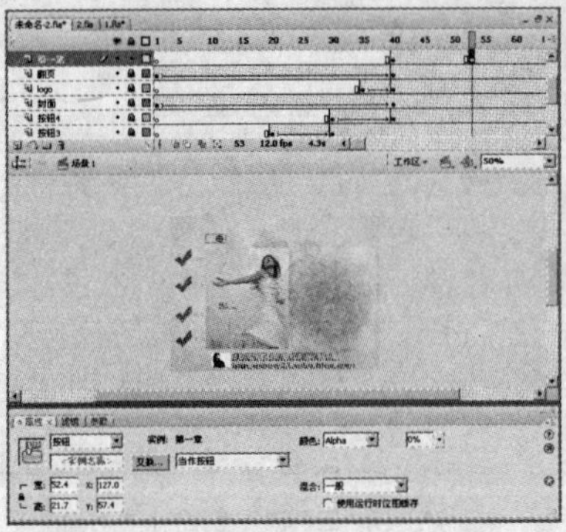

图 12.7.66 “第一章”元件所在位置

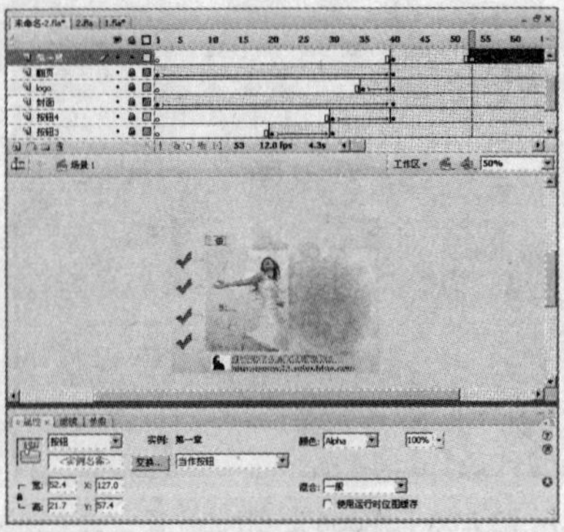

图 12.7.67 “第一章”元件属性设置

（73）选择“第一章”图层第 40 帧～第 53 帧中任意一帧，单击鼠标右键在弹出的下拉列表中选择 创建补间动画 命令，如图 12.7.68 所示。

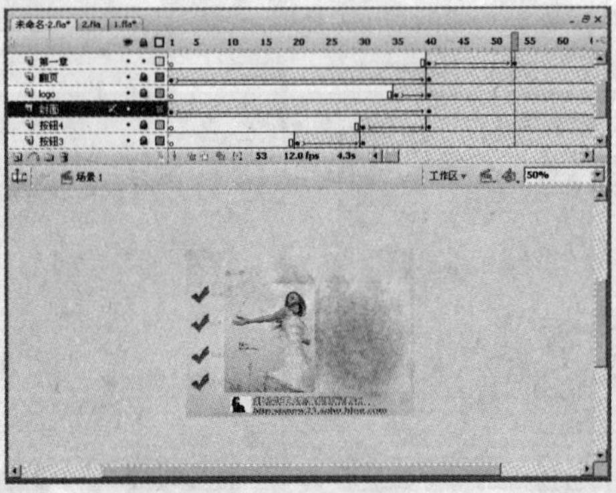

图 12.7.68 创建补间动画

（74）重复步骤（67）～（73）的操作，将第 40 帧的“第二章”、“第三章”和“第四章”元件放在合适的位置（见图 12.7.69），“第二章”、“第三章”和“第四章”的图层分别在第 56 帧、第 59 帧和第 62 帧插入一个关键帧，并把“第二章”、“第三章”和“第四章”元件放到合适的位置，如图 12.7.70 所示。

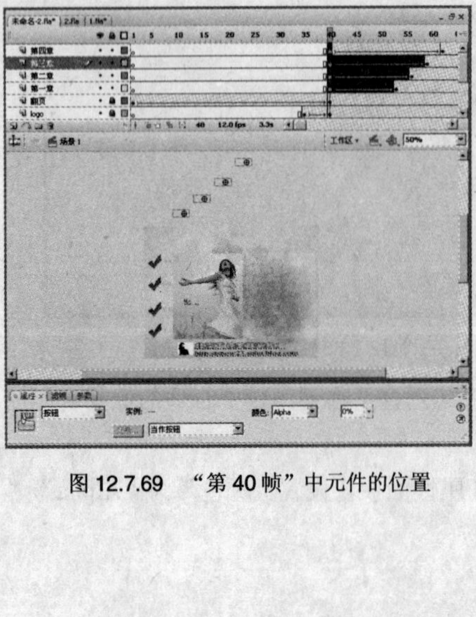

图 12.7.69 “第 40 帧”中元件的位置

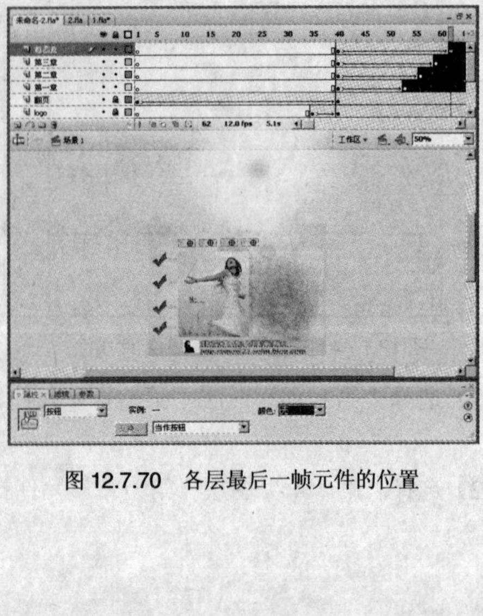

图 12.7.70 各层最后一帧元件的位置

（75）按“Ctrl+S”快捷键，将文件保存为“home.fla”。

（76）选择 文件(F) → 新建(N)... Ctrl+N 命令，弹出“新建”对话框，选择“常规”选项卡中的 Flash 文件(ActionScript 3.0) 选项，单击 确定 按钮，新建一个 Flash 文档。

（77）选择 插入(I) → 新建元件(N)... Ctrl+F8 命令，弹出如图 12.7.71 所示的“创建新元件”对话框，在“类型”选项区中选中“图形”单选按钮，单击 确定 按钮，进入该原件的编辑窗口。

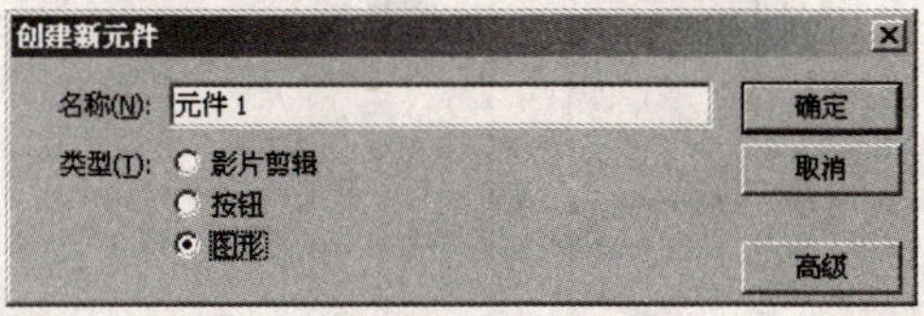

图 12.7.71 “创建新元件”对话框

（78）选择工具箱中的文本工具 T ，在属性面板中设置字体为“Times New Roman”，字体大小为“36”，文本颜色为“#B0DBF2”，输入文本“风筝的故事 1……”，如图 12.7.72 所示。

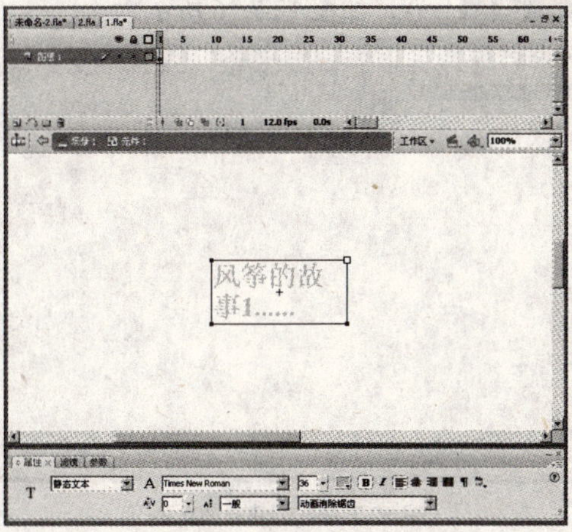

图 12.7.72 输入文本

（79）单击 场景 1 图标，返回到“场景 1”的编辑窗口。

（80）按“Ctrl+L”快捷键打开库面板，拖入“元件 1”到舞台外的合适位置，如图 12.7.73 所示。

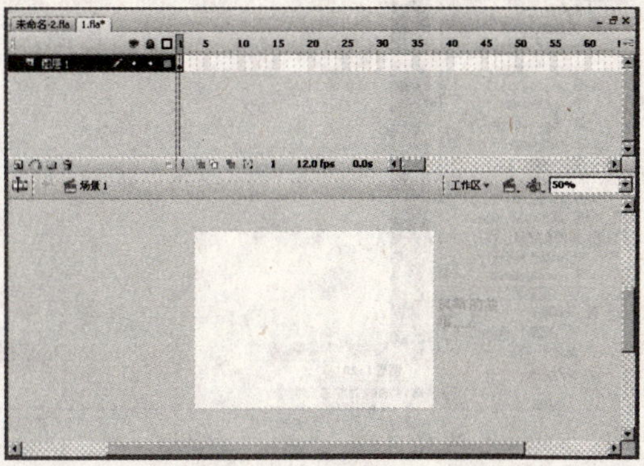

图 12.7.73 “元件 1”在场景的位置

（81）选择“图层 1”中的“第 20 帧”，按“F6”键插入一个关键帧，如图 12.7.74 所示。

（82）选择“图层 1”中的第 20 帧中的“元件 1”，将其水平向左移动到合适的位置，如图 12.7.75

所示。

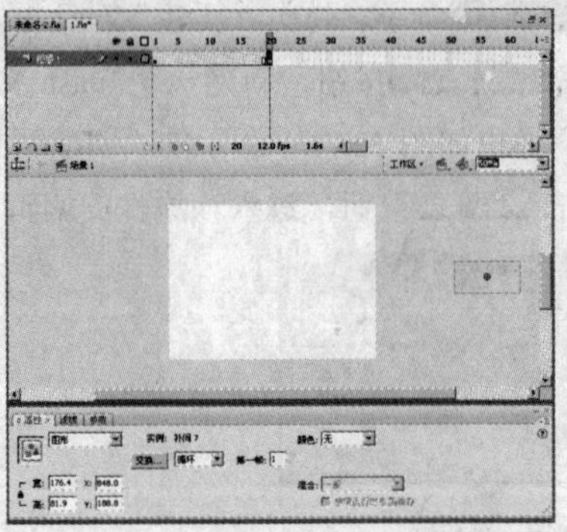

图 12.7.74　插入一个关键帧

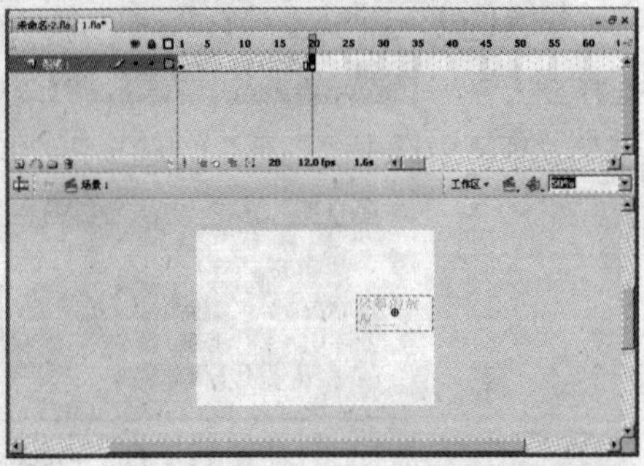

图 12.7.75　“元件 1”的位置

（83）选择“第一章”图层中第 1 帧～第 20 帧中任意一帧，单击鼠标右键在弹出的下拉列表中选择 创建补间动画 命令，如图 12.7.76 所示。

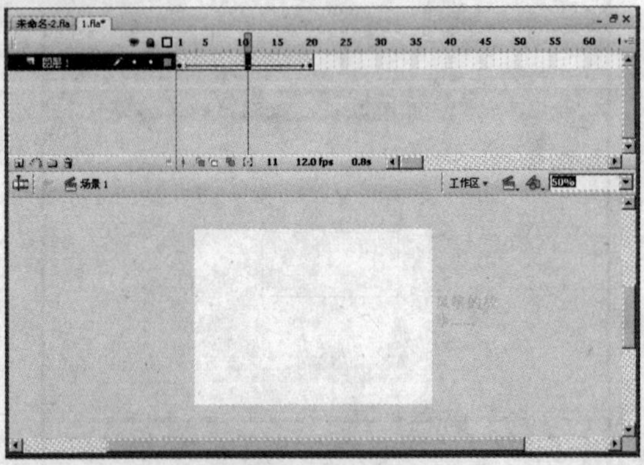

图 12.7.76　创建补间动画

（84）选择 窗口(W) → 动作(A)　F9 命令，弹出“动作”对话框，如图 12.7.77 所示。

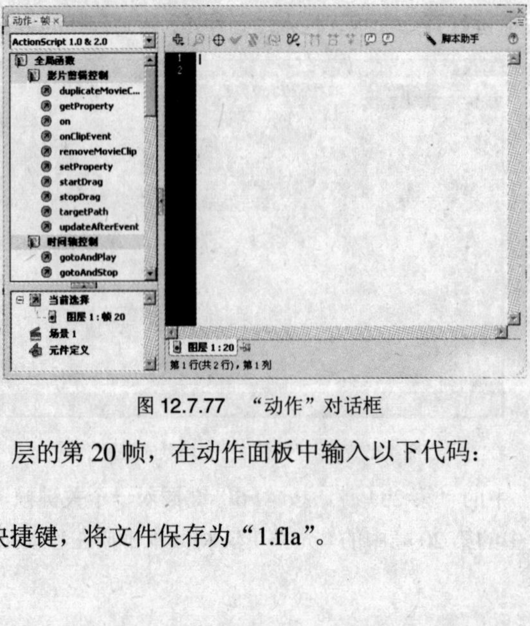

图 12.7.77　“动作”对话框

（85）选择“图层 1”层的第 20 帧，在动作面板中输入以下代码：

```
stop();
```

（86）按“Ctrl+S”快捷键，将文件保存为“1.fla”。

（87）选择 文件(F) → 发布(B) Shift+F12 命令，弹出“正在发布”对话框，如图 12.7.78 所示。

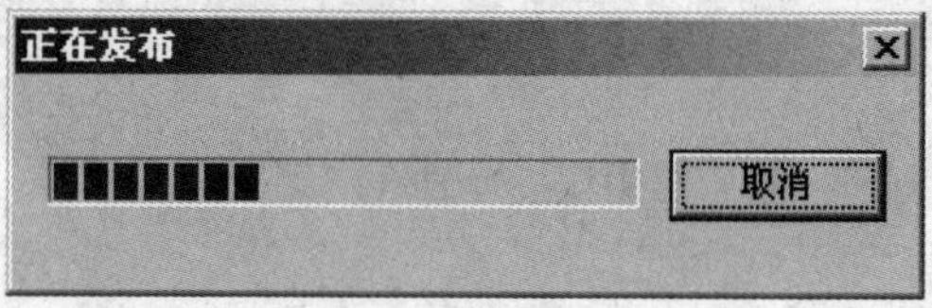

图 12.7.78　“正在发布”对话框

（88）重复步骤（76）～（87），分别创建“2.fla”，“3.fla”和“4.fla”3 个文件。分别在 3 个文件重复步骤（78）并分别输入文本“风筝的故事 2”、“风筝的故事 3”和“风筝的故事 4”。

（89）选择 文件(F) → 打开(O)... Ctrl+O 命令，弹出“打开”对话框，如图 12.7.79 所示。

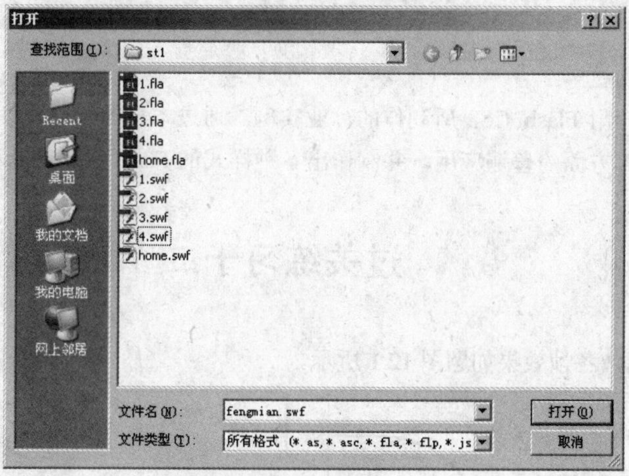

图 12.7.79　“打开”对话框

（90）选择“home.fla”打开文件。

（91）选择 窗口(W) → 動作(A) F9 命令，弹出“动作”对话框，如图 12.7.80 所示。

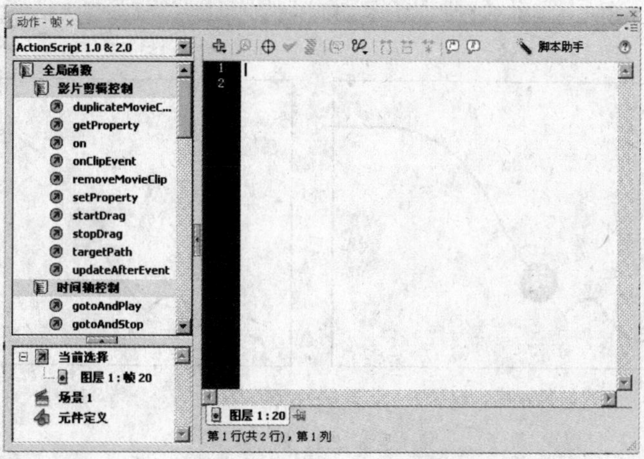

图 12.7.80　“动作”对话框

（92）选择“第一章”图层的第 60 帧中的“第一章”元件，在动作面板中输入以下代码：

```
on (release) {
loadMovie("1.swf",1);
}
```

（93）重复步骤（91）和（92）的操作，分别在“第二章”元件、“第三章”元件和“第四章”元件中输入以下代码：

```
on (release) {
loadMovie("2.swf",1);
}
```

```
on (release) {
loadMovie("3.swf",1);
}
```

```
on (release) {
loadMovie("4.swf",1);
}
```

（94）按“Ctrl+Enter”快捷键测试影片，效果如图 12.7.1 所示。

小　结

本章主要讲解了应用 Flash CS3 所制作的行业实例。通过本章的学习，读者可以深入了解 Flash 在广告、网站、动画等方面的普遍应用，并制作出各种样式的 Flash 应用产品和动画效果。

过关练习十二

1．制作逐帧动画，各帧效果如题图 12.1 所示。

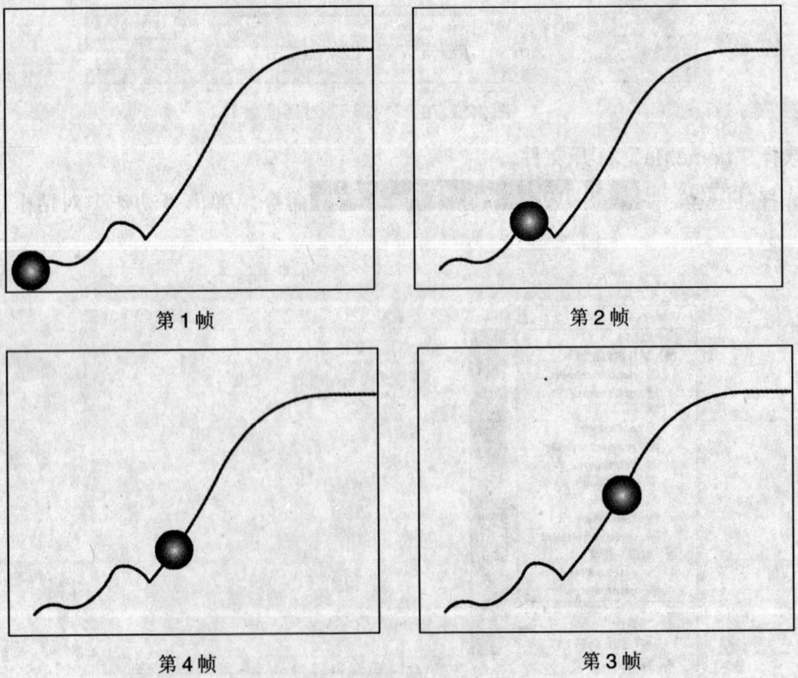

题图 12.1　效果图

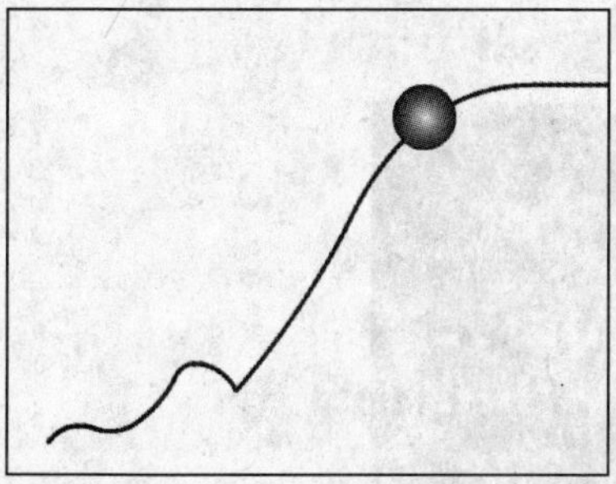

第 5 帧

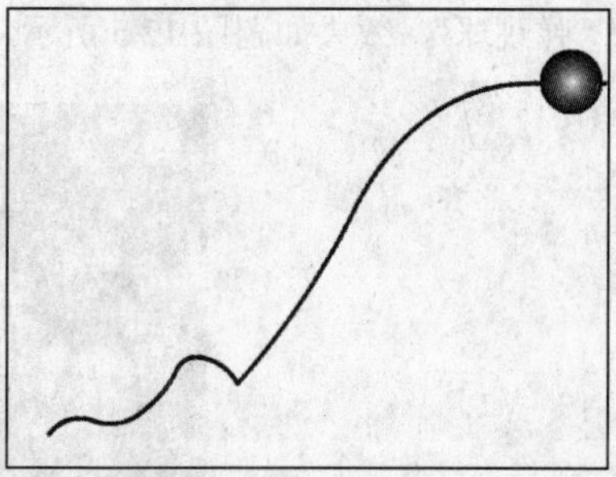

第 6 帧

续题图 12.1　效果图

2．制作探照灯，效果如题图 12.2 所示。

题图 12.2　效果图

3．制作“滚动窗”，效果如题图 12.3 所示。

题图 12.3　效果图

4．制作“跟随鼠标的梅花”，效果如题图 12.4 所示。

题图 12.4　效果图

5．制作“弹跳球”，效果如题图 12.5 所示。

题图 12.5　效果图

6．本例将制作一幅画卷自动展开，效果如题图 1 2.6 所示。

题图 12.6　“展开的画卷”最终效果

7．本例制作“风吹影随”效果，如题图 12.7 所示。

题图 12.7　效果图

8．本例制作“位图填充文字”效果，如题图 12.8 所示。

题图 12.8　效果图